纤维复合熔模铸造型壳制备技术

吕 凯 著

北 京
冶 金 工 业 出 版 社
2021

内 容 简 介

本书以纤维复合增强熔模铸造型壳的工艺制备方法和性能为重点，主要介绍了纤维复合熔模铸造型壳的研究现状、纤维复合工艺及所配制涂料和型壳的各项性能，并对纤维在型壳中的作用机制进行了深入的探讨。

本书可供熔模铸造工艺研发的科研人员和工程技术人员阅读，也可供高等院校材料加工及相关专业师生参考。

图书在版编目(CIP)数据

纤维复合熔模铸造型壳制备技术/吕凯著.—北京：
冶金工业出版社，2021.8
ISBN 978-7-5024-8869-7

Ⅰ.①纤… Ⅱ.①吕… Ⅲ.①复合纤维—熔模铸造
Ⅳ.①TG249.5

中国版本图书馆 CIP 数据核字(2021)第 140219 号

出 版 人　苏长永
地　　址　北京市东城区嵩祝院北巷 39 号　邮编　100009　电话　(010)64027926
网　　址　www.cnmip.com.cn　电子信箱　yjcbs@cnmip.com.cn
责任编辑　杜婷婷　美术编辑　吕欣童　版式设计　郑小利
责任校对　石　静　责任印制　李玉山
ISBN 978-7-5024-8869-7
冶金工业出版社出版发行；各地新华书店经销；三河市双峰印刷装订有限公司印刷
2021 年 8 月第 1 版，2021 年 8 月第 1 次印刷
710mm×1000mm　1/16；8.25 印张；158 千字；122 页
49.00 元

冶金工业出版社　投稿电话　(010)64027932　投稿信箱　tougao@cnmip.com.cn
冶金工业出版社营销中心　电话　(010)64044283　传真　(010)64027893
冶金工业出版社天猫旗舰店　yjgycbs.tmall.com
　　　　　　　(本书如有印装质量问题，本社营销中心负责退换)

前　　言

熔模精密铸造是一种能够实现少切削或无切削加工的液态金属成型技术，在铸造业中应用广泛。它不仅适用金属范围广（铝、镁、钛、钢等），而且生产出来的铸件尺寸精度高、表面质量好，甚至其他铸造方法难以生产的复杂、耐高温、不易于加工的零件，也可以通过熔模铸造铸得。随着工业科技的不断进步和发展以及社会的需求越来越高，熔模铸造技术在应对不同铸件及其性能的特殊要求下，不断发展，日趋成熟。

在熔模铸造型壳的制备过程中，尤其是生产一些大型铸件或有较深盲孔的铸件时，常常要克服诸如制壳周期长、湿强度建立慢、收缩大、常温强度低、浇铸时型壳发生变形影响铸件精度、型壳透气性不足、浇铸时的散热能力差等不足。其中有些性能又相互制约，如提升高温强度的措施往往会影响型壳的溃散。因此，如何兼顾以上性能，是熔模精密铸造行业亟待解决的问题。

针对上述问题，本书提出了采用纤维复合工艺来增强型壳性能的方法，旨在为熔模铸造技术的发展提供新的工艺措施和理论基础。围绕这一方法，本书从复合增强用纤维的选用、纤维混入工艺、含纤维涂料的流变特性及型壳的各项性能进行了系统的讨论。通过大量实验数据，着重研究了不同种类纤维的长度、加入量等因素对各项性能的影响规律，并对纤维复合熔模铸造型壳在承担载荷过程中的失效行为和高温特性进行了分析，阐述了其复合作用及增强机理。

本书内容涉及的主要研究得到了国家自然科学基金地区项目"纤维复合精铸硅溶胶型壳的高温蠕变行为及增强机制"（项目号：51865042）的资助。同时，依托教育部先进轻金属材料开发与加工防护工程研究中心、"材料科学与工程"内蒙古自治区双一流学科、内蒙古自治区新材料工程技术研究中心及材料成型及控制工程重点实验室等平台开展了大量工作，在此一并表示由衷的感谢。在本书的撰写过程中，课题组的同事和同学做了大量的工作，在此表示感谢。

　　由于作者水平所限，书中不妥之处，敬请广大读者批评指正。

吕 凯

2021 年 3 月

目　　录

1 纤维复合增强熔模铸造型壳概论

1.1 概　述

1.1.1 复合材料概述

复合材料是指由两种及以上物料化学性质不同的物质组合而成的多相固体材料。复合材料中常常有一种相位连续相，称为基体；有一种不连续相分布于基体中，且其强度或者某一性能要优于基体材料，称为增强体。增强体以独立的形态分布在基体材料中，两者之间存在相的界面。增强体在复合材料中用以承担部分载荷，进而提高强度或硬度，控制材料的性能。

纤维增强复合材料（Fiber Reinforced Polymer/Plastic，FRP）作为复合材料的一种，由增强用的纤维和基体材料按一定工艺复合形成的高性能新材料。纤维增强复合材料按照纤维的形状、长度可分为连续纤维、短纤维和纤维布增强复合材料；按照构造形式又可细分为单层复合材料、叠层复合材料、短纤维复合材料和混杂复合材料。纤维增强复合材料由于纤维和基体的不同种类也有很多，应用也非常广泛。如碳纤维、硼纤维、芳纶纤维增强环氧、芳纶纤维增强橡胶、玻璃纤维增强塑料、硼纤维增强铝、石墨纤维增强铝、碳纤维增强陶瓷、碳纤维增强碳和玻璃纤维增强水泥等。

1.1.2 纤维复合材料在各领域的应用

尽管是一种新型材料制备方法，纤维增强复合材料的应用其实早已存在，在古代主要用于土坯砖（黏土+稻草）和宝剑（包层复合材料）的制造。近现代纤维复合材料的发展，是从20世纪30年代的玻璃纤维增强塑料问世而开始的。20世纪60年代末期，高性能的碳纤维已作为新的增强材料，并且实现了初步商业化，以连续碳纤维增强的高性能树脂基复合材料因此应运而生。早期的纤维复合材料主要用于军工领域，但随着纤维复合材料技术及工艺的提高，所制备材料性能的不断提高，以及价格成本的下降，纤维复合材料越来越多地应用在一般的工业生产以及民用的各个领域。

军工行业中，纤维复合材料由于具有质量轻、制作工艺简单、动能吸收性好等特点，得到了越来越广泛的研究和应用。在高应变率下，能量的吸收和纤维断裂的数量存在着密切的关系，这说明纤维增强的作用可以有效地提高装甲的综合性能。在建筑行业混凝土的改性研究中，很多研究人员将纤维作为一种复合增强的添加物加入基体材料中，进行改性。像这种对于单一成分材料的性能进行提升，往往采用复合材料的方法来实现，通过增强复合技术，在纤维增强混凝土中，大量乱向分布的纤维可以有效地防止混凝土的早期开裂，改善混凝土的品质，减少混凝土在施工期的裂缝和缺陷，提高混凝土的韧性、抗冲击、抗冻融、抗渗、抗疲劳等耐久性。同样，诸如玻璃纤维增强聚丙烯复合材料、硅酸铝纤维提高橡胶阻燃性、绝热材料的制备、纤维在造纸增韧等领域都有着广泛的应用。就铸造生产领域而言，如在球墨铸铁的凝固时加入纤维，进而起到纤维复合增强铸件的作用，是比较常见的纤维复合增强技术应用。

1.1.3　纤维复合材料的优点

通过纤维增强后，复合材料具有弹性模量高、强度大、尺寸稳定、热变形温度高、电性能优良、价格较低等不同的优点，应用十分广泛。纤维复合增强材料之所以应用广泛，主要是因为它有以下优点：

（1）比强度、模量高。如碳纤维增强环氧树脂的比强度是钢的 7 倍，比模量是钢的 3 倍。

（2）抗疲劳性好。材料的疲劳破坏常常是没有明显预兆的突发破坏，而纤维增强复合材料中的纤维和基体间的界面能够有效阻止疲劳裂纹的扩展。

（3）减震性好。由于构件的自振频率很高，在一般施加载荷的过程中不易出现因共振而加速脆断的现象。同时，由于存在大量的纤维-基体的界面，界面对振动可以反射和吸收。

（4）可设计性强。通过改变增强体、基体的种类或含量、复合的形式，可以设计出模组不同工作环境、不同性能要求的复合材料。

1.1.4　纤维复合熔模铸造型壳改性的理论依据

综合以上分析不难看出，进入现代以来，纤维复合增强技术被建筑、车辆、机械工程、体育器械、医疗等多个领域所采用。其中，其最成功、最广泛的应用莫过于纤维增强混凝土。而熔模铸造用型壳与混凝土有着相似的组成和性能要求，如图 1-1 所示。

熔模铸造型壳	混凝土
基本组成：黏接剂、耐火材料、添加剂 性能要求：强度（常温、高温、残留）、 　　　　　变形（高温蠕变性）、透气性	基本组成：水泥、水、砂石、添加剂 性能要求：强度、耐久性、和易性、 　　　　　抗火性（高温蠕变性）

图 1-1　型壳与混凝土的组成和性能要求

　　由图 1-1 可知，混凝土中砂、石为主要集料，水泥作为凝胶材料，与水按比例混合搅拌后成型凝固，具有很高的强度，这与熔模铸造型壳极为相似，纤维增强混凝土中的纤维作为增强相，是混凝土高强度的前提，这对提高熔模铸造型壳的性能有很好的启发作用。

　　在服役性能方面，混凝土要抵抗压、拉、弯、剪等应力的作用，也与熔模铸造型壳的工作受力情况相仿。就高温性能来说，混凝土由于要在火灾情况下具有一定的耐火度，防止由于内部结果致密而导致高温的爆裂。因此，抗压和抗拉强度、弹性模量等常用来作为描述混凝土高温力学性能的主要参数。而精铸型壳的高温性能则主要包括：型壳透气性、抗弯强度、高温荷重/自重变形等。混凝土中采用纤维复合后，主要是为了将其爆裂温度提升，但一般也仅达到 500～800℃，其他性能要求的服役温度则更低。而精铸型壳由于其耐火材料及黏结剂的原因，高温焙烧时反而会发生烧结相变，使得型壳的高温强度较常温强度有了明显的提升，而且熔模精密铸造型壳的服役性能根据浇注金属的不同，服役温度甚至达到 1500℃以上，这是熔模铸造型壳与混凝土在服役性能要求方面的联系与区别。

　　混凝土提升高温性能时，常采用纤维来增强，如常用的聚丙烯纤维和钢纤维。纤维不同，其主要作用也不相同：混凝土采用聚丙烯纤维复合后，高温性能提升主要是由于聚丙烯纤维烧失后遗留的毛细孔洞可以有效地提供混凝土内部水蒸气排除通道，减小了发生爆裂的可能；用钢纤维来增强强度时，主要是依赖于钢纤维的约束作用，此外，钢筋在其温度达到熔点的 30% 时，开始产生高温蠕变，会影响其性能。同样，适量纤维加入熔模铸造型壳中后，就常温强度而言，其增强是毋庸置疑的。在型壳焙烧及浇注时，聚丙烯纤维则可有效地增加型壳的透气性，尽管会减少型壳的有效承载面积，一定程度上削弱高温强度，增加高温变形；但如果辅以其他耐高温纤维，如硅酸铝纤维或玻璃纤维，则可以抵消其削弱作用，做到在保证高温强度及高温变形量的前提下，提升透气性，并可以以此为依据，控制残留强度。考虑到精铸型壳对脱壳溃散性的要求，钢纤维显然不现实，但如果从提高型壳散热性角度考虑，金属纤维或者其他导热性能优异的纤维则更适合应用到精铸型壳的复合增强。

　　实际上，可用于纤维增强复合材料制备的纤维有多种，除较为廉价的植物纤维、尼龙纤维外，还有耐高温的玻璃纤维、陶瓷纤维，甚至是金属纤维，这些耐高温的纤维如果在高温工作条件依然可以存在于复合材料中，发挥其作用。因此，借鉴于混凝土的纤维增强工艺来实现熔模铸造用型壳的改性增强是可行的。

1.2　纤维复合增强技术在熔模铸造技术中的应用现状

探索新型材料或赋予原有材料新的性能是材料科学研究中的一个永不改变的话题。随着基础制造业中铸造技术的发展以及社会的进步，人们在孜孜不倦地追求着性能更为优异，成本更为低廉，生产制造更为方便的铸造新方法、新工艺。熔模铸造也是如此，在综合衡量熔模铸造各工艺环节的情况后，浇注用型壳的性能才是保证铸件性能稳定提高的主要步骤。

传统的铸造生产中，为获得高的熔模铸造型壳强度，往往采用增大黏结剂的加入量的办法来实现。然而，这样又带来的问题是型壳残留强度高，铸件清理困难，且型壳废弃物难以回收利用。目前，适用于熔模铸造型壳制壳用的高效、高强黏结剂目前尚未开发出来。事实上，针对熔模铸造型壳的改性，采用纤维复合增强技术的工作也已经开展。采用纤维增强精铸型壳，能够在一定程度上解决这一问题，但研究仍处于起步阶段，尚不深入，诸多问题仍有待进行系统研究。

从已有的文献资料来看，虽然国内外采用纤维增强精铸型壳的方法研究相对较少，但没有一个较系统的结果。而纤维的加入方式，以及如何避免由于纤维团聚、缠绕所导致的涂料黏度迅速增大等问题和工艺还需要进行更进一步的深入研究。

C. Yuan 等人的相关研究中，采用含有尼龙纤维和聚合物的硅溶胶作为熔模铸造的黏结剂涂料，所制备的型壳在同等条件下与未加纤维的试样进行比较，平面处厚度增加13%，边角等尖锐位置型壳厚度增加了约40%，这表明可以用较少的涂挂次数获得较厚的型壳，有效地缩短了制壳周期，提高了生产效率。对型壳强度的测试则显示强度显著提高，尤其是在边角尖锐的、易发生破坏的位置。在该课题组研究人员进行的相关研究中，对纤维增强型壳的透气性进行了测试，结果表明，在型壳焙烧后，尼龙纤维和聚合物燃烧消失，所遗留的孔隙和通道在金属液浇注时大大有利于型壳内部气体的排除，一定程度上提高了浇注时型壳的透气性。相关的研究工作还对型壳常温条件下受弯曲载荷断裂后的断口形貌进行了分析，并认为纤维的表面状态对纤维的增强作用影响较大，合理的工艺是能够使得纤维复合增强的方法在熔模铸造技术中推广应用的。另外，陈冰在关于国外精铸技术的述评中提到，采用有机纤维（尼龙丝）来增强熔模铸造型壳的方法，并认为纤维长度和直径对于涂料的性能以及型壳的性能都有决定性的影响，研究结果表明，纤维长度为 $1\sim1.5mm$、直径为 $19\sim21\mu m$ 最佳，纤维的加入量与长度有关。

国内也已开展了针对熔模铸造型壳制造过程中如何改善型壳性能的相关研究，主要集中于西安交通大学、昆明理工大学、南昌航空大学以及内蒙古工业大学。

目前的研究中，主要将纤维复合的作用应用于熔模铸造型壳强度的提升上，如将 Al_2O_3 或 ZrO_2 纤维加入制壳涂料中增强型壳性能，测试了不同温度下熔模铸造型壳的弯曲强度，分析了型壳的微观结构。研究发现，采用 Al_2O_3 或 ZrO_2 纤维增强的型壳在 1250℃ 预烧结后，其室温下的弯曲强度显著提高，400~600℃ 时的中温弯曲强度介于 0.5~2MPa 之间。1300℃ 时，其高温弯曲强度随 Al_2O_3 或 ZrO_2 纤维加入量的增加而逐渐降低。

王钊等人对陶瓷型铸造所用浆料中添加直径为 16μm、长度为 1~3mm 的玻璃纤维，研究了玻璃纤维对浆料黏度及陶瓷坯体抗拉强度的影响；研究结果表明，在陶瓷型中加入一定量的玻璃纤维后，陶瓷型的抗拉强度会升高，但同时，陶瓷浆料的黏度则呈指数形式增大。进一步的研究则采用硅酸铝纤维后，对陶瓷型壳的失效机理展开分析，结合纤维复合材料的断裂模式，对纤维增强机理的分析取得了一定的成果。昆明理工大学的相关研究以硅溶胶的陶瓷型开裂和胶凝机理为背景，采用向陶瓷型中掺入纤维的方法，合理地改善了硅溶胶陶瓷型的抗开裂性能和胶凝时间长的缺点，通过分析纤维对陶瓷型的抗拉、收缩等性能的影响，结果表明：掺入纤维的陶瓷型试样的湿强度随纤维量的增加而升高；随着焙烧温度的升高，加入硅酸铝纤维和玻璃纤维的陶瓷型试样的抗拉强度较未加纤维的显著升高；试样的抗拉强度随纤维量的增加呈线性升高。

南昌航空大学关于纤维复合熔模铸造型壳的工作除了研究纤维长度、加入量以及混杂配比对强度和透气性的影响规律外，还对含有纤维的熔模铸造涂料的性能进行了表征，包括涂料的黏度、挂浆质量以及涂挂厚度。结果表明，纤维的加入，显著地影响了涂料的各项性能，并最终影响制壳工艺。另外，纤维的分散工艺也是影响纤维复合增强型壳的一个重要因素。

综上所述，利用纤维复合增强的技术来制备适用于熔模铸造的型壳，并着力于改善型壳的各项性能，对获得具有优良综合性能的熔模铸造型壳是有一定研究价值和工程应用前景的。

参 考 文 献

[1] 竺铝涛. 汽车用碳纤维复合材料加工成型工艺研究进展 [J]. 石油化工技术与经济，2013，29（1）：59~62.

[2] 董博. 复合材料及碳纤维复合材料应用现状 [J]. 辽宁化工，2013，42（5）：552~555.

[3] 王明鉴，卢明章. F-12/S-2 混杂纤维复合材料壳体承载能力 [J]. 固体火箭技术，2013，36（1）：123~126.

[4] 段建军，杨珍菊，张世杰，等. 纤维复合材料在装甲防护上的应用 [J]. 纤维复合材料，2012（3）：12~16.

[5] 吴人洁. 复合材料 [M]. 天津：天津大学出版社，2000.

[6] Seung Hun Park, Dong Joo Kim, Gum Sung Ryu, et al. Tensile behavior of Ultra High Perform-

ance Hybrid Fiber Reinforced［J］. Cement & Concrete Composites, 2012, 34（2）: 172~184.

［7］ Sung Bae Kim, Na Hyun Yi, Hyun Young Kim, et al. Material and structural performance evaluation of recycled PET fiber reinforced concrete［J］. Cement & Concrete Composites, 2010, 32（3）: 232~240.

［8］ Osipa Bošnjak, Joško Ožbolt, Rolf Hahn. Permeability measurement on high strength concrete without and with polypropylene fibers at elevated temperatures using a new test setup［J］. Cement and Concrete Research, 2013, 53: 104~111.

［9］ 邓宗才, 薛会青. 高韧性纤维增强水泥基复合材料的收缩变形［J］. 北京科技大学学报, 2011, 33（2）: 210~214.

［10］ 赵毅. 聚丙烯纤维混凝土高温损伤特征与高温后的碳化性能研究［D］. 郑州: 郑州大学, 2013.

［11］ 王恒兵. 聚丙烯/玻璃纤维复合材料浮纤改善及其结构性能研究［D］. 重庆: 重庆理工大学, 2012.

［12］ 赖亮庆, 钱黄海, 苏正涛, 等. 硅酸铝纤维对硅橡胶阻燃防火性能的影响［J］. 有机硅材料, 2009, 23（3）: 152~156.

［13］ 赵传山, 逄锦江, 李全朋, 等. 硅酸铝纤维与植物纤维配抄对成纸性能影响的研究［J］. 中华纸业, 2009, 30（8）: 59~62.

［14］ Neussl E, Sahm P R. Selectively fibre-reinforced components produced by the modified investment casting process［J］. Composites Part A, 2001, 32（8）: 1077~1083.

［15］ 郑文忠, 朱晶. 无机胶凝材料粘贴碳纤维布加固混凝土结构研究进展［J］. 2013, 34（6）: 1~12.

［16］ 高丹盈, 李晗, 杨帆. 聚丙烯-钢纤维增强高强混凝土高温性能［J］. 复合材料学报, 2013, 30（1）: 187~193.

［17］ Yuan C, Jones S, Blackburn S. The influence of autoclave steam on polymer and organic fibre modified ceramic shells［J］. Journal of the European Ceramic Society, 2005, 25（7）: 1081~1087.

［18］ Jones S, Yuan C. Advances in shell moulding for investment casting［J］. Journal of Materials Processing Technology, 2003, 135（2-3 SPEC.）: 258~265.

［19］ Yuan C, Jones S. Investigation of fibre modified ceramic moulds for investment casting［J］. Journal of the European Ceramic Society, 2003, 23（3）: 399~407.

［20］ 陈冰. 聚合物和纤维增强硅溶胶［J］. 特种铸造及有色合金, 2005, 25（4）: 231~233.

［21］ Lu Z L, Fan Y X, Miao K, et al. Effects of adding aluminum oxide or zirconium oxide fibers on ceramic molds for casting hollow turbine blades［J］. International Journal of Advanced Manufacturing Technology, 2014, 72（5-8）: 873~880.

［22］ 王钊, 卢德宏, 蒋业华, 等. 玻璃纤维对陶瓷浆料的流动性及铸型强度的影响［J］. 特种铸造及有色合金, 2012, 32（6）: 546~549.

［23］ Lu D H, Wang Z, Jiang Y H, et al. Effect of aluminum silicate fiber modification on crack-resistance of a ceramic mould［J］. China Foundry, 2012, 9（4）: 322~327.

［24］ 王钊. 基于硅溶胶的陶瓷型制备工艺研究［D］. 昆明: 昆明理工大学, 2012.

［25］芦刚，纪超众，严青松，等．陶瓷纤维长度对复合精铸型壳抗弯强度和透气性的影响及增强行为［J］．复合材料学报，2017，34（4）：865~872．

［26］芦刚，郭振华，严青松，等．复合纤维配比对精铸硅溶胶型壳性能的影响［J］．复合材料学报，2018，35（6）：1535~1541．

［27］芦刚，毛蒲，严青松，等．复合纤维含量对精铸硅溶胶型壳强度及透气性的影响［J］．中国有色金属学报，2015，25（11）：3164~3170．

［28］郭俊，芦刚，严青松，等．纤维含量对精铸硅溶胶浆料涂挂特性的影响［J］．铸造技术，2017，38（8）：1928~1931．

［29］芦刚，毛蒲，严青松，等．短切纤维对硅溶胶浆料涂挂性能的影响［J］．特种铸造及有色合金，2014，34（11）：1188~1191．

［30］芦刚，毛蒲，严青松，等．超声振荡和羟丙基甲基纤维素对短切纤维在精铸硅溶胶浆料中分散性能的影响［J］．材料工程，2016，44（1）：71~76．

2 纤维复合型壳的制备工艺

纤维加入型壳中，通常是在熔模铸造制壳过程中实现，也就是说，复合增强用纤维或混入涂料中，或混入撒砂材料中。熔模铸造常用涂料有硅溶胶涂料、水玻璃涂料以及硅酸乙酯涂料，均为水剂涂料。复合增强用纤维加入涂料中，可以随着浸涂工序的进行制备含有纤维的型壳。但是，复合增强熔模铸造用纤维多具有表面疏水的特性，这就导致纤维在涂料中的分散性较差，很容易出现纤维在涂料中集束、结团的现象。纤维加入撒砂材料中时，利用涂料的粘接作用，纤维可以随着耐火材料一并粘接到型壳上。但是，因为纤维和撒砂材料的密度差异，导致撒砂时纤维易于漂浮，不能够按照预期定量随着耐火材料黏附到型壳上，或者复合增强不均匀，效果受到影响。

因此，纤维复合型壳的制备工艺，关键是要解决纤维的分散和按照增强需要均匀地分布于型壳内部。本章主要就纤维复合型壳制备时，纤维的混入工艺进行说明，并讨论纤维分散均匀性对所制备型壳性能的影响。

2.1 复合增强用纤维

熔模铸造型壳从制备到浇注使用，再到获得铸件并清理，是在不同的温度下使用的，如常温条件下、焙烧温度条件下、浇注的高温条件下等，这些条件下对型壳强度、透气性、高温抗变形能力等性能的要求也不尽相同。从改善上述性能的角度出发，综合现有的、针对纤维增强熔模铸造型壳的研究来看，可用来增强熔模铸造型壳的纤维材料的选择非常广泛，本节主要采用天然植物蒲绒纤维、聚丙烯纤维、碳纤维、硅酸铝纤维、玻璃纤维以及钢纤维作为增强材料。

2.1.1 天然植物纤维

天然植物纤维由纤维素、半纤维素、木素及有机抽提物等组成，是一种不均匀的各向异性天然高分子材料。天然植物纤维如：种子纤维（棉、木棉）、韧皮纤维（亚麻、苎麻、黄麻）、叶纤维（剑麻、蕉麻）、果实纤维（椰子纤维），不仅来源广泛，成本低廉，且对环境污染少，具有价廉、可回收、可降解、可再生等优点。因此，作为一种新的添加材料，用来生产制备复合材料而备受关注。

　　天然植物纤维基复合材料由于其质量小、强重比高、耐腐蚀等特点，可以替代木材、钢、铝以及混凝土等，在建筑工业中发挥着重要的作用。Cui 等人的研究表明，蒲绒纤维具有类似羽绒的结构，比表面积及中空度大，表面自由能低，容易与黏结剂及复合材料基体充分结合，改善纤维对基体的增强效果。但蒲绒纤维属于天然植物，在纤维生长工程中表面形成蜡质层，因而纤维表面具有亲油疏水性。精铸型壳制壳用硅溶胶是一种具有较好的亲水性黏结剂，蒲绒纤维表面的蜡质层及其疏水性是否影响两者的黏结性能有待于试验验证。

　　本节采用的天然植物纤维为黄河流域内蒙古段所产成熟的蒲棒自动爆裂而形成的蒲绒，其主要成分为 C 和 O，纤维形貌如图 2-1 所示。纤维直径为 7~9μm，单纤纵向表面不光滑，每根单纤表面均有 50~180 个类似竹节状的节点，单纤表面比较粗糙，而节点之间的单纤表面光滑。纤维直径沿着长度方向相差不大（节点处略有增大）。纤维为管状，刚度低、韧性好，易变形，内壁不光滑，纤维的截面呈近似圆形。由于纤维内具有较大的中空度，且内含若干个小的中腔，这种单纤表面比较粗糙，内含若干个小的中腔结构有助于纤维与黏结剂的润湿与结合，防止增强型壳在加载过程中，纤维的脱粘与玻璃剥离，有助于充分发挥纤维的增强作用。

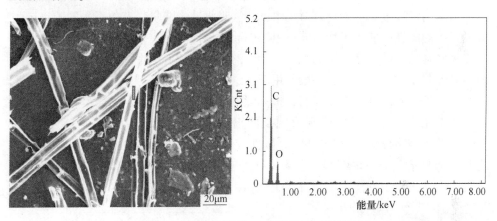

图 2-1　蒲绒纤维的 SEM 像及 EDS 分析

　　纤维增强型壳在焙烧及金属液浇注过程中，型壳中纤维会受高温热流影响，因此，其热稳定性对纤维增强型壳性能的影响极为重要。为考察其热稳定性，采用 TG-DSC 分析仪对其进行分析，TG-DSC 分析结果如图 2-2 所示。由 TG 曲线可见，在升温过程中，纤维一直处于质量损失状态。在温度超过 250℃后，TG 曲线有一个较大的斜率变化，失重速率迅速增大，即蒲绒纤维在加热到 250℃后迅速烧失。随着温度的升高，蒲绒主要经历了初期加热、热降解、热分解和碳化的热解过程。

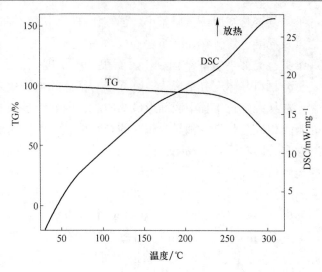

图 2-2　蒲绒纤维的 TG-DSC 曲线

2.1.2　聚丙烯纤维

聚丙烯纤维是一种高强束状单丝纤维，虽然其刚度较低、传递荷载的能力差，但聚丙烯纤维添加于复合材料中，能够吸收冲击能量，有效减小裂隙，增强介质材料连续性，减小了冲击波被阻断引起的局部应力集中现象，因而能大大提高基体材料的抗冲击性能和韧性。经特殊的表面处理后的聚丙烯纤维具有极佳的分散性及与基体的握裹力，一般使用于混凝土的增强处理，能够显著提高混凝土的抗冲击性能和耐磨性能，同时，提高混凝土的抗冻性能。

本节用聚丙烯纤维的微观形貌及能谱分析，如图 2-3 所示。其直径约为 $30\mu m$，纤维表面光滑，均匀性、分散性较好，因此加入涂料中较为容易。能谱分析结果显示，聚丙烯纤维主要由 C 元素组成，聚丙烯的成分是 $(C_3H_6)_n$，由于能谱无法分析 H 元素，因此 EDS 分析只有 C 的存在。

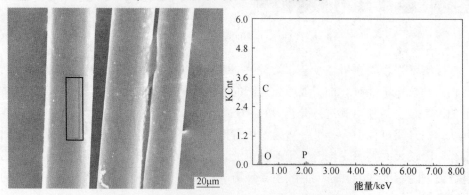

图 2-3　聚丙烯纤维的 SEM 像和 EDS 分析

聚丙烯纤维的 TG-DSC 曲线，如图 2-4 所示。由 TG 曲线可见，在升温过程中，聚丙烯纤维一直处于失重阶段，在 160℃ 左右开始融化，即 DSC 曲线上的吸热现象，在温度超过 240℃ 后，TG 曲线有一个较大的斜率变化，失重速率迅速增大，即聚丙烯纤维在加热到 240℃ 后开始部分燃烧。DSC 曲线上在 300℃ 时有明显的放热峰，即纤维的燃烧放热。

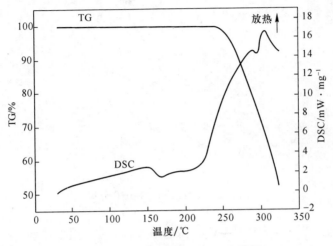

图 2-4　聚丙烯纤维的 TG-DSC 分析

2.1.3　碳纤维

碳纤维是由碳元素组成的一种特种纤维，它具有耐高温、抗摩擦、导电、导热及耐腐蚀等特性。碳纤维的外形呈纤维状、柔软、可加工成各种织物，由于其石墨微晶结构沿纤维轴择优取向，因此沿纤维轴方向有很高的强度和模量。碳纤维的主要用途是作为增强材料与树脂、金属、陶瓷及炭等复合，制造先进复合材料。

本节所用碳纤维的形貌，如图 2-5 所示。该碳纤维外观呈集束状，可以看出，单丝碳纤维外观为圆柱形状，表面较为光滑，单丝纤维直径约为 8μm。

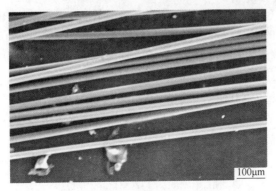

图 2-5　试验用碳纤维的 SEM 像

图 2-6 为试验用碳纤维的 TG-DSC 曲线，由图可见，在低于 400℃时，碳纤维始终处于吸热阶段。超过 400℃后碳纤维开始热分解，并且质量开始减小。当温度达到 1000℃时，质量损失达到 1%，1400℃时超过 5%。

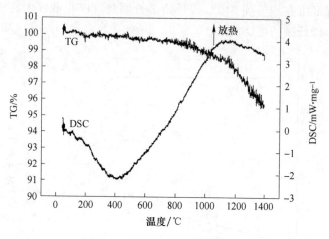

图 2-6　碳纤维的 TG-DSC 分析

上述三种纤维加入涂料制备熔模铸造型壳后，在常温条件下，纤维可以起到类似于混凝土的增强作用，而型壳在焙烧后，由于天然植物纤维的全部烧失，其在熔模铸造型壳内部遗留的空隙可以使得型壳在随后的金属液浇注过程中透气性得到提升，铸件冷却凝固后，这些增加的孔隙则降低了型壳的残留强度，使得脱壳性得到提升。但是，在高温浇注时，纤维的复合增强作用则因为烧失而不复存在，仅余纤维烧失后遗留的孔洞，可以阻滞裂纹的扩展，在一定程度上起到增强作用，这部分内容将在后续章节中进行介绍。

2.1.4　硅酸铝纤维

硅酸铝纤维属于新型轻质耐火材料，它以 Al_2O_3 和 SiO_2 为主要组成的无机纤维，能在中温下（1000℃）长期使用，具有容重轻、耐高温、热稳定性好、热传导率低、热容小、抗机械振动好、受热膨胀小、隔热性能好等优点，作为纤维复合材料中的增强材料，应用也非常广泛。硅酸铝纤维用于涂料时，其超细网格结构使体系稍增稠，并在其中具有很好的悬浮性，防止固体组分的沉降。

本节选用的硅酸铝纤维为电容离心机甩丝成型，纤维直径为 7~9μm。为避免因为纤维过长，导致混入涂料过程中发生团聚、缠绕，将纤维短切成长度为 4~6mm，试验用原纤维形貌及成分微区取样测试结果如图 2-7 所示。由图可见，纤维呈表面光滑无缺陷的圆柱形，韧性好，易拉拔变形并产生缩颈。硅酸铝纤维的主要组成为 Al、Si、O、Mg、Ca，其中 Al、Si、O 为硅酸铝纤维的主要成分，

即 Al_2O_3 和 SiO_2，占质量分数的 99%，表明硅酸铝纤维具有很好的耐高温性能，微量 Mg 和 Ca 为纤维所含杂质。

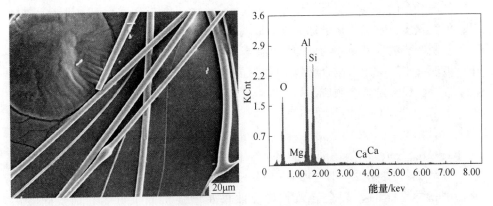

图 2-7 试验用硅酸铝纤维的 SEM 像及成分分析

图 2-8 为选用硅酸铝纤维的差热 TG-DSC 分析曲线。从曲线上可以看出，980℃时有一放热峰，这是由放出结晶热引起的，该峰值温度是莫来石生成温度。由图可见，1000℃以下使用时，硅酸铝纤维热稳定性好。

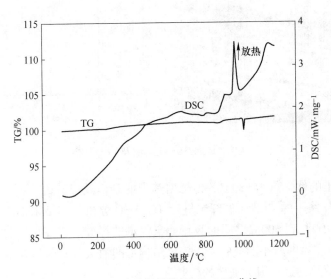

图 2-8 硅酸铝纤维的 TG-DSC 曲线

硅酸铝纤维属于玻璃体纤维，从热力学的角度看，一般生产用硅酸铝纤维处于亚稳状态，高温长期使用温度达到1000℃。当温度条件具备时，纤维内部就会发生质点重排，玻璃会部分转向结晶态，开始析出莫来石，温度再升高就可能析出方石英，并伴随着放热和体积收缩。

2.1.5　玻璃纤维

玻璃纤维的主要成分是氧化硅、氧化铝等，是一种性能优异的无机非金属材料，种类繁多；它是以玻璃球或废旧玻璃为原料经高温熔制、拉丝、络纱、织布等工艺制造成的，其单丝的直径为几微米到二十几微米，不同长度的加工容易操作。玻璃纤维通常用作复合材料中的增强材料、电绝缘材料和绝热保温材料、电路基板等国民经济各个领域。

本节中选用的玻璃纤维表面光滑，直径在 $15\mu m$ 左右，弹性系数高，刚性大，其形貌如图 2-9 所示。其主要成分组成与硅酸铝纤维类似，均为 Al、Si、O、Mg、Ca，即耐高温性能好，不同的是其中的 Ca 含量更高，而 Al 含量较硅酸铝纤维更少，其主要组成为 SiO_2、CaO 和 Al_2O_3，纤维形貌的迥异及物理化学性能的差异会导致其增强效果及增强机制也可能有别于硅酸铝纤维。

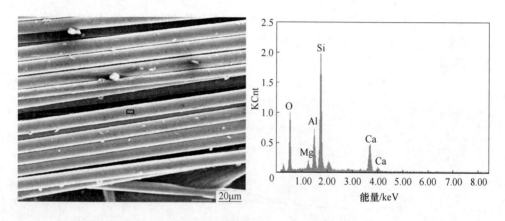

图 2-9　玻璃纤维 SEM 像及 EDS 分析

玻璃纤维的软化点为 680℃，但根据其中的杂质及成分的不同，会有上下的变化，对本节采用的 E 型玻璃纤维进行 TG-DSC 分析，其结果如图 2-10 所示。DSC 曲线上 100℃ 到 600℃ 之间的吸热为自由水的释放。TG 曲线上约在 600℃ 时有一个 100℃ 左右的减小的波谷，应该是结构水的消失，并随后在 DSC 曲线上表现为明显的放热，这一般为玻璃的析晶和熔融。整条 TG 曲线呈增重趋势，整体上增加了约 10%，这是由于玻璃纤维的纯度不高，其中含有的杂质较多，在测试过程中，纤维与氧气及氮气发生反应，并导致增重。

型壳焙烧和金属液浇注过程中，玻璃纤维、硅酸铝纤维与硅溶胶型壳中的氧化硅颗粒和硅溶胶具有较好的物理和化学相容性，能够形成有效地粘接界面，发挥其复合增强的作用。因此，针对熔模铸造生产时，型壳所处的不同的温度条件

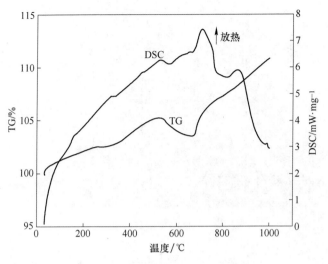

图 2-10　玻璃纤维的 TG-DSC 曲线

（干燥及脱蜡时常温、焙烧及浇筑时高温等），不同的纤维作为熔模铸造型壳的增强材料选择需要综合考虑。

2.1.6　钢纤维

不锈钢纤维又称作不锈钢极细丝，是近年来发展起来的新型工业材料，具有导电、防电磁波、吸隔音、过滤、抗静电、耐摩擦、耐高温、耐切割等优良性能。

本节实验中采用 316L 不锈钢纤维，相比较于普通纺织纤维密度较高，316L 钢纤维具有较好的耐高温和耐腐蚀性，特别是耐点腐蚀性能。其熔点为 1375～1450℃，是导电和传递热量的良导体，可以用来制作散热材料。此外，它还具有一定的强度和可纺性，在长度、线密度方面可以达到纺纱的要求，但其纤维的刚度较大，韧性和弹性较差。

试验用钢纤维化学成分主要含有 Cr、Ni、Fe 等，其形貌如图 2-11 所示。钢纤维的直径约为 20μm，纤维表面粗糙，有沟壑排列，整体为圆柱体，截面近似圆形，能产生较大摩擦力，钢纤维强度高、韧性好、抗冲击和耐疲劳性能更好，因而能承受应力更大，不易断裂。

测得钢纤维 TG-DSC 曲线如图 2-12 所示。在升温过程中，钢纤维 TG 曲线一直在上升，在 850℃和 1050℃左右增重速率显著增加，并在 DSC 曲线上伴有两个明显的放热峰。增重率不断增加的反应几乎总是与氧的反应有关。

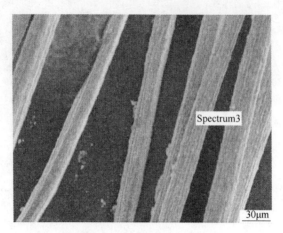

图 2-11　试验用钢纤维 SEM 像

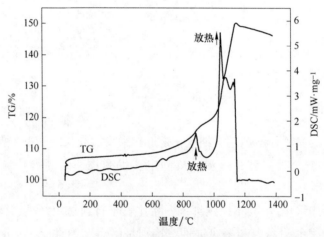

图 2-12　钢纤维的 TG-DSC 曲线

2.2　纤维的混入方式

根据熔模铸造型壳的制壳工序，目前可选的纤维混入方式有混入涂料中、混入到硅溶胶溶液中以及掺混到撒砂耐火粉料中等几种方式。

2.2.1　混入涂料中

纤维复合增强型壳在进行纤维加入涂料中的操作时，因为某些纤维本身具有疏水性，如果直接将其加入配制好的涂料中，纤维不易分散，并且在搅拌条件下也会相互团聚和缠绕，尤其在纤维加入量较多时，使得涂料的工艺性能恶化，进而影响所制型壳的性能，导致增强效果受限。

因此，在配制含有纤维的涂料时，需要采用不同于一般涂料配制的工艺，即将纤维和耐火粉料分多次加入硅溶胶溶液中，在耐火粉料与硅溶胶形成的膏状条件下，通过搅拌使纤维分散。所述的分次加入是先将所加纤维的总质量的部分加入未完全配制好的膏状涂料中，该涂料介于干粉状料和液态涂料之间，将该次加入的纤维混合均匀后，再加入部分纤维，搅拌至均匀分散后加入相应量的硅溶胶和耐火粉料；经过多次重复操作后，最后加入剩余硅溶胶，达到所配制涂料的莫来粉与硅溶胶质量比，继续搅拌备用。

2.2.2　混入硅溶胶溶液中

纤维混入到硅溶胶中与混入到涂料中的区别是纤维与耐火粉料的加入次序不同。采用纤维混入到硅溶胶中的方式时，机械搅拌的同时需要通过超声波对纤维进行分散，如图 2-13 所示。搅拌一定时间后，关闭超声波，边机械搅拌边缓慢倒入耐火粉料，涂料继续搅拌 24h 后备用。

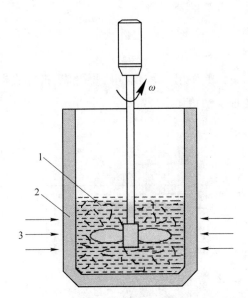

图 2-13　纤维混入硅溶胶中超声搅拌示意图
1—硅溶胶及纤维；2—混料桶；3—超声搅拌

在涂料后续的搅拌过程中，纤维依然有团聚缠绕的倾向，因此还需要进行必要的分散处理。

采用上述两种纤维混入方式时，纤维的混入量一般是以涂料中耐火粉料的质量为依据，按照一定百分比进行混入。混入量的确定根据纤维的不同而有所区别，密度不同的纤维，混入百分比相同时，单丝数量差距较大，其对涂料的影响更为显著。因此，要根据纤维的不同来确定复合增强的纤维合适混入量。

2.2.3　混入撒砂耐火材料中

除了将纤维混入涂料中的方法外，将纤维掺杂至撒砂的耐火材料中也是一种常用的方法。模组在挂完涂料后应及时撒砂。撒砂后可以固定涂料层，防止涂料继续流淌及在干燥硬化时发生大面积的收缩而形成裂纹。生产中常用的撒砂方式为雨淋式撒砂和沸腾式撒砂。当采用撒砂耐火材料掺杂纤维时，所用的耐火材料中因含有纤维，纤维密度与砂粒间差别较大，无论是雨淋式撒砂法还是沸腾式撒砂法都会吹掉纤维或者使纤维漂浮，故本工艺不宜采用机械方式进行撒砂，而是采用手工撒砂的方法或者将浸过涂料的型壳埋入耐火材料中的方式进行。这种方法撒砂操作灵活，砂粒动量小，撒砂均匀且可避免纤维粉尘的飞扬等优点，但是操作只适用于小型铸件型壳的制备。

为了能够将纤维均匀的掺杂到耐火材料中，采用如图2-14的混砂桶。混砂桶中心位置根据混制耐火材料的多少垂直布置多个搅拌叶片或叶轮，保证纤维能够在每个位置都受到搅拌的作用。为了防止纤维随着搅拌飞出混砂桶，在混砂桶顶部安装有桶盖，通过手柄转动实现混制。

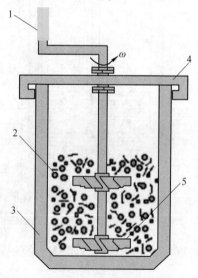

图2-14　含纤维耐火材料掺杂装置示意图

1—手柄；2—砂及纤维；3—混料桶；4—缸盖；5—搅拌叶片

碳纤维掺杂到撒砂耐火材料中的状态如图 2-15 所示。可以发现，通过搅拌，纤维在砂子中分散较为均匀，但仍然存在纤维自发团聚的情况。此外，因为密度不同，也会导致纤维在撒砂材料中的分布不均匀。因此，使用该方法混入纤维时，纤维的加入量与混入到涂料中的计算方法完全不同，相比较而言，加入量要更大一些。具体的加入量需要根据混制撒砂用耐火粉料的质量以及纤维在其中的分散情况和起到的复合增强作用来确定。含纤维撒砂材料混制好以后，撒砂工艺操作时由于纤维密度小，容易漂浮，所以撒砂工艺操作不易控制。

图 2-15　含碳纤维的撒砂耐火材料

2.2.4　不同纤维混入方式对增强效果的影响

纤维加入涂料中后，随着型壳制备时的浸涂，纤维易于沿着平面随着涂料的流动而平铺于层间，如图 2-16(a) 所示；而纤维混入撒砂材料中，在撒砂过程中，纤维的分布方向更为杂乱，如图 2-16(b) 所示，因此该方法对层间的结合更有利，但在弯曲强度测试时，其作用要弱于混入涂料中。这是由于乱向分布的纤维在受到弯曲作用时，平行于加载力的纤维就会促进裂纹的扩展，垂直于加载力的纤维则阻碍裂纹的扩展。

此外，纤维越长，其在型壳内部随着硅溶胶胶凝后被包裹得越紧密，当同向分布于型壳层间时，在弯曲载荷加载过程中，将其从型壳中拉拔而脱粘就越困难。但是纤维过长，容易缠绕，即在搅拌过程中缠绕至搅拌杆上，导致涂料中的实际有效纤维加入量降低。总加入质量不变的前提下，长纤维就意味着单丝数量减少，这也会影响增强效果。长纤维在撒砂时会随之砂粒的冲击而弯曲，开始转变为部分乱向分布，也会影响强度。

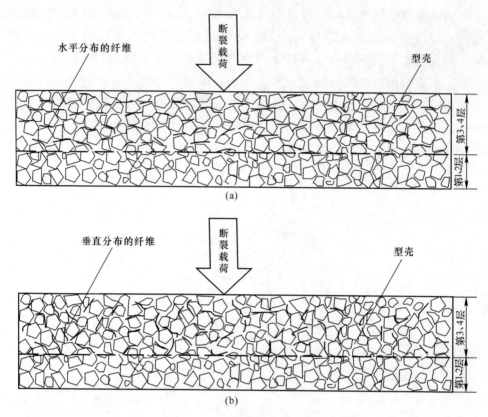

图 2-16　纤维在型壳中的分布
(a) 纤维在涂料和硅溶胶中；(b) 纤维在撒砂材料中

2.3　纤维分散的方法

在纤维混入到涂料中后，涂料还需要进行一段时间的搅拌，使得其中的各组分均匀，然后才能使用。在后续的搅拌过程中，纤维依然有团聚缠绕的倾向，尤其容易缠绕到搅拌轴上。因为纤维分散不均匀，导致集束纤维在型壳中成为割裂基体、产生裂纹的因素，因此还需要对涂料中的纤维进行必要的分散处理。

2.3.1　分散剂的使用

由于大部分纤维表面疏水，无法与水基涂料很好的润湿，纤维在涂料中容易产生聚团现象后，不是全部纤维都能分散为单丝状，参与到构架增强网状结构的过程中。这时，在不影响涂料性能的前提下，选用分散剂不失为有效的方法。

分散剂又称润湿分散剂，是一种表面活性剂，可使分子中同时具有亲油性和亲水性两种相反性质。目前，熔模铸造涂料中用于分散纤维的分散剂应用较多的是 HPMC（Hydroxy Propyl Methyl Cellulose），即羟丙基甲基纤维素。以芦刚等人的研究为例，采用超声振动和加入羟丙基甲基纤维素对加入短切尼龙纤维的硅溶胶进行分散，研究 HPMC 分散剂不同加入量对纤维在硅溶胶中分散效果的影响，结果表明：通过超声振荡和机械搅拌的协同作用，纤维在硅溶胶分散体系中的分散效果得到了明显提高，HPMC 加入量在 0.2%~0.3%之间，纤维的分散效果最理想。

羟丙基甲基纤维素是以天然高分子材料纤维素为原料，经一系列化学加工而制成的非离子型纤维素醚。羟丙基甲基纤维素是无味、无毒的白色粉末，在冷水中溶胀成澄清或者微浑浊的胶体溶液，具有增稠、黏合、分散、乳化、成膜、悬浮、吸附、凝胶、表面活性、保水等特性。羟丙基甲基纤维素（HPMC）具有良好化学稳定性、力学性能和水溶性优异，是较为常用的纤维素醚材料，它的分子式如式（2-1）所示。

$$（2-1）$$

其中，R=H，或者 CH$_3$，或者*$\left[\begin{array}{c}CH_3\\|\\CH_2CHO\end{array}\right]_x$H。

HPMC 具有的这种分子结构，使得它在加入涂料中后，由于 HPMC 的分子结构中含有较多极性羟基基团和较长的分子链，容易吸附在纤维的表面，增加对硅溶胶溶液的湿润性，还可以阻止纤维间的相互接触，减少纤维间的缠绕聚团现象，如图 2-17 所示。

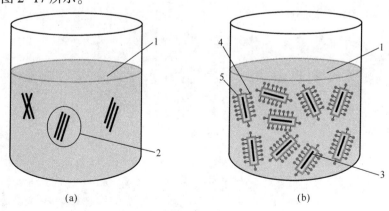

(a)　　　　　　　　　　(b)

图 2-17　纤维在涂料中的分布示意图

（a）未加 HPMC；（b）加入 HPMC

1—涂料；2—集束纤维；3—单丝纤维；4—亲水基团；5—疏水基团

　　以含有 0.3% 的 3mm 长碳纤维的硅溶胶为例，HPMC 加入前后的纤维分散对比如图 2-18 所示。可以发现，HPMC 对纤维起到了很好的分散作用。HPMC 的加入促进了碳纤维在硅溶胶中的分散情况，提高了纤维的分散稳定性；并且随着加入 HPMC 的量越大，碳纤维在涂料中的分散程度越高，而碳纤维良好的分散程度会使涂料中纤维更为容易参与到网状结构的构架中，且其网状结构越稳定。但是，如果分散剂的加入量过多，就会导致硅溶胶黏度增大，使得涂料的涂挂性能下降。此外，搅拌过程中的气体不容易排出，其中的气泡较多，即使气泡上浮到液面上端，也不易破裂。所以在混制涂料和制壳时，要进行相应的静置排气。

(a)　　　　　　　　　　　　　(b)

图 2-18　HPMC 对纤维分散效果的影响

（a）未加 HPMC；（b）加入 HPMC

　　图 2-19 是采用分散剂前后，碳纤维复合型壳断裂后的断口形貌。在采用同为 4mm 长、加入量为 0.15% 的碳纤维进行复合后，未加 HPMC 的型壳断口中的纤维分布要明显多于加入 0.3% 分散剂的型壳，且加入分散剂后，纤维的分布要更为均匀。

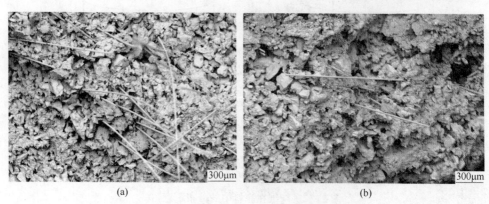

(a)　　　　　　　　　　　　　(b)

图 2-19　分散剂对纤维在型壳中的分布影响

（a）无 HPMC；（b）加入 0.3% HPMC

2.3.2 超声分散

超声波是频率超过 20000Hz 的机械波。它的波速约为 1500m/s，波长为 10~0.01cm。超声波的波长远大于复合增强用纤维的尺寸，因此它无法对纤维本身产生影响，但会通过对纤维周围环境的物理作用来影响纤维的分散。

一般来说，在液体中进行的超声处理技术几乎都与空化作用有关，超声空化作用是指超声波作用于液体时，存在于液体中的微气核空化泡在超声波的作用下产生振动，当此声压达到一定数值时所发生的生长和崩溃的动力学过程。

具体到硅溶胶溶液或涂料中时，超声波在其中传播时，会产生力学、热学、化学等一系列效应，而分散效应主要由力学及空化两种最基本的作用而产生。这一过程主要是通过超声波发出的高频振荡信号，通过换能器转换成高频机械振荡而传播到硅溶胶、涂料以及纤维上，超声波在其中疏密相间地向前辐射，使液体流动而产生数以万计的微小气泡，存在于液体中的微小气泡（空化核）在声场的作用下振动；当声压达到一定值时，气泡迅速增长，然后突然闭合，在气泡闭合时产生冲击波，即产生大量的空化效应，并伴随着超声波产生的微射流和超声波在悬浮液中形成的驻波，达到分散聚集纤维的目的。此外，由于超声波传播而伴生的力学效应力、激波以及声流效应会通过介质传递给纤维，能除去纤维表面吸附的杂质及氧化物，使其表面能提高，因此纤维在水溶液中的分散性得以改善，从而解离和细化纤维，实现纤维的预分散。

如果超声分散再配合分散剂使用时，超声波对硅溶胶溶液或涂料的作用同样可以传递给纤维，这样会加强 HPMC 对短切碳纤维的吸附渗透能力，进而强化纤维的解离与细化。采用超声分散时，根据其分散原理，常常控制的两个工艺参数是超声功率和超声时间。魏蓉等人的研究就超声后溶液中纤维的分散率和分散效果进行了表征，如表 2-1、图 2-20 和图 2-21 所示。

表 2-1 超声功率和超声时间对纤维分散率的影响

超声功率/W	分散率/%	超声时间/min	分散率/%
0	0	0	0
400	11.23	1	29.64
500	35.76	3	51.27
600	58.62	5	84.92
700	90.82	7	93.14
800	93.27	9	86.71

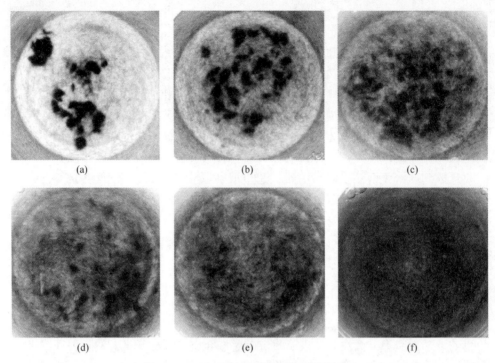

图 2-20　不同超声功率时纤维的分散效果图
（a）无超声作用；（b）400W；（c）500W；
（d）600W；（e）700W；（f）800W

其中，分散率的计算是该方法将已分散在水溶液中的纤维滤出来，从而使已分散的纤维单丝和未分散聚团的纤维团分开来，再将滤出分散的纤维与未滤出的纤维团分别烘干和称重，其中已分散的纤维质量为 m_1、未被分散开的纤维团质量为 m_2，则表征纤维分散效果的分散率为已分散纤维质量与总纤维质量的比值，即：

$$分散率 = [m_1/(m_1 + m_2)] \times 100\% \tag{2-2}$$

结果表明，随着超声功率的增大，超声波在传播过程中产生的空化效应和声流效应更加明显；其通过介质水作用在纤维上，使得除去纤维表面吸附的杂质及氧化物能力更强，增高了纤维表面能，再配合分散剂的作用，超声强化了 HPMC 对纤维的吸附渗透能力，从而改善纤维在水溶液中的分散性。而随着超声振动时间的延长，纤维的分散效果明显提高。但是，超过一定时间分散效果逐渐趋于饱和，这主要是因为超声振动分散作为一种物理分散方法，可以有效地打破纤维中的团聚体，提高其分散稳定性；但超声振动处理一定时间后，纤维的分散效果逐渐趋于饱和，并且随着超声振动时间继续增加时，超声槽中的温度会有所升高，这会降低溶液的黏度，使得已分散的纤维有下沉团聚趋势。

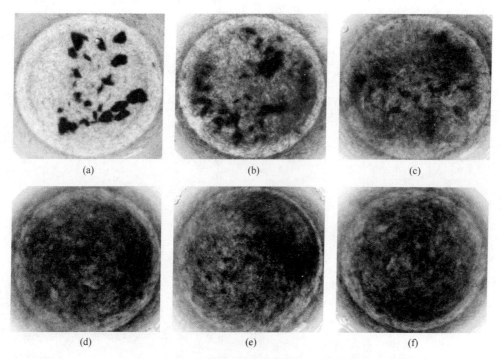

图 2-21　不同超声时间后纤维的分散效果图

（a）0min；（b）1min；（c）3min；（d）5min；（e）7min；（f）9min

参 考 文 献

[1] 马玉峰，张伟，王春鹏，等．天然植物纤维复合材料界面改性研究进展［J］．材料导报，2011，25（10）：81~85.

[2] Cui Yunhua, Xu Guanbiao, Liu Yijie. Oil sorption mechanism and capability of cattail fiber assembly［J］. Journal of Industrial Textiles, 2014, 43（3）: 330~337.

[3] 陈蓓，魏锡文，胡学健．硅酸铝纤维陶瓷基复合材料的性能研究［J］．重庆大学学报（自然科学版），1997，20（4）：28~53.

[4] 曾令可，黄浪欢，孙宇彤，等．温度场对硅酸铝纤维使用寿命的影响［J］．耐火材料，2001，35（2）：89~91.

[5] Liu Q B, Leu M C, Richards V L. Fracture toughness of ceramic moulds for investment casting with ice patterns［J］. International Journal of Cast Metals Research, 2007, 20（1）: 14~24.

[6] 冯华．熔模铸造用高强复合型壳制备工艺及性能研究［D］．呼和浩特：内蒙古工业大学，2012.

[7] 芦刚，严青松，郑强强，等．一种纤维增强陶瓷型芯的制备方法［P］．中国专利：CN201910183856.X，2019-03-12.

[8] 芦刚，毛蒲，严青松，等．超声振荡和羟丙基甲基纤维素对短切纤维在精铸硅溶胶浆料

中分散性能的影响 [J]. 材料工程，2016，44 (1)：71~76.

[9] 魏蓉，严青松，芦刚. 超声作用对短切碳纤维在水溶液中分散性的影响 [J]. 高科技纤维与应用，2014，39 (3)：40~45.

[10] 王全杰，朱飞，王改芝. 超声波对纳米二氧化钛粉体分散性的影响 [J]. 皮革科学与工程，2007，17：31~34.

[11] 韩宝国，关新春，欧进萍. 超声波在碳纤维水泥基材料制备中的应用研究 [J]. 材料科学与工艺，2009，17：368~372.

3 熔模铸造用含纤维涂料的特性

熔模精密铸造中，涂料的性能对其铸件质量有着重要作用。从生产周期、成本、黏接强度、铸件表面质量及尺寸精度等方面产生影响，涂料应具有能够完整复刻模具形貌的能力，在涂挂过程中不发生或较少发生涂料集聚现象；在涂挂过程中，涂料有较好的流平性等。具体到涂料使用时的工艺性能，则主要对涂料的悬浮性、流变性等进行表征。

纤维作为增强相加入涂料中，相当于增加了涂料中的固相，增大了流体层流间的阻力，即增大涂料的黏度。此外，分散剂 HPMC 的加入会使涂料明显变稠，从而改变涂料的流变性。因此，本章针对纤维长度、加入量、分散剂 HPMC 的加入以及搅拌时间等工艺因素对涂料的特性的影响进行介绍。

3.1 涂料的悬浮性

3.1.1 搅拌时间对悬浮性的影响

表 3-1 为含 3mm 与 5mm 长聚丙烯纤维涂料在不同机械搅拌时间后静置 24h 后涂料的悬浮性。

表 3-1 搅拌时间对含不同长度纤维涂料悬浮性的影响

聚丙烯纤维长度/mm	悬浮性/%				
	1h	2h	3h	4h	5h
3	73	75	78	80	82
5	75	76	77	77	78

由表 3-1 可以看出，涂料的悬浮性随着机械搅拌时间的增加而增加，经 5h 搅拌的涂料的悬浮性最高。这是由于随着搅拌时间的延长，涂料中各组分的分散更加均匀，悬浮性变好。但是继续延长搅拌时间，其悬浮性的增加缓慢。对比两种长度聚丙烯纤维对悬浮性的影响可以发现，含 3mm 长纤维的涂料的悬浮性最终在超过 3h 搅拌后，其悬浮性要优于含有 5mm 长纤维的涂料。整体上看，两种纤维对悬浮性的影响不大，但是搅拌时间延长后，由于较长纤维容易缠绕到搅拌臂上，减少了涂料中单丝纤维的数量，从而使得在涂料中起到悬浮骨架支撑作用

的纤维减少，所以测得的悬浮性相对要低一些。

当超声波作用于钢纤维复合硅溶胶涂料时，超声空化效应产生的冲击波破坏了钢纤维间的结合。同时，配合机械搅拌，对钢纤维具有极强的剪切打散作用，可以有效地分散涂料中的钢纤维，纤维束逐渐分离而呈现单丝状分布。但是，微射流冲击硅溶胶胶体粒子，会对硅溶胶胶体粒子的长大产生影响，增加胶体粒子间的碰撞，硅溶胶胶体粒子容易长大，影响涂料的黏度。采用超声振荡时，超声时间对不同钢纤维含量的涂料的悬浮性的影响见表 3-2。

表 3-2　超声时间对含钢纤维加入量不同涂料悬浮性的影响

钢纤维加入量/%	悬浮性/%			
	5min	10min	15min	20min
0.2	81	83	84	84
0.4	82	84	84	85
0.6	80	82	83	83

在一定的时间范围内，对涂料进行超声搅拌处理，超声时间越长，钢纤维的分散效果越明显，悬浮性越好。对比涂料中不同钢纤维加入量影响可以发现，0.4%的含量所获得涂料的悬浮性相对较好。过多的钢纤维加入后，即使通过超声振荡进行分散，纤维在涂料中的分散效果也有限，其在涂料中起到骨架支撑作用没有增加，所以高纤维加入量时涂料的悬浮性不再增大。

3.1.2　纤维长度对悬浮性的影响

通过实验测得碳纤维加入量为 0.1%时，涂料的悬浮性随纤维长度的变化，见表 3-3。

表 3-3　碳纤维长度对涂料悬浮性的影响

HPMC 加入量/%	悬浮性/%			
	2mm	3mm	4mm	5mm
0	81	82	80	81
0.30	85	87	88	86

由表 3-3 可以看出，在加入 HPMC 之后，涂料的悬浮性得到了明显提高，其中加入 4mm 碳纤维的涂料悬浮性提升最大，这是因为 HPMC 的加入首先促进了碳纤维的分散，使得涂料内部更多的碳纤维参与到网状结构的构架中，相对也减少了碳纤维聚集缠绕的情况，更多网状结构的存在，使得固体粉料被稳定于局部区域内，不易沉降，即体现为涂料悬浮性的提高。随加入碳纤维长度的提高，涂料的悬浮性呈现先上升后下降的趋势，但各组悬浮性相差较小，基本一致；表

明在固定加入量的情况下，碳纤维的加入长度对涂料悬浮性的影响存在，但较小。

3.1.3 纤维加入量对悬浮性的影响

硅溶胶涂料悬浮性随 3mm 钢纤维加入量的变化见表 3-4（超声 20min）。钢纤维加入量逐渐增大的过程中，涂料悬浮性出现先增大后降低的趋势。钢纤维加入量为 0.4% 时涂料的悬浮性达到最大值 85%。继续增加至 0.6% 时，涂料的悬浮性略有降低，但仍对涂料悬浮性的改善有一定的效果。

表 3-4　钢纤维加入量对涂料悬浮性的影响　　　　　　　　（%）

钢纤维加入量	0.2	0.3	0.4	0.5	0.6
悬浮性	81	83	85	84	83

钢纤维加入硅溶胶涂料中，可以改善涂料悬浮稳定性能。钢纤维在涂料中均匀分散，相互交织，搭建形成三维网络结构，这种结构对涂料中颗粒的支撑作用，于是提高了涂料的悬浮性。另外，纤维形成的网络结构可以有效降低涂料中颗粒、分子间的相互作用，从而减少形成密度大的粒子团，即提高了涂料的悬浮性。钢纤维加入量越多，形成的网络组织越多，对提高涂料的悬浮性越有利。但是，钢纤维掺量过大，容易缠绕结团，从而减少参与搭建网络结构的纤维量，使涂料悬浮性有所下降。

实验测得碳纤维长度为 4mm 时，涂料的悬浮性随纤维加入量的变化，见表 3-5。由表可知，在未加入 HPMC 时，随着纤维加入量的提高，涂料的悬浮性呈上升趋势，但各组间悬浮性相差较小。而加入 HPMC 后，可以明显看出，随着纤维加入量的提高，涂料的悬浮性明显呈现先上升后下降的趋势。

表 3-5　碳纤维加入量对涂料悬浮性的影响　　　　　　　　（%）

HPMC 加入量	悬浮性			
	0.05	0.10	0.15	0.20
0	81	82	83	83
0.30	84	87	83	82

适当提升纤维加入量，可以增加在涂料内参与构架网状结构的纤维，使涂料内部的网状结构更为稳定，即悬浮性提高。在纤维加入 0.10% 时，涂料悬浮性最大，为 87%。之后随着纤维加入量的增加，涂料的悬浮性降低。纤维加入量过高，会导致纤维在涂料中更容易产生相互缠绕聚团现象，反而降低了涂料内的分散纤维量，减少了纤维参与构架涂料内网状结构的数量，同时减少了纤维与涂料的接触面积与结合力，导致涂料悬浮性下降。

以上是一种纤维加入量变化引起的悬浮性改变。取四组不同含量的钢纤维和碳纤维混杂后混入涂料，其悬浮性测定结果见表 3-6。

表 3-6　涂料的悬浮性实验结果　　　　　　　　（%）

纤维加入量	0	钢 0.1%+碳 0.3%	钢 0.2%+碳 0.2%	钢 0.3%+碳 0.1%
悬浮性	80	82	84	85

由表 3-6 所知，不含纤维的涂料的悬浮性是 80%；当加入钢纤维和碳纤维之后，涂料的悬浮性是增大的，纤维总加入量不变，混杂纤维中钢纤维加入量的占比越大，涂料的悬浮性越大。同样质量的钢纤维的单丝数量较碳纤维要少很多，也就更易分散，所以其悬浮性得到提高。

3.2　涂料的黏度

3.2.1　纤维长度对表观黏度的影响

通过实验测得加入不同长度碳纤维时，涂料的表观黏度随剪切速率增大的变化曲线，如图 3-1 所示。

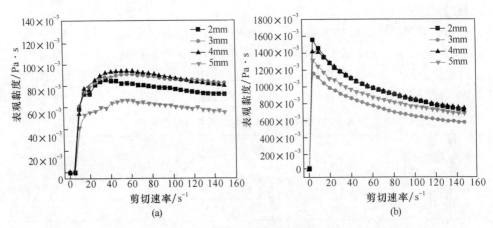

图 3-1　含 0.1%碳纤维涂料表观黏度随剪切速率的变化
(a) 未加 HPMC；(b) 加入 HPMC

由图 3-1 (a) 可以看出。纤维加入长度为 3mm、4mm 时，其剪切速率-表观黏度曲线较为接近。纤维长度为 2mm 时，涂料在较低的剪切速率下就达到了最大表观黏度。纤维长度为 5mm 时，其表观黏度在同样的剪切速率时，明显低于其余三组。

在硅溶胶涂料中加入纤维后，涂料的表观黏度先随剪切速率增大而增加，至最大值后缓慢降低。考虑到纤维加入量一定时，纤维的单丝数量与长度成反比，在纤维长度为 5mm 时，单丝纤维数量较少；与其余三组相比，在涂料内部构架出的网状结构相对较少，且纤维过长时形成的网状结构也不稳定，所以该组涂料的表观黏度最小。

由于碳纤维表面疏水，无法与硅溶胶很好的润湿，碳纤维在硅溶胶中容易产生聚团现象，不是全部碳纤维都能分散为单丝状，并参与到构架网状结构。而涂料在剪切力作用下，首先是将聚团的碳纤维逐渐分散开来，使得涂料中参与构建网状结构的纤维越来越多，反映在表观黏度上就是其数值缓慢增加，待剪切速率足够大时，涂料中网状结构被剪切力作用所破坏，就表现为表观黏度的下降。

由图 3-1(b) 可以看出，含有纤维的涂料中，加入分散剂 HPMC，在剪切速率为 5s^{-1}时，涂料的表观黏度均到达最大。与图 3-1(a) 涂料出现最大表观黏度时所对应的剪切速率相比，涂料在剪切初始阶段就达到了最大的表观黏度。这是由于分散剂 HPMC 的分散作用，涂料在剪切搅拌前内部就具有了网络结构，随着剪切速率的增大，这种结构逐渐被破坏，表观黏度降低。

此外，HPMC 的加入使得涂料具有了明显的剪切变稀的现象。流体在流动时各流层间总存在一定的速度梯度，高剪切速率时这种梯度更大。涂料中的大分子若同时穿过几个流速不同的流层时，总是力图使自身全部进入同一流速的流层。不同流速液层的平行分布就导致了大分子在流动方向上的取向，这种在流动方向发生取向的现象的外在宏观表现就是黏度的下降，即剪切变稀现象。分散剂使得纤维在剪切过程中更容易发生流动方向上的取向，所以其表观黏度在持续增大剪切速率时下降明显。

图 3-2 为涂料中混入 0.2%的不同长度钢纤维后，在不同剪切速率下涂料表观黏度的变化规律。其中，含 3mm 钢纤维的涂料的表观黏度最大。此外，钢纤维加入后，涂料在高剪切速率时剪切变稀的特征并不明显。

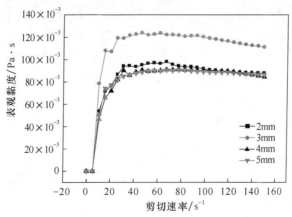

图 3-2　钢纤维长度对涂料表观黏度的影响（含量 0.2%）

3.2.2　纤维加入量对表观黏度的影响

涂料中纤维加入量不同时，表观黏度与剪切速率的关系如图 3-3 所示。从图 3-3(a) 可以看出，相同剪切速率时，随着纤维加入量增加，涂料的表观黏度随之增加。在碳纤维加入量超过 0.15% 后，涂料剪切变稀的特征更为明显。选用 4mm 的碳纤维时，纤维不易缠绕，所形成的网络结构也相对稳定，此时，纤维加入量越大，参与构架网络结构的纤维越多，网络结构中能够固定更多的固相耐火粉料，导致剪切时涂料层间摩擦力增大，表现出的表观黏度值增加。此外，随着纤维加入量增加，涂料在达到最大表观黏度所需的剪切速率越来越小，这也表明 4mm 的纤维在涂料中的分散性也较好，互相缠绕结团的倾向较小。

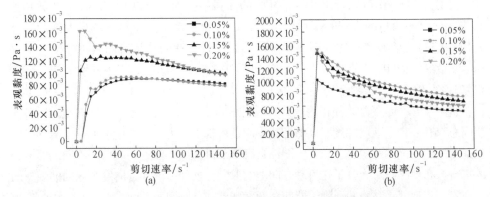

图 3-3　含 4mm 碳纤维涂料表观黏度随剪切速率的变化
(a) 未加 HPMC；(b) 加入 HPMC

加入 HPMC 后，从图 3-3(b) 可以看出，在剪切速率约为 5s^{-1} 时，纤维加入量为 0.05%~0.20% 的涂料均到达最大表观黏度，涂料的表观黏度均有显著提升。其中添加 HPMC 对纤维加入量为 0.05% 的涂料最大表观黏度提升相对较小，这是因为纤维含量较少，在不添加 HPMC 时，涂料内部的碳纤维已经较为分散，大部分纤维已经参与到了涂料内部网状结构的构架中，HPMC 所带来的分散作用相对较小，涂料表观黏度提高会受到 HPMC 的增稠作用影响。随着纤维含量的增加，由于 HPMC 对加入纤维的分散作用，涂料表观黏度的提升效果越来越明显。涂料的表观黏度在达到最大值后，随着剪切速率的增加逐渐降低，在高剪切速率的情况下，四组实验的表观黏度相差已不明显。

图 3-4 是长度为 4mm 钢纤维不同加入量时，涂料的表观黏度随剪切速率的变化曲线。由图可知，随着钢纤维加入量的增加，涂料的表观黏度增大，钢纤维加入量为 0.6% 时的表观黏度最大。但是由于钢纤维强度大，其在涂料的剪切速率变化过程中作用于转动转子，导致表观黏度的变化曲线出现波动。

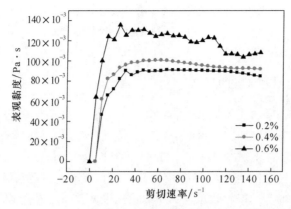

图 3-4 含 4mm 钢纤维涂料表观黏度随剪切速率的变化

3.2.3 流杯黏度

实际熔模铸造生产过程中，常用流杯黏度来表征涂料的流变特性。采用 ϕ6mm，100mL 流杯黏度计测量含纤维涂料的流杯黏度，记录出现断流的时间。以含聚丙烯纤维的涂料为例，其加入量及长度对涂料流杯黏度的影响见表 3-7。

表 3-7 搅拌时间对含不同长度和加入量聚丙烯纤维涂料流杯黏度的影响

项 目		流杯黏度/s				
		1h	2h	3h	4h	5h
长度/mm	3	11.6	8.3	7.6	7.0	8.6
	5	6.6	7.0	7.6	6.6	8
加入量/%	0.2	11.3	8.1	9.7	9.2	10.1
	0.4	7.1	5.6	7.2	8.6	7.3

由表 3-7 可见，聚丙烯纤维的长度增加时，相同搅拌时间下的涂料的流杯黏度减小，加入量变化对涂料流杯黏度的影响亦是如此。这表明无论是纤维长度增加还是加入量增加，都会导致涂料出现断流的时间缩短，但是没有随搅拌时间变化的明显规律，这与测试时纤维卷积着耐火粉料堵塞流杯黏度计下端的涂料出口有关。

3.3 涂料的触变性

熔模铸造涂挂涂料的过程即是对涂料施加剪切应力的过程，这就要求涂料有较好的剪切稀释效应，使得涂料能够较快地覆盖模样表面，体现出足够的流动性。当模样从涂料桶中取出后又要求涂料黏度较快增长，以保证涂料不致因流淌过多而不能获得一定的厚度。因此，涂料的触变性对熔模铸造制壳工序中的涂料使用工艺有着重要的影响。

3.3.1　纤维长度对触变性的影响

图 3-5 为涂料中含有不同长度钢纤维的剪切速率、剪切应力关系曲线，可以看到随着剪切速率的增加，涂料的剪切应力逐渐增加。此外，所有涂料均具有触变性，但是触变环并不是很明显，尤其当纤维长度为 5mm 时，上行曲线和下行曲线相差很小。其原因是此涂料中较长的纤维形成的立体网状结构的搭接点较少，且由于纤维缠绕，单丝数量少，所以涂料恢复较快；在剪切速率减小的过程中涂料可以在很短的时间内将自身黏度恢复到与剪切前差不多的水平，所以上行曲线和下行曲线围成的触变环面积较小。

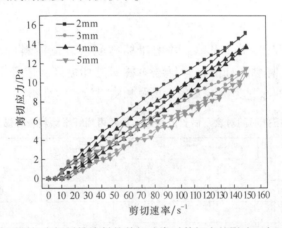

图 3-5　含不同长度钢纤维涂料的剪切速率对剪切力的影响（加入量 0.4%）

由图 3-5 可知，加入不同长度钢纤维的涂料，其剪切应力均随剪切速率增加至 $150s^{-1}$ 再减小至 0 的过程中形成一条闭合的曲线，称为触变环。触变环是由于涂料内部结构在经过剪切后不能恢复原始状态所形成的，通过 Origin 软件对触变环求积分，得出触变环面积，见表 3-8。触变环面积小，涂料在实际涂刷时黏度恢复快，最佳使用时间较短，不容易涂刷均匀。因此，含有长度为 5mm 纤维的涂料的涂刷工艺操作性较差。

表 3-8　含不同长度钢纤维涂料的触变环面积

纤维长度/mm	2	3	4	5
触变环面积	183.5	180.6	158.2	108.0

通过实验测得碳纤维加入量为 0.1% 时，涂料的剪切应力与剪切速率曲线，

如图 3-6 所示。曲线总体呈现在低剪切速率时，涂料的剪切应力提升较大，涂料剪切应力的增幅随着剪切速率的提升逐渐变缓。这是由于在低剪切速率时，涂料内部胶体和纤维形成的立体网状结构较多，破坏其结构所需能量较大，随着剪切速率增大，涂料内部被破坏的结构越来越多，涂料中的纤维呈现随剪切力作用方向运动，表现为涂料的剪切应力上升幅度变缓。图 3-6(a)中，未加入分散剂时，在碳纤维加入长度为 5mm 时，涂料的剪切应力最大。这可能是由于碳纤维较长，测试过程中纤维缠绕到转子上锁导致的。

涂料中加入分散剂 HPMC 后，由图 3-6(b)和表 3-9 可知，涂料的触变环面积显著增大。这是因为 HPMC 作为增稠剂，导致涂料黏度大幅上升，同时，其分散作用又能够使碳纤维更好的分散，实现搭接形成网状结构，固体粉料在其中分布均匀后，沉降也受阻，相当于增加了涂料局部的粉液比，导致了相同剪切速率时，含有 HPMC 涂料的剪切应力值较大。在碳纤维长度为 4mm 时，涂料的触变环面积最大，表明此时 HPMC 和碳纤维联合作用下，涂料回复到剪切前的状态更困难，使涂料的触变性达到最大。

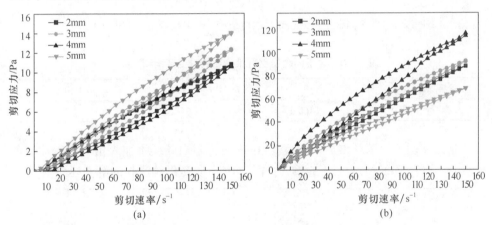

图 3-6　含不同长度碳纤维涂料的剪切速率对剪切应力的影响（加入量 0.1%）

（a）未加 HPMC；（b）加入 HPMC

表 3-9　含不同长度纤维涂料的触变环面积

纤维长度/mm		2	3	4	5
触变环面积	未加 HPMC	126.7	141.4	187.4	178.6
	加入 HPMC	432.6	761.1	1487.7	441.0

3.3.2　纤维加入量对触变性的影响

图 3-7 为涂料中钢纤维含量变化后，剪切力随剪切速率的变化曲线。由图可

见，剪切速率相同时，涂料中纤维的含量越多，其剪切应力越大，这与涂料中纤维形成的网络结构有关。同时，纤维加入量为 0.6% 时，其曲线变得不规则，表明涂料中纤维形成的网络结构由于纤维较多变得不稳定，这一点从表 3-10 中也得到证实，其触变环面积最小，即涂料的稳定性较差。

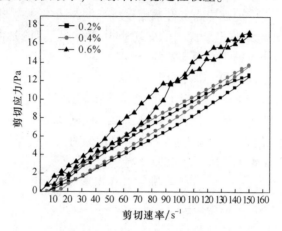

图 3-7　含不同含量钢纤维涂料的剪切速率对剪切应力的影响（4mm）

表 3-10　含不同含量钢纤维涂料的触变环面积 4mm

纤维加入量/%	0.2	0.4	0.6
触变环面积	166.2	158.2	78.8

通过实验测得碳纤维加入长度为 4mm 时，不同碳纤维加入量所获得涂料的触变性，如图 3-8 所示。表 3-11 为含不同加入量碳纤维涂料的触变环面积。

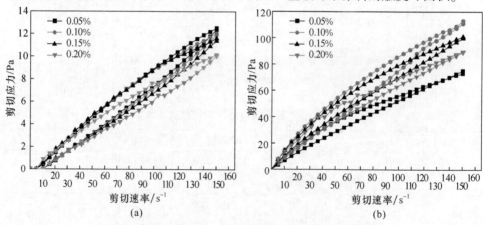

图 3-8　含 4mm 短切碳纤维涂料的触变性

（a）未加 HPMC；（b）加入 HPMC

表 3-11　含不同加入量碳纤维涂料的触变环面积

纤维加入量/%		0.05	0.10	0.15	0.20
触变环面积	未加 HPMC	167.9	187.4	209.5	164.6
	加入 HPMC	602.6	1487.7	1073.7	888.7

由图 3-8(a)可以看出，纤维加入量为 0.05%~0.20%变化时，碳纤维加入量对四组涂料的触变环面积的影响不大，因为此时纤维在涂料中能够均匀分布的单丝数量有限，单纯的增大纤维加入量，只会使得纤维团聚缠绕，不能对触变性起到影响，仅对涂料的黏度有影响，这里不再讨论。

加入分散剂 HPMC 后，由图 3-8(b)可知，纤维加入量为 0.10%~0.20%时，触变环面积均大于碳纤维加入量较少的涂料。这说明分散剂促使更多的碳纤维分散分布于涂料中，进而影响了涂料在剪切速率变化时的剪切应力，从而改变了触变环的面积。

综上所述，纤维长度与加入量均会影响涂料的触变性。但是，提高触变性并不是一味地提高纤维的加入量。纤维加入量过多，或者加入长度过长的纤维反而会对涂料的触变性产生负面的影响；主要是由于长度过长，加入量过多会导致纤维的分散无法得到保证，即纤维在涂料中起到构架的网状结构的作用有限。HPMC 加入涂料中，对涂料触变性的提升主要分为两方面：

（1）由 HPMC 本身结构所决定。HPMC 在硅溶胶涂料中，因为其具有较长的分子链，同时 HPMC 的疏水主链可以与涂料内水分子结合形成氢键，在搅拌过程中可以形成更多的分子链纠缠，内部键合增加，从而提高涂料黏度，使得在转子旋转时所受阻力增大，在相同剪切速率下，涂料的剪切应力值更大。

（2）HPMC 可以促进纤维的分散。在搅拌过程中，由于 HPMC 分子结构中含有较多极性羟基基团和较长的分子链，能够吸附在碳纤维表面，增加碳纤维对硅溶胶的润湿性并防止纤维之间的接触聚团，促进了纤维分散，提高了纤维在涂料内部构建网状结构的数量，因此在受到剪切力的作用时，涂料的剪切应力较大，同时在剪切应力下降过程中，涂料所恢复原有稳定结构也越困难，即触变性提高。

参 考 文 献

[1] JB/T 4007—2018. 熔模铸造涂料试验方法 [S].

[2] 何曼君. 高分子物理 [M]. 上海：复旦大学出版社，2006.

4 纤维复合型壳的常温强度

熔模铸造型壳的常温强度主要在制壳的浸涂料、撒砂以及脱蜡等工艺过程中起到作用,常温强度要能够保证模组及型壳在夹持、搬运时不发生破坏。熔模铸造中,尤其是大型铸件通过熔模铸造生产时,往往希望型壳有足够高的常温强度,能够保证制壳的顺利进行。因此,本章对纤维复合型壳的常温强度进行探讨。

4.1 单丝纤维复合型壳

就纤维的选择来说,常常考虑的因素包括:纤维的加入量、纤维的长度、纤维的直径以及纤维的种类。纤维的不同对复合型壳的增强效果也不尽相同。

4.1.1 纤维加入量的影响

型壳试样的常温抗弯强度随蒲绒纤维加入量的变化如图 4-1(a)所示。由图可知,蒲绒纤维增强型壳较无纤维增强的型壳表现出更高的湿强度。加入 0.2%的纤维后,其湿强度达 2.59MPa,较未用纤维增强的提高 14.1%。随着纤维加入量的增加,型壳试样的湿强度随之增加,纤维加入量 1.0%时,增幅最大,达44%。这表明采用蒲绒纤维增强后,型壳湿强度增幅显著。

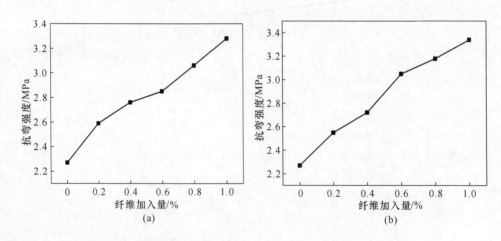

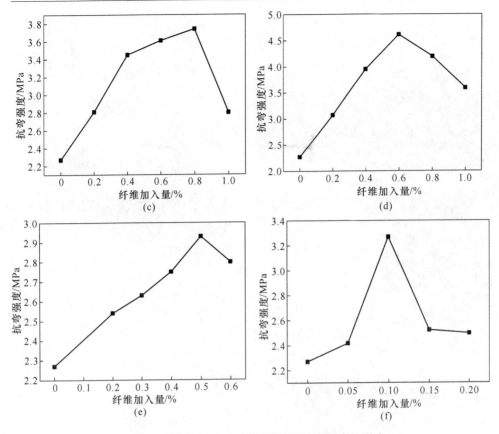

图 4-1 纤维加入量对型壳试样常温抗弯强度的影响

(a) 蒲绒纤维；(b) 硅酸铝纤维；(c) 聚丙烯纤维；(d) 玻璃纤维；(e) 钢纤维；(f) 碳纤维

图 4-2 是蒲绒纤维增强型壳试样的断口形貌。试样的断面上可以观察到很多微孔及纤维存在，圆孔直径与纤维相近。纤维交叉分布，无明显方向性，且纤维有弯折现象存在，这说明型壳试样在承受载荷破坏时，除传统制壳材料的断裂外，还包括纤维的断裂、界面脱粘、拔出等失效形式。如图 4-2(d) 所示，随着纤维加入量的增加，断面上可观察到的纤维数量也在增加。抗弯试样在承受弯曲载荷的过程中，由于纤维通过硅溶胶凝胶后形成的胶膜与型壳基体黏结，随着裂纹的扩展至基体/纤维的界面处，纤维会从胶膜处脱粘，即通过纤维的拔出、断裂等行为吸收部分能量。因此，断口处的纤维不完整，如图 4-2(c) 和(d) 所示。由于型壳内纤维与耐火粉料、硅溶胶凝胶膜之间发生黏结，硅溶胶与纤维的界面结合形成了有效的受力骨架，增加了耐火粉料/硅溶胶凝胶膜之间的连接点的数量，强化了耐火粉料和黏结剂的连接。纤维在型壳断裂的过程中吸收了部分能量发生变形，型壳试样在载荷的作用下断裂失效的时间延迟；裂纹沿着型壳断裂前端运动到纤维与基体形成的界面时，由于纤维脱粘、拔出，使得裂纹扩展的能量在界面处被消耗，这也在一定程度上提高了型壳试样的承载能力，综合作用使得型壳试样的湿强度得以显著提高。

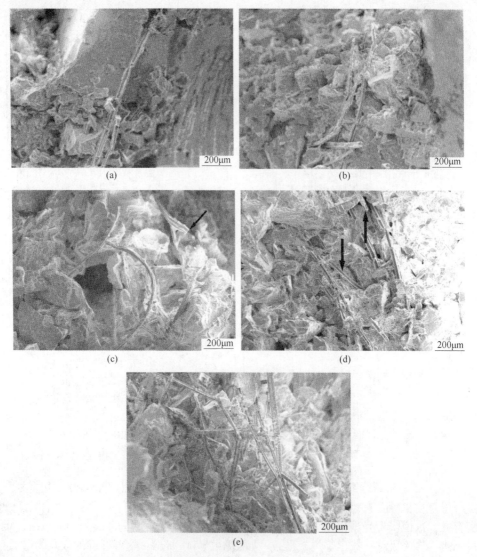

图4-2　蒲绒纤维复合型壳试样的断口形貌
(a) 0.2%；(b) 0.4%；(c) 0.6%；(d) 0.8%；(e) 1.0%

从图4-2还可以发现，型壳中纤维的失效形式主要为三种，即断裂、剥离及弯折（弯曲）。纤维的断裂及弯折（因纤维表面有较完整的硅溶胶膜，导致纤维的韧性降低、脆性增大而在受力时发生弯折）现象的发生，说明纤维与硅溶胶膜的黏结良好，其黏结强度超过耐火粉料与纤维外表面覆盖的硅溶胶膜的黏结强度，纤维的增强作用及本身的强度性能得到充分发挥。而纤维剥离现象的存在，则说明仍有部分纤维外表面覆盖的硅溶胶膜与耐火粉料之间的粘接强度已超过纤维与硅溶胶膜的黏结强度，型壳受力发生断裂时硅溶胶膜破裂，纤维从膜内表面剥离。

图 4-1(b)为硅酸铝纤维加入量从 0.2%到 1.0%变化时，型壳试样的常温抗弯强度变化曲线。由图可知，纤维加入量在 0.2%~1.0%范围内，随着涂料中混入的硅酸铝纤维的量增大，其常温抗弯强度显著增加。其中，纤维加入量为 1.0%的试样的抗弯强度较未用纤维增强型壳试样提高了 47%，这一结果说明硅酸铝纤维发挥了很好的增强作用。这是由于纤维增强型壳在承受载荷以及断裂的过程中，在传统制壳材料发生变形、断裂的同时，型壳中纤维以拔出、断裂和脱粘等形式吸收部分能量，也即起到增强作用，延迟型壳的失效时间。只要纤维不是以集束的形式存在，涂料中加入纤维越多，其增强作用越明显。但由于纤维增强相是作为涂料的组分直接加入涂料中用于制壳，当硅酸铝纤维加入量超过 1.0%时，制壳用涂料黏度急速增大，制样时涂料难以铺展，其工艺性能无法满足制壳要求。此外，混制时还容易出现纤维结团、相互缠绕等现象，纤维成集束状存在对基体的割裂破坏作用远高于纤维均匀分散时带来的增强作用，不仅涂料混制困难，还会严重降低纤维的增强效果。因此，纤维的加入量不宜过高。

结合图 4-3 硅酸铝纤维复合型壳试样弯曲断裂后断口的微观形貌进行分析：加入量为 0.2%和 0.4%时，纤维对基体的增强作用不明显，试样断口表面上分布的纤维很少。当纤维加入量增加至 0.6%和 0.8%时，试样断口表面上纤维数量逐渐增多，且其在型壳中分布较为均匀，说明硅酸铝纤维在涂料配制过程中分散性较好，因此发挥增强作用的纤维数量增多，从而表现出总体增强作用的提高。此时断口表面上存在的纤维可以观察到直径减小的现象，如图 4-3(c)和(d)箭头标示处。这是由于纤维断裂和脱粘过程中的弹性变形所导致的。当继续增大硅酸铝纤维的加入量时，从试样断口表面上的纤维可以观察到型壳的残留物，如图 4-3(f)所示。这说明硅酸铝纤维在脱粘过程中，有效地承受了载荷，进而提高试样的抗弯强度。但纤维加入量过大，易出现集束现象，如图 4-3(e)所示。聚集在一起的纤维对基体的割裂作用较强，会抵消部分其他分散纤维的增强作用。特别是大尺寸的纤维集束体形成时，会导致试样中形成大的、不规则孔穴，其对基体的破坏作用将更大，纤维增强作用的衰减更显著。因此，制壳过程中应极力避免纤维集束体的形成。从图 4-1(b)的强度试验结果及图 4-3(e)所示试样断口形貌看，虽然出现了数条纤维的集束现象，但由于参与形成集束的纤维数量少，集束的外径尺寸很小，且纤维之间并未紧密排列，仍存在间隙，因此纤维集束的形成对基体的破坏作用很弱，型壳试样常温抗弯强度仍增大。但需要特别指出的是，当硅酸铝纤维加入量超过 1.0%时，不仅制壳用涂料黏度急速增大，其工艺性能无法满足制壳要求，同时，涂料中大量纤维形成集束、产生团聚、缠绕的概率也在迅速增大。一旦型壳及试样中形成大尺寸、数量众多纤维的集束体时，其对基体的割裂作用将接近，甚至超过其对型壳试样的增强作用，特别是形成非圆柱形集束体时，其对型壳强度的损害将大大超过其增强效果。因此，过高的纤维加入量不仅使制壳用涂料的工艺性能差，制壳、制样时施涂困难，而且会大幅度降低型壳强度，无法实现增强目的。

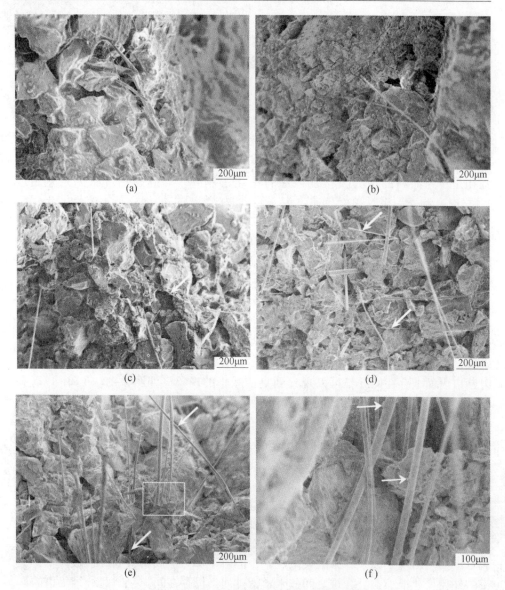

图 4-3　硅酸铝纤维复合型壳试样的断口形貌

(a) 0.2%；(b) 0.4%；(c) 0.6%；(d) 0.8%；(e) 1.0%；(f) 1.0%，高倍

　　图 4-1(c) 为纤维增强型壳常温强度随聚丙烯纤维加入量的变化曲线。由图可知，聚丙烯纤维加入涂料中后，所制型壳的湿强度同样高于未用纤维增强的型壳试样。随着纤维加入量的增加，试样的抗弯强度先增高，加入量为 0.8% 时达到最大值 3.74MPa，相比于未增强试样，其增幅达 64%。当纤维加入增加至 1.0% 后，型壳试样的湿强度迅速下降至 2.8MPa。聚丙烯纤维加入涂料中后，由于硅溶胶胶凝形成型壳基体-胶膜-纤维的黏结界面，聚丙烯纤维作为复合材料

的增强相,在硅溶胶型壳试样承受弯曲载荷的过程中通过黏结界面传递载荷,并发生纤维的脱粘、拔出及拉拔变形等行为,这些都会导致型壳湿强度的提升。因此,纤维增强后的型壳试样的常温抗弯强度总体上要优于未进行纤维增强的试样。但是,纤维加入量过大时,由于其密度小,纤维单丝数量多,就更难以在涂料中通过搅拌分散均匀,即会出现结团、集束的现象,并使得制壳用涂料的涂挂性、均匀性变差,导致所制型壳的抗弯强度随之下降,且幅度较大。

图4-4为聚丙烯纤维复合型壳试样常温加载试样的断口形貌,由图4-4(a)、(c)及(d)中可以明显地看到纤维的断裂。由于聚丙烯纤维的直径较大,其与型壳

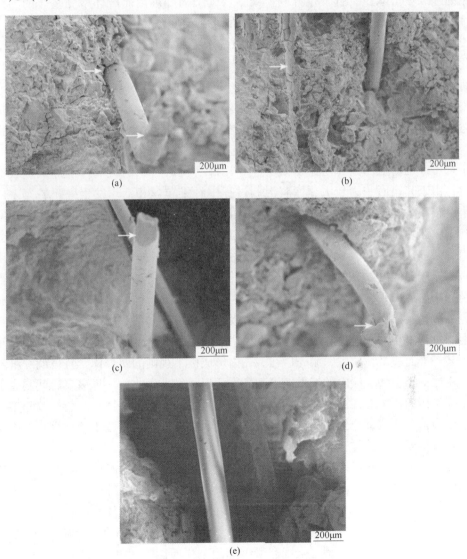

图4-4　聚丙烯纤维复合型壳试样的断口形貌

(a) 0.2%; (b) 0.4%; (c) 0.6%; (d) 0.8%; (e) 1.0%

基体接触粘接的表面积较大，因此加载弯曲载荷时，纤维大多以断裂的形式伴随型壳的断裂而失效。但是也有部分纤维发生纤维脱粘后拔出的行为，如图 4-4(b)所示。由图可见，纤维脱离了型壳基体后，其原来的位置遗留下与纤维形状相同的圆柱或半圆柱型表面，且其上可以观察到裂纹，说明断裂前裂纹扩展至纤维处时受阻，转而沿着纤维与基体的界面方向进行，在这个过程中消耗了能量，这也是聚丙烯纤维增强型壳的抗弯强度上升的原因。纤维加入量增加至 1.0% 时，由于其在涂料中发生一定程度的聚集、缠绕等，分散性变差，能有效发挥增强作用的纤维数量减少，且发生并列、聚集、缠绕的纤维反而破坏型壳基体的连续性，这些位置会成为断裂发生的源头，因而强度降低。

图 4-1(d) 为不同玻璃纤维加入量条件下纤维增强型壳的常温抗弯强度的变化曲线。型壳采用玻璃纤维增强后，其常温的抗弯强度较未用纤维增强的试样均有不同程度的提高。玻璃纤维加入量由 0 逐渐增加到 0.6% 时，型壳的常温抗弯强度也快速增大，几乎呈线性增长；玻璃纤维加入量为 0.6% 时，型壳的常温抗弯强度值最大，达 4.61MPa。纤维加入量超过 0.6% 时，型壳的常温抗弯强度也快速下降。纤维加入量为 1.0% 时，型壳的常温抗弯强度仅为 3.59MPa，但仍高于未用纤维增强的试样。这是由于制壳用硅溶胶涂料中的玻璃纤维加入量较低时，由于其表面张力较大，涂料混制过程中纤维单丝相遇、发生碰撞的概率较小，相互之间不易团聚，相比较其他纤维更容易在涂料中均匀的分散开来，在空气中自然硬化后的型壳中玻璃纤维与硅溶胶凝胶界面结合形成了有效且均匀的受力骨架，强化了耐火粉料和黏结剂的连接。在型壳试样承受外加弯曲载荷作用时，这些界面可以有效地分担部分载荷并阻止裂纹的扩展，强度提高。然而，当制壳用涂料中纤维加入量超过 0.6% 时，部分纤维在涂料混制过程中仍然能够充分分散，发挥增强作用，使得型壳强度提高；而另外一部分纤维单丝由于在涂料混制过程中相遇、碰撞，发生聚集、缠绕、团聚，纤维的分散性下降并集中分布于某一平面或某一位置，制壳后在型壳内形成极不规则的团聚体，且玻璃纤维不易弯曲，不会随着涂料的铺展而沿型壳表面形状发生弯曲，一旦集束后就割裂了型壳基体的连续性，而且在尺寸较大范围内贯穿型壳试样基体，这会导致随型壳强度降低；两者综合作用的结果，试样强度明显降低。发生聚集、缠绕甚至结团的纤维量越多，试样强度降低幅度越大。

不同量玻璃纤维增强的型壳试样常温强度测试后，试样断口形貌如图 4-5 所示。由图 4-5(a)~(e) 可见，相同视场面积内，型壳中的纤维数目（根数）逐渐增加，但分布并不十分均匀。随着纤维加入量的增加，在试样断口中出现少量玻璃纤维平行、集束的现象（见图 4-5(d)），甚至出现大量团聚（见图 4-5(e)），这是导致加入量较高时型壳强度有所下降的主要原因。此外，从图 4-5(f) 中可以观察到，试样断口表面纤维拔出后遗留的圆柱形孔穴，纤维上还附着拔出时黏着的残余胶膜。这表明，玻璃纤维复合型壳中，纤维通过其胶粘界面起到增强作用，在受载荷作用失效的过程中，胶膜的脱粘、纤维的拔出均消耗能量；并且纤维拔出后遗留的圆形孔穴较型壳原有孔隙更易于阻止裂纹的扩展。因此，宏观上体现为抗弯强度的增加，裂纹扩展迟滞；但当纤维加入量增大后，纤维团聚集束，其在型壳内部分布的不均匀导致这种纤维的增强作用减弱，并且成束拔出后的空隙不再是圆形，而是层片状，产生割裂作用。

图 4-5　玻璃纤维复合型壳的断口形貌

(a) 0.2%；(b) 0.4%；(c) 0.6%；(d) 0.8%；(e) 1.0%；(f) 0.4%，高倍

此外，文献的研究结果证实，一旦裂纹产生，由于裂纹处的纤维可起到桥连作用，纤维增强混凝土即产生所谓的形变硬化行为。穿越裂纹的高体积分数的纤维含量足以阻止裂纹的继续扩展，纤维增强混凝土变形抗力增大。然而，一旦纤维拔出或断裂，纤维的桥连作用就大大降低，结果导致变形或裂纹扩展至超过某一值时，混凝土的弯曲变形抗力降低。纤维的失效模式以断裂为主，拔出为辅。而从本试验的结果看，型壳中纤维的失效模式以脱粘、拔出为主，断裂为辅。但值得注意的是，这时，由于脱粘、拔出的纤维已不再是原纤维（Fresh Fiber），而是表面涂覆有一层较完整的黏结剂膜；这表明，纤维增强型壳在加载失效时，纤维脱粘、拔出是由于纤维表面的黏结剂膜与型壳基体之间的黏结缩颈数量少，且单个缩颈或桥联点的面积很小，黏结缩颈所提供的黏结能力及粘接强度低于弯曲应力所致。而型壳中的纤维与其表面覆盖的黏结剂膜的接触面积大（涂料混制时，由于长时间的搅拌，使得黏结剂与纤维能充分接触、润湿、混合，因而在制壳时黏结剂就几乎全部覆盖于纤维整个表面），黏结强度远高于黏结缩颈所提供的粘接强度。因此，弯曲加载时，型壳中纤维的失效模式首先或主要以脱粘、拔出为主，断裂为辅。

钢纤维加入量对试样型壳常温强度的影响规律如图 4-1(e) 所示。经过钢纤维增强的型壳试样在常温强度方面要优于无纤维增强试样，这表明钢纤维对试样型壳的常温强度也有显著的增强作用。钢纤维的加入量在 0~0.5% 的范围内增加时，试样的常温强度呈上升趋势，钢纤维加入量为 0.2% 时，试样型壳的常温强度上升至 2.54MPa，较无强化对照试样 2.27MPa 的常温强度提升约 12%；钢纤维加入量为 0.5% 时，型壳试样的常温强度上升至增强效果的最佳值，相比于无钢纤维增强的型壳试样的常温强度，增强效果约提升 30%，型壳试样的常温强度达到 2.93MPa。钢纤维的加入量在 0.5%~0.6% 的范围内增加时，试样的常温强度呈下降趋势。

图 4-6 所示为改变钢纤维加入量获得的型壳试样弯曲断裂后断口微观形貌。相较于其他纤维，钢纤维由于表面粗糙，其粘接作用更加明显（见图 4-6(a)），明显观察到单丝钢纤维表面黏附的胶体颗粒和耐火粉料。图 4-6(b) 所示为单丝纤维交叉。从图 4-6(c) 中可以看纤维在型壳中呈弯曲状态伸出，这是因为型壳受力断裂过程中，钢纤维同时受到拉拔和脱粘，承受了部分载荷，致使其发生变形。图 4-6(d) 中，大量钢纤维开始缠绕在耐火粉料表面。加入量达到最大时，钢纤维几乎并排地出现于型壳内部（见图 4-6(e)），这会对型壳整体性造成破坏，型壳受力断裂时，这些位置将会成为断裂发生的源头，从而使型壳强度降低，数量多，大尺寸纤维形成的集束体，将会对型壳形成更为严重的削弱，抵消纤维在型壳中的增强作用。

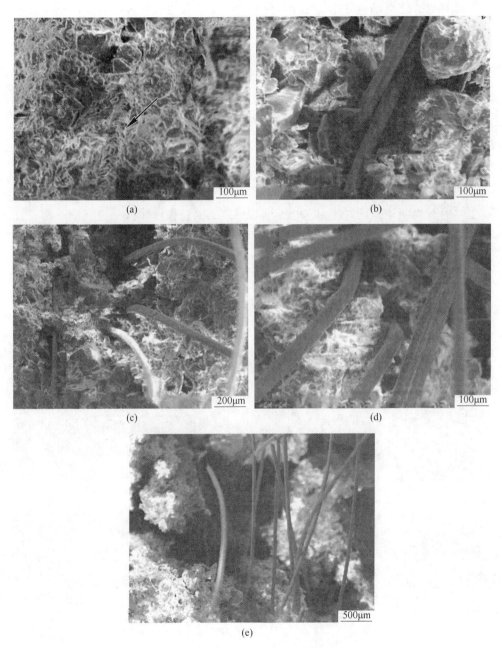

图 4-6　钢纤维复合型壳试样的断口形貌

(a) 0.2%；(b) 0.3%；(c) 0.4%；(d) 0.5%；(e) 0.6%

　　型壳常温抗弯强度随碳纤维加入量的变化曲线如图 4-1(f) 所示。随着碳纤维加入量的增加，常温强度呈先上升后下降的趋势，纤维加入量为 0.1% 时，型壳强度最高。之后随着纤维加入量继续增加，型壳强度大幅度下降。纤维加入量为0.20%时，型壳强度降低至2.50MPa。

　　图4-7为碳纤维复合型壳常温断裂后断口的微观形貌。由图4-7(a)可知，碳纤维加入量为0.05%时，型壳试样断口表面上分布的纤维很少，此时对基体的增强作用不明显。随着纤维加入量增加，试样断口表面上纤维数量逐渐增多，在纤维加入量为0.10%时，纤维在型壳中分布较为均匀，因此参与增强作用的纤维数量增多，从而表现出总体增强作用的提高，断口表面上存在的纤维可以观察到直径减小的现象，如图4-7(b)所示。这是由于纤维断裂和脱粘过程中的弹性变形所导致的。但纤维加入量过大，易出现集束现象，在纤维加入量为0.15%、0.20%时尤为明显。聚集在一起的纤维对基体的割裂作用较强，会抵消一部分纤维增强作用。特别是大尺寸的纤维集束体形成时，会导致试样中形成大的孔洞，其对基体的破坏作用将大幅度抵消纤维的增强作用。在图4-7(c)中可以看到，集束纤维对型壳基体产生割裂作用，使型壳内部出现较大裂纹，因此制壳过程中应极力避免纤维集束体的形成。

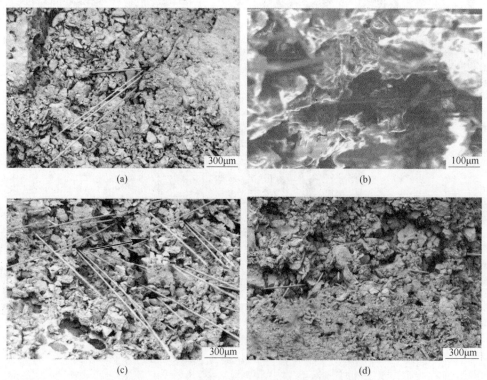

图4-7　不同碳纤维加入量试样的断口形貌

(a) 0.05%；(b) 0.10%；(c) 0.15%；(d) 0.20%

综上所述，不同的纤维，由于其密度不同，其分散性受加入量和其表面性能的影响较为显著，所以呈现出不同的增强效果，适宜的加入量也不尽相同。但是，无论何种单丝纤维，在保证其有效分散的前提下，纤维的加入量提高会使得纤维与基体的接触面增加，形成更为致密的网状结构。在型壳受力时，载荷通过型壳基体能够更为快速的传递到纤维上，使纤维分担外力载荷的效果更为显著，从而增强型壳常温强度。但是并不能一味地提高纤维的加入量，因为随着纤维加入量的提高，纤维在涂料内部相互缠绕聚团的现象越发严重，会导致能够有效参与构架网状结构的纤维减少；单丝纤维与聚团纤维同时存在于型壳试样中，致使纤维与基体之间的连续性降低，导致型壳的常温强度降低。

4.1.2 纤维长度的影响

当纤维加入硅溶胶涂料时，硅溶胶型壳在干燥过程中，硅溶胶浓度增加，SiO_2 胶体粒子相互碰撞的机会增大，使胶体质点间形成越来越多的硅醚键链接，溶胶最终胶凝形成硅凝胶，并将耐火材料黏结在一起，使型壳具有强度，纤维则在此过程中与型壳形成粘接界面，增加了锁结力，使得型壳抗失效能力，也就是强度得到提升。

碳纤维加入量为 0.1%、加入超声搅拌的硅溶胶中时，所制得型壳的常温抗弯强度随纤维长度的变化，如图 4-8 所示。

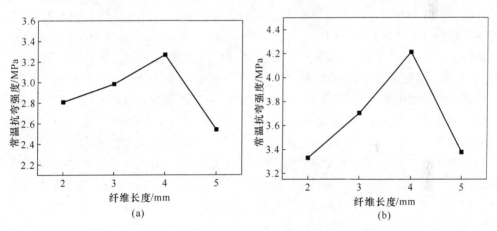

图 4-8　碳纤维长度对型壳常温抗弯强度的影响
(a) 不加 HPMC；(b) 加入 HPMC

由图 4-8(a)可知，碳纤维加入量为 0.1%时，纤维加入长度为 2~5mm 的型壳常温抗弯强度先增加后减小。短切碳纤维的加入能够有效提高型壳的常温强度，是由于碳纤维本身具有很好的抗拉强度，弹性模量。在型壳干燥硬化的过程中，纤维与涂料形成网状骨架，促使耐火粉料与硅溶胶紧密连接；纤维构架的网状结构在型壳受到外力作用下，也能起到分担载荷的作用；单丝纤维在型壳内部也能促进型壳内部裂纹的生成，起到了加强筋的作用。在纤维含量相同时，型壳常温强度随纤维加入长度呈先上升后下降的规律。纤维长度为 2mm 时，型壳的常温抗弯强度最低，表明在纤维长度较短时，纤维在涂料内部参与构架的网状结构并不稳定。纤维间、纤维与耐火粉料、涂料中分子链的接触面积小，结合力较低。随着纤维长度的增加，单丝纤维与各组分间的接触面积增大，进一步提高了涂料中网状结构的稳定性，分担载荷的能力提高，从而增加了型壳的强度。而在到达峰值后，继续增加纤维长度（5mm），反而使得型壳强度降低，是因为在纤维长度过长后，虽然单丝纤维能够增加与涂料接触面积，但是纤维间相互缠绕聚团的现象更为明显，涂料中存在的单丝长纤维反而会减少，同时聚团的纤维在壳体内部会产生对基体的割裂，反而成为了型壳内部产生裂纹的来源，导致型壳的承载能力变差，会对型壳强度产生负面作用，使得型壳强度降低。

　　由图 4-8(b)可以看出，加入分散剂后，型壳的常温抗弯强度随纤维长度的变化趋势与未加分散剂 HPMC 相似。在纤维长度为 4mm 时，型壳强度最高，为 4.21MPa。在纤维长度为 5mm 时，型壳强度下降。与图 4-8(a)中的常温抗弯强度相比，可以看出纤维长度为 5mm 时，型壳的常温强度提升最大，约为 33.07%。由于在未加入 HPMC 时，5mm 纤维长度较长，在涂料中最容易聚团缠绕，未参与构架网状结构的纤维多；加入 HPMC 后促进其分散，相较于其余长度纤维，对其提升效果最大。但由于含量不变的情况下，5mm 纤维的单丝数量最少，即使纤维分散程度得到明显改善，强度也不是最高的。而在加入 HPMC 后，碳纤维加入长度为 4mm 的型壳常温强度明显高于其余三组，其强度提升约为 28.75%。说明在不加 HPMC 时，还存在部分 4mm 纤维未能参与涂料的网状结构构架，在 HPMC 的分散作用下，这一部分纤维也参与到了构架涂料中的网状结构，而 2mm 与 3mm 纤维在未加入 HPMC 时已较为分散，HPMC 在涂料中主要起到增稠效果，对型壳常温强度提升较小，分别为 18.51%，23.33%。

　　图 4-9 为型壳试样弯曲断裂后断口的微观形貌。由图 4-9(a)和(e)可知，纤维长度为 2mm 时，由于纤维较短，在型壳中主要以脱粘及阻碍裂纹生长的形式提高型壳强度，纤维与基体的结合面积较小，可以看出纤维表面较为光滑，此时对基体的增强作用不明显。纤维与界面的结合面积增大，纤维表面黏附的胶体颗粒变多，如图 4-9(b)和(f)所示。在纤维长度为 4mm 时，纤维在型壳中分布较为均匀（见图 4-9(g)），同时可以看到图中存在纤维拔出型壳基体后留下的空洞，说明碳纤维在涂料配制过程中分散性较好，因此参与增强作用的纤维数量增多，从而表现出总体增强作用的提高，断口表面上存在的纤维可以观察到直径减小的现象，如图 4-9(c)所示。这是由于纤维断裂和脱粘过程中的弹性变形所导致的，说明碳纤维在型壳断裂地过程中有效地承担了载荷，从而提高了试样的抗

弯强度。但纤维长度过长，会更容易导致纤维在型壳内出现集束现象，在纤维长度为 5mm 时尤为明显。聚集在一起的纤维对基体的割裂作用较强，会抵消一部分纤维增强作用。特别是大尺寸的纤维集束体形成时，会导致试样中形成大的孔洞，其对基体的破坏作用将大幅度抵消纤维的增强作用，在图4-9(d)和(h)中可以看到，集束纤维对型壳基体产生割裂作用，使型壳内部出现较大裂纹，使得型壳常温强度降低，同时长纤维在撒砂时也会随着砂粒的冲击而弯曲，开始转变为部分乱向分布（见图4-9(d)），也会影响强度。

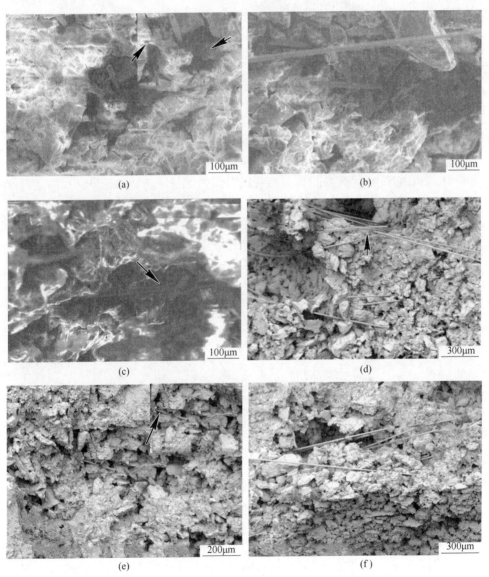

(a)

(b)

(c)

(d)

(e)

(f)

图 4-9　不同碳纤维长度试样的断口 SEM 形貌

（a）2mm，不加 HPMC；（b）3mm，不加 HPMC；（c）4mm，不加 HPMC；（d）5mm，不加 HPMC；

（e）2mm，加入 HPMC；（f）3mm，加入 HPMC；（g）4mm，加入 HPMC；（h）5mm，加入 HPMC

　　钢纤维长度对硅溶胶型壳试样的常温强度的影响如图 4-10 所示。随着添加钢纤维长度的逐步增加，型壳常温强度呈先增大后减小的趋势。当钢纤维添加量为 0.4%、添加长度小于 4mm 时，型壳的常温强度呈逐渐增大趋势；当添加纤维长度为 4mm 时，纤维增强型壳的常温强度达到最大值，为 2.84MPa，相比不加纤维的型壳常温强度提高了 25%。当添加纤维长度为 6mm 时其型壳常温强度为 2.47MPa，尽管纤维长度增加会导致强度下降，但是其强度依然高于未添加纤维的型壳。

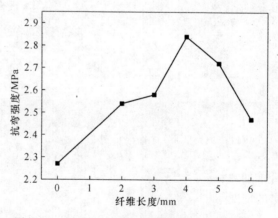

图 4-10　钢纤维长度对型壳常温抗弯强度的影响

　　纤维对型壳基体的强化作用体现在纤维自身强度和纤维与基体之间结合力两方面。复合型壳在受到外力作用时，如果纤维本身强度不足，则纤维会出现形态、结构上的变化，如弯曲、断裂、缩颈等，此时影响纤维对型壳增强作用的主要因素是纤维自身的强度；如果纤维本身强度足够，纤维在形变之前已经从基体中拔出了，此时影响纤维对型壳增强作用的主要因素是纤维与基体之间结合力的大小。作者同课题组的研究表明，玻璃纤维的长度影响到纤维与基体接触的面积，进而影响纤维与基体间的结合力。

图4-11为涂料中加入玻璃纤维后，型壳湿强度随纤维长度变化曲线图。该组实验选取了直径为10μm的玻璃纤维，对比了2~5mm长度变化对常温强度的影响。当纤维加入量为0.2%时，复合型壳内所含纤维数量较少，随着纤维长度的增加，复合型壳湿强度总体上保持缓慢增长的趋势。分析其原因认为，纤维长度的增加从两个方面影响型壳强度：一方面，长度增加，单丝与基体接触面积增大，结合力增强，表现为增强型壳湿强度；另一方面，加入量一定的情况下，纤维长度增加意味着纤维数量的减少，有效参与构建型壳湿强度的纤维数目减少，表现为降低型壳湿强度。此时，前者的增强作用要强于后者的削弱作用，或者说，纤维与基体的有效结合面积保持增加的趋势。当纤维加入量增加至1.0%时，随着纤维长度的增加，复合型壳湿强度呈先增大后减小的趋势，在3mm时湿强度达到峰值，4mm和5mm时，纤维出现结束、结团现象，纤维与基体的有效结合面积减小，纤维束产生割裂基体的作用。

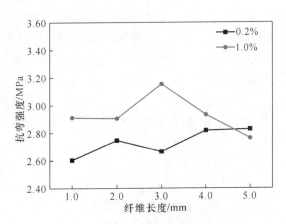

图4-11 玻璃纤维长度对型壳常温抗弯强度的影响

综上所述，纤维加入涂料中后，其长度对复合型壳常温强度的影响规律如下：在加入量一定的情况下，随着纤维长度的增加，纤维单丝与基体间有效结合面积也在增大，表现为纤维单丝与基体间结合力增大；但纤维长度增加意味着纤维数目的减少，起增强作用的纤维数目也相应减少。较短的纤维在背层中呈三维乱向分布，而长纤维多数在面层表面呈二维分布，这样的分布结构更利于纤维发挥抵抗弯曲载荷的作用。

前面讨论的是纤维加入硅溶胶涂料中所制备的型壳强度变化。纤维采用混入到撒砂材料中的方式时，以聚丙烯纤维为例，其强度变化如图 4-12 所示。

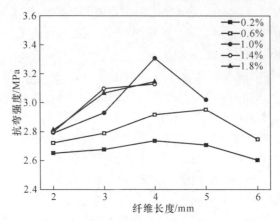

图 4-12　聚丙烯纤维长度对涂料常温抗弯强度的影响

　　图 4-12 中的型壳为在撒砂材料中掺混了 $\phi 50\mu m$ 聚丙烯纤维后制得的，从图中可以看出，纤维掺混比为 0.2% 时，由于纤维含量较少，增强作用不明显。纤维长度由 2mm 逐渐增长时，强度略有增加。这主要是因为随着长度的增加纤维与基体的结合力有所增加，长度增加到 4mm 时型壳的强度达到最大值。之后，长度继续增加时增强作用反而减弱，这是因为纤维的掺混比和直径一定时，长度增加会导致纤维总体数目的减少。虽然长度增加会使纤维与基体的结合力提高，但此时数量减少对纤维增强效果的负面影响作用要大于长度增加所带来的正面影响，两者综合作用的结果使得纤维长度为 6mm 时增强作用反而最差。

　　纤维掺混比为 0.6% 时，随着纤维长度的增加，总体上增强作用越来越明显。纤维长度由 2mm 增加到 3mm 的过程中，由于纤维较短，与基体的结合力相对较弱，增强效果并不明显。但随着纤维长度的增加，单根纤维与基体的结合力增强。虽然掺混比不变的情况下单位区域内纤维数目有所减少，但长度增加带来的对基体增强的正面作用大于因纤维数量减少所引起的负面效应，故表现为纤维对基体增强作用的提高。随着长度进一步增加，单位区域内纤维数量进一步减少，抵消了一部分因长度增加带来的提高增强效果的作用，使得长度增加到 6mm 时出现了增强作用降低的现象。

　　纤维掺混比为 1% 时，纤维长度由 2mm 增加到 3mm 的过程中，由于纤维较短，与基体的结合力相对较弱，增强效果不明显。长度增加到 4mm 时，纤维与基体的结合力大大增加，使得型壳的强度达到了最大值。之后，当长度增加为 5mm 时，单位区域内纤维数量明显减少，长度引起的纤维数量的减少效应大于因长度增加引起的结合力增大效应，出现了总的增强效果明显降低的现象。

　　纤维掺混比为 1.4% 和 1.8% 时，纤维长度在 2~4mm 间变化时，单位区域内纤维的数量足够大。此时，单根纤维与基体结合力的强弱直接决定了整体的增强效果，故长度由 2mm 增加到 3mm 时，型壳强度大幅增加。但长度增加到 4mm 时，所得到的型壳较为疏松，一方面使得基体与纤维间的结合力降低，另一方面基体本身的承载面也有所减小。两者共同作用，使得纤维长度增加到 4mm 时，复合型壳的强度反而出现了降低的现象。

成熟的天然蒲绒纤维长度一般在 4~6mm 之间，无法进行短切，故不对蒲绒纤维长度的影响进行讨论。而纤维直径的影响则与纤维长度的影响相类似，主要是从纤维与型壳形成的粘接作用面的大小来影响增强效果。此外，还与其表面状态（是否进行刻蚀）有关，这里不再介绍。

4.2 混杂纤维复合型壳

前期研究发现，采用单一纤维增强型壳的湿强度显著提高，焙烧后强度则取决于所用增强纤维的种类，有的升高，有的降低。型壳的焙烧后强度过高，铸件浇注后残留强度也高，铸件清理困难。从这个角度考虑，希望型壳的焙烧后强度不宜过高，但也不能太低，过低的话，型壳在金属压力下易开裂或变形导致铸件精度降低。因此，可选用多种纤维配制成混杂纤维来增强，即其中一种纤维在高温条件下可部分或完全烧蚀，另外一种纤维则保留在型壳中，继续起到增强作用，这样就不会导致残留强度过高。因此，采用高温下烧失纤维+耐高温纤维制成的混杂纤维增强型壳，发挥其对型壳性能影响的互补性，焙烧后型壳强度仍介于采用单一蒲绒纤维/聚丙烯纤维增强型壳与单一硅酸铝纤维/玻璃纤维增强型壳的焙烧后强度之间，或许能较好地解决上述问题。因此，在纤维选择时，硅酸铝纤维、玻璃纤维以及钢纤维作为高温时不会烧失的纤维，再辅以其他纤维。

4.2.1 等比例纤维混杂

考虑两种纤维单一增强时，常温强度提高效果相似，而对型壳的焙烧后强度的影响相反，相互抵消后，焙烧后强度略有提高，不会明显影响型壳的脱壳性，故两种纤维的质量按比例 1：1 选择。图 4-13 为混杂纤维增强型壳试样随纤维加入量不同其常温抗弯强度的变化曲线。

由图 4-13(a) 可知，随着型壳中蒲绒纤维+硅酸铝纤维混杂加入量的增加，试样的抗弯强度逐渐增大；但当型壳中纤维加入量超过 0.6% 后，试样的抗弯强度开始明显下降。在纤维加入量为 0.6% 时，试样的抗弯强度达到最大值 2.94MPa，较未加纤维进行增强的型壳试样提高了约 30%。纤维加入量为 1.0% 时，试样的抗弯强度较低，仅为 1.84MPa。型壳试样采用本组混杂纤维增强后，纤维加入量不大于 0.6% 时，由于硅溶胶与纤维的界面结合形成了有效的受力骨架，强化了耐火粉料

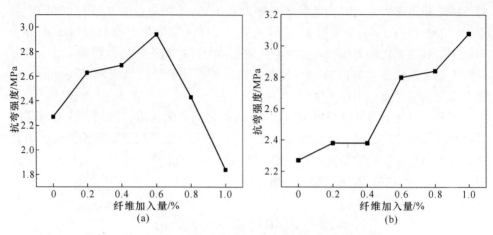

图 4-13   混杂纤维加入量对型壳试样常温抗弯强度的影响
(a) 蒲绒纤维/硅酸铝纤维；(b) 聚丙烯纤维/硅酸铝纤维

和黏结剂的连接。因此，在纤维加入量为 0.2%~0.6%时，其强度得到提升。但是，纤维在型壳中发挥增强作用的前提是纤维在基体中要能够均匀分散，使外加应力通过界面传递，作用到纤维上，发挥增强作用。硅溶胶型壳强度是随着硅溶胶干燥、胶凝而建立起来的，当纤维加入量超过 0.6%时，蒲绒纤维及硅酸铝纤维均为不易分散的纤维，在混入涂料的过程中已需要特殊的工艺使其分散；当加入量过大时，分散变得很困难，大量的纤维在涂料混制过程中出现团聚、缠绕，进而在型壳试样内部局部大量聚集，能有效发挥增强作用的纤维的数量大大减少，因而增强效果显著降低。同时，涂料中纤维加入量过大时，涂料变得黏度明显增大，施涂难度增大甚至出现涂料堆积，堆积层脱水收缩量大，导致涂层中孔隙和初始裂纹数量增加，从而促使型壳试样在承受载荷时迅速断裂，抗弯强度大幅降低。

图 4-13(b)所示为聚丙烯纤维/硅酸铝纤维混杂纤维加入量对增强型壳常温抗弯强度的影响规律。由图可知，随着混杂纤维加入量的增加，其型壳抗弯强度升高，且在加入量为 1.0%时达到最大值 3.08MPa，较未进行纤维增强的试样提高了 35.7%。区别于图 4-13(a)，该组合混杂纤维在 1.0%的加入量下，强度依然增加。这是由于混杂纤维中的聚丙烯纤维易均匀分散，同时由于聚丙烯纤维与型壳基体的粘接面积较大，纤维与基体的锁结力增加，拉拔时聚丙烯纤维存在典型的缩颈现象（详见第 7 章），即可完全发挥纤维的增强作用，在型壳失效过程中增强作用显著，因此没有出现因加入量过多导致型壳强度降低的现象发生。

图 4-14 为混杂纤维不同加入量条件下所制备增强型壳试样的断口形貌。从图 4-14(a)和(b)可以发现，断口只有少量纤维存在，这是由于涂料中纤维加入量较少所致，但可观察到蒲绒纤维和硅酸铝纤维交叉分布，无明显方向性，且分散较均匀；两图中箭头标示位置处纤维均黏附有部分残留制壳材料，同时还有与

纤维直径相近的圆孔存在，这说明型壳试样在承受载荷破坏时，除传统制壳材料的断裂外，还包括纤维以界面脱粘、拔出等形式失效。

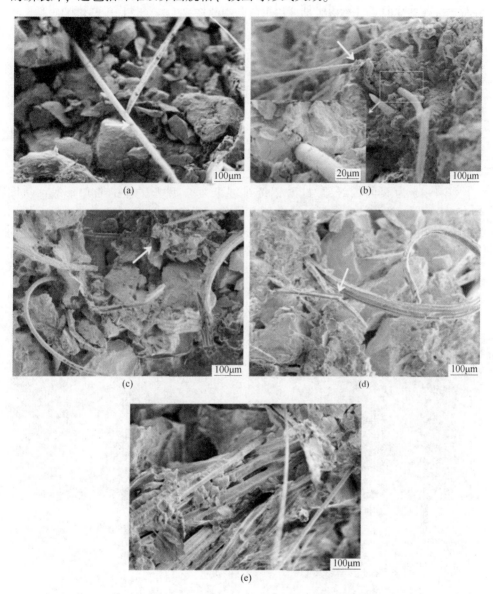

图 4-14　蒲绒纤维/硅酸铝纤维常温型壳试样断口形貌
(a) 0.2%；(b) 0.4%；(c) 0.6%；(d) 0.8%；(e) 1.0%

其中从图 4-14(b) 局部放大区域可以观察到纤维四周存在着微细裂纹，且裂纹在纤维处终止，这说明裂纹沿着型壳断裂前端运动到纤维与基体形成的界面时，由于纤维脱粘、拔出，使得裂纹扩展的能量在界面处被消耗，这也在一定程度上提高了型壳试样的承载能力。纤维加入量为 0.6% 时的断口形貌如图 4-14(c)所示,箭头标示处可观察到纤维拔出后遗留的孔穴,并且视场内的两种不同直径的纤维均匀分布,试样破坏时,纤维以脱粘、拔出或断裂的形式失效。试样中纤维的脱粘、拔出或断裂均需消耗能量,因此,微观上纤维的均匀分布在宏观上体现为抗弯强度的增加,裂纹扩展迟滞。当型壳中混杂纤维加入量分别增加到 0.8% 和 1.0% 以后,纤维在涂料中分散性变差,甚至在型壳试样中出现集束现象(试样破坏时剥离或脱粘后遗留平行的圆孔或槽),这些大量的分布方向相似、位置相同相近的纤维束对型壳试样虽然仍有增强作用,但增强效果大大降低(试样断口表面纤维的弯曲表明,试样在破坏时纤维仍具有增强作用),如图 4-14(d)和(e)所示。而集束纤维的存在会对试样基体产生严重的割裂作用并造成大量微裂纹的集中,其对型壳破坏作用远超过纤维的增强作用,两者综合作用导致型壳试样的抗弯强度明显降低。

图 4-15 为聚丙烯纤维/硅酸铝纤维混杂复合型壳试样的断口形貌。从图 4-15(a)~(c)中可以观察到,在弯曲载荷作用下型壳中聚丙烯纤维脱粘、拔出后留下的孔穴,以及断面有硅酸铝纤维的存在,两种纤维在型壳中的分布较为均匀。而从图 4-15(d)中可发现硅酸铝纤维有直径变细的现象,这说明两种纤维都在型壳断裂失效的过程中起到了增强作用。纤维加入量为 1.0% 时,尽管纤维较多,但其上残留的型壳粘着物表明,在载荷作用下,型壳中的这些纤维都在拔出时吸收了部分能量,也具有增强型壳的作用,如图 4-15(e)所示。

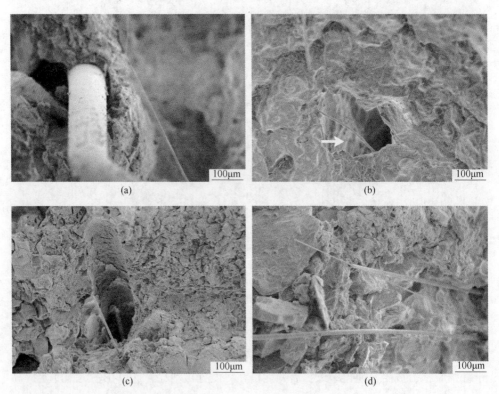

(a)　　　　　　　　　　　　　　　(b)

(c)　　　　　　　　　　　　　　　(d)

(e)

图 4-15　聚丙烯纤维/硅酸铝纤维加入量对型壳试样常温抗弯强度的影响

4.2.2　纤维混杂量恒定

纤维混杂时，如果纤维本身密度差别较大，按照 1∶1 质量比混杂就会出现两种纤维单丝数量差别较大。因此，本节进行了混杂纤维总加入量不变，改变其中两种纤维的比例来制备型壳，研究其对型壳常温强度的影响。

向涂料中混入总量占耐火粉料 0.5% 的混杂纤维，其中聚丙烯纤维从 0.5% 至 0.1% 递减，玻璃纤维从 0 至 0.4% 递增，其对常温强度的影响如图 4-16 所示。由图可见，在混杂纤维总加入量不变的情况下，其强度变化不明显。就聚丙烯纤维和玻璃纤维混杂来说，改变其混杂比例，随着聚丙烯纤维的占比越多，强度有一定的提高，这与聚丙烯纤维增强效果更好有关。

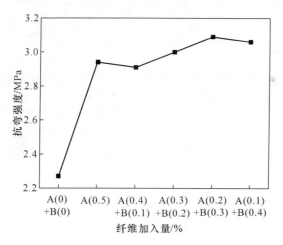

图 4-16　聚丙烯纤维/玻璃纤维混杂比例对涂料常温抗弯强度的影响

A　聚丙烯纤维；B　玻璃纤维

　　采用钢纤维和碳纤维混杂时，其比例变化对涂料常温抗弯强度的影响如图4-17所示。由图4-17可以看出，型壳的常温抗弯强度随混杂纤维中钢纤维减小、碳纤维增加是先增大后减小的，在钢纤维含量0.3%、碳纤维含量0.1%时是最高点。对比纤维加入量为0时和加入纤维之后的数据发现，加入钢纤维和碳纤维可以提高型壳的常温强度。对比纤维加入之后的实验数据，发现碳纤维的量越大，型壳的常温强度有下降趋势，出现这一现象的原因主要有两个：一是钢纤维数量的减少，相比较而言，钢纤维的增强效果要更好，它的减少会影响强度；二是由于碳纤维密度小，随着加入量增加后，其单丝数量大幅增加，会导致纤维集束，削弱型壳的整体连续性，进而降低强度。

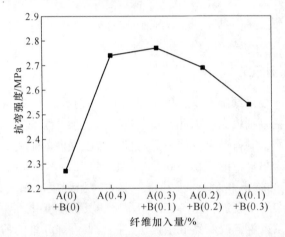

图4-17　钢纤维/碳纤维混杂比例对涂料常温抗弯强度的影响

A　钢纤维；B　碳纤维

参 考 文 献

[1] Tassew S T, Lubell A S. Mechanical properties of glass fiber reinforced ceramic concrete [J]. Construction and Building Materials, 2014, 51：215~224.

[2] 王浩. 短切玻璃纤维增强精铸复合硅溶胶型壳性能的研究 [D]. 呼和浩特：内蒙古工业大学，2014.

[3] 冯华. 熔模铸造用高强复合型壳制备工艺及性能研究 [D]. 呼和浩特：内蒙古工业大学，2012.

5 纤维复合型壳的焙烧工艺

熔模铸造型壳在焙烧过程中，发生一系列复杂的物理化学反应，通过莫来石、石英、氧化锆等耐火材料的烧结，并伴随相变，达到一定的强度，进而被用来进行浇注。熔模铸造型壳是多工序制备的一种非均匀复合材料结构，它的力学性能，一方面取决于其宏观结构，另一方面还取决于其化学成分和微观相组成。所以，型壳的强度是受结构强度和单体颗粒强度的共同支配的。理想的结构强度是涂料粘接膜完整地包覆耐火材料粉粒，焙烧后形成整体致密的镶嵌结构，这样的结构具有良好的整体强度和复合性能。如果说结构是构成强度的宏观条件，那么成分和相组成就是构成强度的微观条件。因此，影响型壳强度的因素包括：耐火材料种类、黏结剂种类、粉液比、焙烧工艺等。焙烧工艺是制备高质量型壳的一个关键环节。其主要目的是去除型壳中的结晶水和残余蜡料等挥发物，使黏结剂脱水、去结晶水，并转化为稳定的硅氧键，使型壳在浇注时具有良好的透气性、黏结剂、耐火材料等各物质之间进行热物理化学反应，改变物相的组成，建立高温强度，减少液态金属与型壳的温差，提高充型能力。它对熔模铸造铸件的尺寸精度、表面质量等都影响很大，同时，该工序在铸件生产成本核算的时候占很大的比重，因此合理的控制熔模铸造型壳的焙烧工艺是很有必要的。

焙烧温度和时间的确定也是影响型壳性能的一个关键，如果焙烧时间过长，温度过高，型壳的强度就会降低，型壳发生变形，且造成成本的升高。而时间过短，温度过低，则型壳烧结不足，强度也会受到影响，并且其透气性也会降低。同时，由于混杂纤维增强型壳中的纤维选择时均采用了硅酸铝纤维，而硅酸铝纤维在常用的焙烧温度范围内，即950℃左右有一个放热峰的出现，即莫来石生成温度，在有结晶相变的情况下，纤维对型壳试样基体的增强作用是否会受到影响，有待研究。另外，焙烧工艺的制定，对节约生产成本，降低能耗也有着重要的意义。因此，本章结合前述内容和分析结果，选择焙烧的温度为900℃、950℃、1000℃，焙烧保温时间为90min、120min、150min，就焙烧工艺对纤维复合型壳的影响进行讨论。

5.1 焙烧温度对单丝纤维复合型壳焙烧后的影响

不同纤维加入量对增强型壳试样焙烧后的抗弯强度的影响如图 5-1 所示。

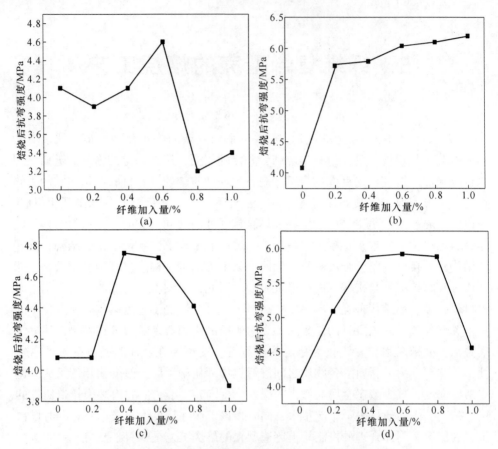

图 5-1　纤维加入量对型壳试样焙烧后抗弯强度的影响

(a) 蒲绒纤维；(b) 硅酸铝纤维；(c) 聚丙烯纤维；(d) 玻璃纤维

　　由图 5-1(a) 可知，蒲绒纤维加入量在 0.2%～0.4% 变化时，其对型壳强度的影响较小。纤维加入量为 0.6% 时，纤维增强的抗弯强度最高，达到 4.6MPa；此后随纤维的加入量增大，型壳试样焙烧后的抗弯强度分别迅速降低至 3.2MPa 和 3.4MPa，降幅分别达 30% 和 26%。结合其焙烧后型壳试样的断口形貌进行分析，如图 5-2 所示。由图可见，断口表面存在孔穴及纤维烧失后遗留的痕迹。通过对断面的微观结构观察可以推断，断面中的孔穴随纤维加入量由 0.2%～1.0% 增加而增多。结合蒲绒纤维的 TG-DSC 曲线可知，其在焙烧温度下（900℃）早已烧失，这说明焙烧后的型壳试样中已经有很少。甚至没有纤维存在，但纤维烧失会在相应的位置遗留下孔穴，如图 5-2(b) 观察到的直径为 8～9μm 的微孔。这些孔穴的存在从两个方面影响型壳的性能，一方面，部分存在孔穴会阻碍型壳试样断裂时裂纹的扩展，如图 5-2(a) 和 (c) 所示，这在提高纤维增强型壳的性能方面有着积极的作用；另一方面，纤维如果沿着断裂面大量分布，或者在型壳基体中集束存在并烧失，会形成对型壳的割裂甚至成为裂纹源，裂纹可能由这些位置产生或导致失效的加速，如图 5-2(d)和(e)所示。

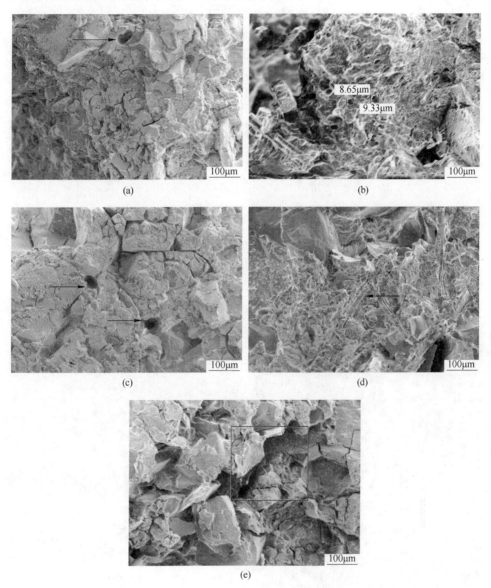

图 5-2　焙烧后蒲绒纤维增强型壳试样断口形貌
(a) 0.2%；(b) 0.4%；(c) 0.6%；(d) 0.8%；(e) 1.0%

相比较湿强度，硅酸铝纤维加入量从 0.2%~1.0%变化时，对型壳试样焙烧后的强度影响较小。由图 5-1(b)可知，焙烧后的纤维复合型壳试样的抗弯强度较未用纤维增强的型壳试样有了大幅提升，且随纤维加入量增加而增大，由

4.1MPa 增加到 5.7MPa 以上，这说明纤维增强型壳在试验焙烧温度下其增强作用依然可以发挥。图 5-3 是硅酸铝纤维复合型壳焙烧后断裂表面形貌。由图可见，断裂表面存在纤维，这证实型壳中纤维经焙烧后未被完全烧失。当纤维与基体的界面通过硅溶胶涂料完全浸润纤维表面并固化形成的连接方式存在时，尤其在焙烧后，硅溶胶的黏结性能得到大幅提升，因此采用纤维增强型壳试样后，其抗弯强度升高。由图 5-3(a) 中观察到的纤维较少，图 5-3(c) 中箭头 1、2 标示处的纤维直径不同，说明部分单丝纤维在弯曲载荷作用下，在受力断裂的过程中被拉长；箭头 3 处有明显的制壳材料残留物，表明纤维与型壳基体结合牢固，有效地提高了其强度。而图 5-3(e) 中局部放大区域可以观察到纤维出现缩颈现象，这说明，纤维增强型壳的断裂不仅仅是型壳基体的断裂，其失效形式还包括纤维的拔出、断裂、界面脱粘等形式。纤维增强型壳承受载荷后，在形成裂纹的尖端扩展，当裂纹穿过基体型壳而遇到纤维时，裂纹可能分叉，转向平行于纤维方向扩展，即沿界面扩展；无论是沿基体还是沿界面，都会形成新的表面，从而增加了断裂时所消耗的能量，进而起到增强的作用。同时，由图 5-3(d) 和 (e) 所示试样断口形貌中可见，未随型壳试样一起断裂的部分纤维完整的贯穿于型壳内部，其分布的方向性上也不明显，即增强作用是针对整个型壳的各方向受力的。

(a)　　　　　　　　　　　　　　　(b)

(c)　　　　　　　　　　　　　　　(d)

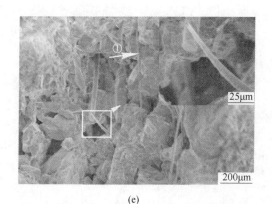

(e)

图5-3　硅酸铝纤维增强型壳焙烧后试样断口形貌

（a）0.2%；（b）0.4%；（c）0.6%；（d）0.8%；（e）1.0%

由图5-1(c)中聚丙烯纤维增强型壳焙烧后试样的抗弯强度可见，聚丙烯纤维的加入对型壳焙烧后试样强度的影响与常温强度相似，但其最大值出现在加入量为0.4%时；纤维的加入量超过0.4%后，增强型壳焙烧后试样的抗弯强度开始降低，并且在纤维加入量为1.0%时，型壳焙烧后试样强度降低至3.9MPa，已经低于未进行增强的试样。

由于型壳焙烧温度要远远高于聚丙烯纤维的燃点（580℃），因此型壳在焙烧时，其内部的大部分纤维已经燃烧气化，较型壳中原有的形状不规则的撒砂材料，聚丙烯纤维燃烧气化后形成的圆形孔穴更容易阻碍裂纹的扩展。因此，尽管纤维在焙烧后已经烧失，但是还能起到一定程度的增强作用，但其增强作用已经相对减弱，仅在纤维加入量为0.4%~0.8%的条件下，纤维分布较为均匀时才有可能。而纤维加入量为1.0%时，由于发生团聚、集束的纤维在烧失后形成的空隙尺寸大且不规则，不但不能起到增强作用，在加载时还有可能成为裂纹的来源，或与扩展至该处的裂纹叠加，导致型壳试样的过早失效。图5-4为聚丙烯纤维加入量为0.6%和0.8%时，焙烧后型壳试样的断口形貌。断口中未能观察到纤维的存在，证实聚丙烯纤维在焙烧后燃烧气化，但其燃烧后遗留的圆形孔穴可以明显观察到，如图5-4(b)所示圆柱形孔穴。图5-4(a)中的聚丙烯纤维沿断裂面分布，型壳中纤维的此种分布形式不利于焙烧后型壳强度的提升。图5-4(b)中的原有纤维沿垂直于断裂面分布，其燃烧气化后遗留的圆柱形孔穴可以有效地阻止裂纹的扩展，即提高型壳的抗弯曲断裂能力。

(a) 　　　　　　　　　　　　　　　　(b)

图 5-4　聚丙烯纤维增强型壳焙烧后试样的断口形貌

(a) 0.6%；(b) 0.8%

图 5-1(d)中，随着玻璃纤维加入量的增加，型壳试样焙烧后的抗弯强度明显增加。纤维加入量为 0.6% 时，焙烧后型壳试样的强度最大，比未用纤维增强的试样焙烧后的强度提高约 45%。纤维加入量低于 0.4% 时，随着纤维加入量的增加，焙烧后型壳试样的抗弯强度急速增大；而纤维加入量为 0.6% 时，型壳试样的抗弯强度增幅变缓，仅比纤维加入量为 0.4% 时试样的抗弯强度提高 0.68%；纤维加入量超过 0.6% 时，型壳试样焙烧后的抗弯强度开始缓慢下降。纤维加入量达到 0.8% 时，试样焙烧后的抗弯强度则开始急剧降低。纤维加入量对增强型壳试样焙烧后的抗弯强度的影响规律与对型壳试样常温抗弯强度的影响规律总体相似，不同之处在于：增强型壳试样焙烧后的抗弯强度随纤维加入量增加，其变化曲线存在一个缓慢增加、缓慢降低的过程，即曲线上存在一个缓慢变化的平台。究其原因，除去随纤维加入量增加，发生聚集、缠绕甚至结团的纤维量越多，纤维增强效果减弱，试样强度增幅变缓甚至出现下降的原因之外，还有可能存在其他原因。图 5-5 为加入不同量玻璃纤维增强的型壳焙烧后试样的断口形貌。从图 5-5(a)中可以看到，存在玻璃纤维单丝熔化断裂现象，断裂后纤维端部存在球状或近似球状物；图 5-5(b)中有纤维熔融后遗留的圆孔，图 5-5(c)和(d)中均有完整的纤维，但已不再平直（即纤维直径沿轴向变化），纤维表面虽仍光滑但凹凸不平，形成"纺锤形"的"珠串"结构。这说明在型壳焙烧过程中玻璃纤维发生了熔融，纤维熔融后体积发生膨胀；且纤维熔体具有较大的表面张力，因而趋于形成球或椭球状；当温度足够高时，玻璃纤维熔体在重力作用下会发生移动，因而导致纤维直接沿轴向变化，纤维表面凹凸不平。这种具有"纺锤形"的"珠串"结构的纤维存在于型壳中后，相当于增加了纤维-硅溶胶界面的锁结点，因此使型壳强度升高。而采用 1.0% 纤维增强的型壳试样，由于纤维数目多，部分纤维发生团聚（平行排列成纤维束），在型壳焙烧升温过程

中，纤维束熔融后的体积大，膨胀量大，熔体在表面张力及重力作用下会形成体积较大、"纺锤形"的"珠串"结构，试样冷却后，这种"纺锤形"的"珠串"结构纤维成为玻璃刚性体，此处在承受弯曲载荷时易发生脆性断裂，导致试样的强度降低，如图5-5(e)所示。

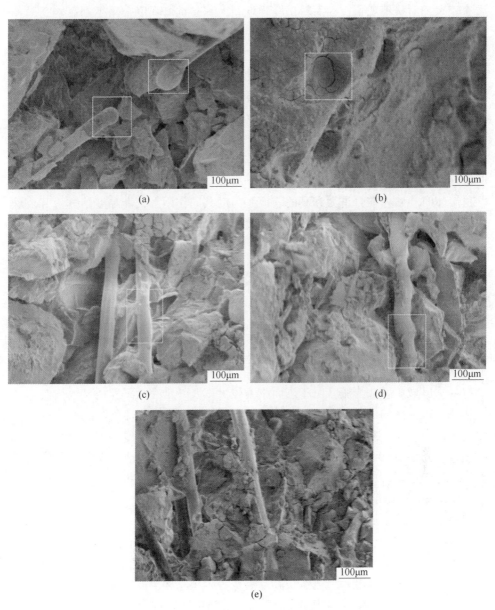

图5-5 玻璃纤维增强型壳焙烧后试样断口形貌

(a) 0.2%；(b) 0.4%；(c) 0.6%；(d) 0.8%；(e) 1.0%

　　由此可见，玻璃纤维加入量对增强型壳试样焙烧后的抗弯强度的影响规律与对型壳试样常温抗弯强度的影响规律之所以不同，即图 5-1(d) 所示的曲线中存在一个"渐变平台"，其原因在于型壳试样在焙烧过程中，纤维受热产生"纺锤形"的"珠串"结构。这种"纺锤形"的"珠串"结构冷却后转变为脆性相，尺寸较大，形状不规则，因而对试样强度，尤其是抗弯强度带来不利影响。当作为增强相的纤维加入量增大时，纤维发生聚集、缠绕、团聚或聚集成束的概率增大，型壳中纤维受热产生"纺锤形"的"珠串"结构的概率也随之增加，由此导致型壳在焙烧后在其内部形成脆性相的概率也大大增加。因此，当纤维加入量过高时，增强型壳试样焙烧后的抗弯强度降低与纤维发生聚集、缠绕、团聚或聚集成束的现象有关，但其本质原因是"纺锤形"的"珠串"结构的脆性相形成所导致。

　　"珠串"结构或"珠-串"结构（bead-on-string）是纤维制备或加热熔融时所呈现的一种特殊结构。该结构中，珠子呈球状或纺锤状。玻璃纤维在高温下熔融呈熔体时，熔体在自重力和高的表面张力的共同作用下，高黏度熔体散开成珠状。珠子的尺寸与形状主要与熔体的密度（化学成分）、黏度以及熔体周围环境（温度、压力）有关。高黏度流体滴落过程中经常会出现此类结构的球状或纺锤状物质。如高温熔渣高压喷水冷却、静电纺丝、热 CVD 法制备微米空心碳球过程中以及电厂燃煤燃烧产生粉煤灰中，经常会发现有"珠串"结构物质存在。

　　焙烧后玻璃纤维增强型壳试样断口中发现"珠串"结构，说明在焙烧过程中，玻璃纤维在焙烧加热过程中因受热已转变成熔体。因每一纤维丝在型壳中所处的位置不同，其受热程度也有差异。受热时间长、温度高的纤维，极容易熔融成高黏度熔体，冷却时形成"珠串"结构；而受热时间短、温度低的纤维，则仅有局部区域熔融并膨胀，由于表面张力较大以及纤维表面覆盖的硅溶胶膜的约束作用，该区域的熔体冷却后形成纺锤形结构，显微观察时会发现纤维局部粗大，见图 5-5(c) 中标示区。此外，前述玻璃纤维如受热温度高而形成黏度较低的熔体，就会在自重力及表面张力的作用下形成诸多独立的小球（即玻璃微珠），这些玻璃微珠在冷却凝固前如相遇则又会形成"珠串"，甚至会汇聚成"纺锤形珠串"而存在于型壳内并保留下来。室温下进行断口观察时，就会发现断口中有"珠串"或"纺锤形珠串"结构。由于型壳中每一纤维丝的分布位置不同，其受热程度也有差异，因而焙烧后的型壳中这两种结构均同时存在。

　　型壳中玻璃纤维的这种变化除对型壳的力学性能有影响之外，焙烧过程中，型壳中的耐火粉料及其他型壳组成物在焙烧过程中均要因受热而产生膨胀，内应力较大。传统型壳（即未采用玻璃纤维增强）在焙烧过程中，经常会发现型壳表面出现大量微裂纹，型壳壁较厚时尤为如此。而采用纤维增强玻璃型壳表面几乎没有发现微裂纹，这与型壳焙烧时其中的玻璃纤维受热形成熔体而降低型壳中因耐火粉料的膨胀产生的部分，甚至全部热应力有密切关系，这对于降低或减少因焙烧而产生的型壳的废品率非常有益。

另外值得注意的是，纤维增强玻璃型壳在金属液浇注过程中所承受的热冲击很大（金属液浇注温度一般超过1450℃）。这种情况下，型壳中耐火粉料的膨胀应力远超过焙烧过程所产生的应力。因此，纤维增强玻璃型壳中玻璃纤维的熔融同样能吸收由于耐火粉料的膨胀所带来的能量，也有助于降低金属液浇注及长时间凝固过程中型壳的内应力。

熔模铸造型壳的焙烧及金属液的高温浇注对纤维增强型壳热冲击使得纤维增强型壳对纤维性能要求更高，这一点不同于其他复合材料。一般复合材料多在常温下使用，即使在高温下使用，其极限使用温度也不会超过600℃，而熔模铸造型壳在生产高温合金铸件时的使用温度一般在1450℃以上，因而增强型壳中纤维的工作环境更苛刻。玻璃纤维在常温下发挥增强作用容易实现，但高温下的行为将更加复杂，其高温下的行为及性能的变化对型壳的高温性能影响很大。S. Feih等人研究了E型玻璃纤维在高温下的强度衰减行为，试验结果表明，玻璃纤维加热后，对其弹性模量没有选择影响；但随热处理时间的延长，其强度显著降低。受热后的单丝玻璃失效形式为骤然断裂，与加热温度和时间无关。而没有经历高温加热的玻璃纤维束的失效则表现为每根单丝纤维的强度衰减，最终导致玻璃束逐渐断裂。而经受高温加热后，玻璃纤维束承载过程中的逐渐断裂方式已几乎消失。热处理后纤维表面的裂纹尺寸增大，玻璃纤维束的强度损失远高于单丝玻璃纤维。200℃以上温度加热时，玻璃纤维的强度损失迅速增大。玻璃纤维在最高加热温度650℃加热时，其强度仅为原始纤维的百分之几，但其弹性模量却未发生明显变化。随着加热温度的升高和加热过程的持续，玻璃纤维临界表面缺陷的尺寸也增大。尽管S. Feih等人的试验最高温度仅为650℃，但其试验结果仍值得参考。从上述分析不难看出，精铸型壳的焙烧及使用温度远超过650℃，其加热过程中一旦温度达到650℃时，其强度损失很大，即使有残余强度，也不超过原始纤维的百分之几。因此，采用玻璃纤维增强型壳时，保证纤维以单丝状态分布于型壳中是确保其发挥最大增强能力的关键所在。

碳纤维长度和加入量对复合型壳焙烧后高温抗弯强度如图5-6和图5-7所示。由图5-6(a)可知，碳纤维加入量为0.1%，型壳试样的焙烧后抗弯强度呈现先上升后下降的趋势，纤维长度由2mm增加到3mm时，型壳焙烧后强度从5.58MPa提升至5.63MPa，增加幅度较低。在纤维长度为4mm时型壳的焙烧后抗弯强度达到最高，为6.14MPa。之后继续增加纤维长度，型壳试样焙烧后强度反而下降至5.18MPa。碳纤维在空气气氛下会被烧蚀，在型壳中留下细小孔洞，分散情况好的纤维在烧蚀后留下的圆形孔洞会阻止型壳内裂纹的生成，而纤维过长导致纤维在型壳中存在集束聚团现象，在焙烧后留下了不规则空洞，成为型壳试样强度下降的主要原因。加入 0.3% 的 HPMC 后，由图 5-6(b)可知，型壳试样的焙烧后抗弯强度随纤维长度的增加呈现先上升后下降的趋势，在纤维长度为 4mm 时，型壳的焙烧后强度最高，为 8.09MPa。可以看出，加入 HPMC 后型壳焙烧后强度均有提高，其中加入 2mm 纤维的型壳强度提升最少，仅为 14.81%，这是因为在未加入 HPMC 时，2mm 纤维在型壳内部已较为分散，HPMC 主要起到的是增稠效果，对强度影响较小。

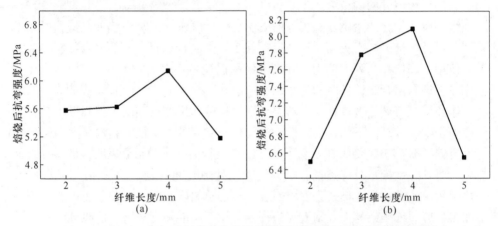

图 5-6　含 0.1% 短切碳纤维型壳焙烧后其高温抗弯强度随纤维长度的变化
(a) 不加 HPMC；(b) 加入 HPMC

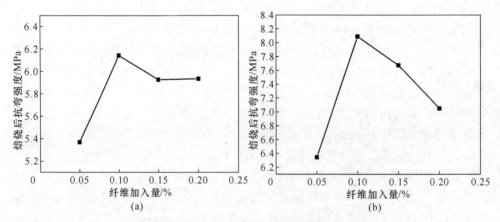

图 5-7　碳纤维加入量对型壳焙烧后抗弯强度的影响（纤维长度 4mm）
(a) 不加 HPMC；(b) 加入 HPMC

由图 5-7(a)可知，型壳试样的焙烧后抗弯强度随纤维加入量增加呈现先上升后下降的趋势，在纤维加入量为 0.1% 时，型壳的焙烧后强度最高，为 6.14MPa。碳纤维在空气气氛下会被烧蚀，在型壳中留下细小孔洞，而分散情况好的纤维在烧蚀后留下的圆形孔洞，会阻止型壳内裂纹的生成，并为型壳焙烧中体积变化提供退让性，使得型壳强度提高。纤维加入量过多导致纤维在型壳中存在集束聚团现象，焙烧后碳纤维烧蚀，在型壳中留下了不规则空洞，成为型壳试样强度下降的主要原因。由图5-7(b)可知，HPMC加入量为0.3%，在纤维加入量为0.1%时，型壳的焙烧后强度最高，为8.09MPa。与图5-7(a)中测得的焙烧后抗弯强度相比，可以看出纤维加入量为0.1%时，型壳的焙烧后强度提升最大，约为31.76%。之后随着纤维加入量的增加，型壳试样的焙烧后强度提升幅度变小。考虑是由于进行过焙烧后，型壳内部碳纤维被烧蚀，在型壳内部形成空洞；而随着纤维加入量的增加，纤维在涂料中纤维聚集缠绕的现象也随之增加，导致型壳内部空洞增多，且较大空洞存在的概率增加，非但无法阻碍型壳内部裂纹的生长，反而成为型壳内部裂纹的主要来源，使得型壳强度提升幅度变小。

　　改变钢纤维加入量和长度，其复合型壳焙烧后抗弯强度的变化规律如图5-8所示。由图可知，随着纤维加入量的增加，焙烧后强度总体呈现先升高后降低的趋势。图5-8(a)中，当型壳中不含纤维时，其抗弯强度为3.95MPa，型壳强度在0.4%纤维含量时达到最高的4.91MPa。随后纤维加入量增加强度虽有所降低，但依然高于空白试样。型壳经焙烧后，其内部的自由水和结构水消失，实现粘接。此外，型壳发生烧结，致密度增大，强度提高。选取3mm纤维，纤维加入量为0.4%时的强度最大，而纤维长度为4mm时，型壳强度在0.3%纤维含量时达到最高。这说明纤维长度的变化对型壳抗弯强度有一定影响，长度的增加可在一定程度上弥补数量上的不足，能够提前在型壳中形成有效的纤维骨架，对耐火粉料形成锁结，单丝纤维表面也能够与型壳更好的粘接，从而承担型壳加载失效过程中受到的载荷。

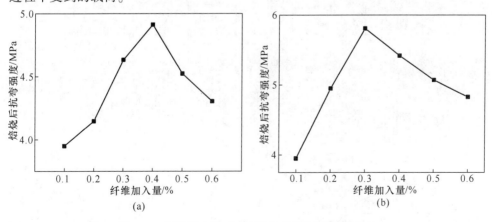

图5-8　钢纤维含量对型壳焙烧后抗弯强度的影响

(a) 3mm；(b) 4mm

　　图 5-9 为型壳焙烧后的断口形貌。图 5-9(a) 和(b) 中，钢纤维上黏附有耐火粉料，这是因为型壳在焙烧后，内部致密度增加，型壳中耐火粉料与纤维的结合由于硅溶胶的粘接作用更加牢固，加上钢纤维粗糙，这会增加纤维在拔出型壳过程中的阻力，表现为型壳强度的提升。图 5-9(a) 和(c) 中，断裂过程中遗留在型壳内并伸出的部分纤维，没有变形、断裂的特征，而是保持着平直、无弯曲的状态。这是因为型壳在受力断开时，内部纤维承担载荷的方式更多的是纤维的拔出，不存在纤维断裂的情况。如图 5-9(d) 和(e) 所示，随着纤维的增多，纤维逐渐靠拢，慢慢形成集束现象，这种现象将会逐渐减小纤维与型壳基体的接触面积，减小结合力，出现纤维的前段弯曲。图 5-9(f) 所示为 4mm 纤维根部受力弯曲，说明纤维在此时分担了型壳受力，产生了变形。从图 5-9(g) 和(h) 可以观察到纤维贯穿于型壳内部，成为链接型壳内部组分的结构，单丝纤维利用其本身粗糙性质，黏附更加牢固，纤维与型壳的结合力进一步增大，从而有效提高型壳抗弯强度。但是纤维长度增加会造成纤维在浆料搅拌过程中彼此缠绕，如图 5-9(i) 和(j) 所示。此时，纤维将不会有效分担载荷，对型壳强度产生负面影响。

(a)　　　　　　　　　　　　　　　(b)

(c)　　　　　　　　　　　　　　　(d)

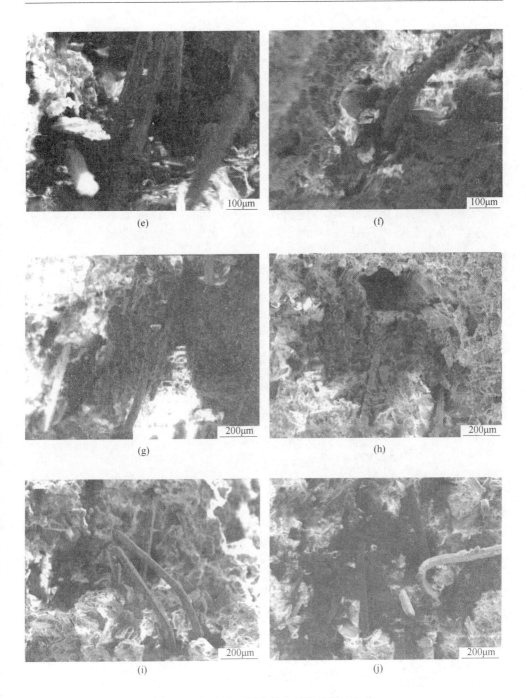

图 5-9 焙烧后钢纤维复合试样的断口形貌

（a）3mm，0.2%；（b）3mm，0.3%；（c）3mm，0.4%；（d）3mm，0.5%；（e）3mm，0.6%；

（f）4mm，0.2%；（g）4mm，0.3%；（h）4mm，0.4%；（i）4mm，0.5%；（j）4mm，0.6%

5.2　焙烧温度对混杂纤维增强型壳的影响

图 5-10 为不同温度焙烧后，混杂纤维增强型壳试样的焙烧后抗弯强度。由图 5-10(a)可见，相比于未用纤维增强的型壳试样，采用 0.6% 的蒲绒纤维/硅酸铝纤维增强的型壳试样，经 900℃ 温度焙烧后，试样的抗弯强度有所降低，仅为 4.04MPa，与未用纤维增强的型壳试样的抗弯强度接近。采用 0.2%~0.6% 的蒲绒纤维+硅酸铝纤维来增强型壳试样，分别经 950℃ 及 1000℃ 焙烧后，其抗弯强度均有不同程度的提高。其中，加入 0.6% 蒲绒纤维/硅酸铝纤维的增强型壳试样，950℃ 焙烧时，其抗弯强度值达到最大值 5.04MPa；纤维加入量超过 0.6% 后，继续增加型壳中纤维的加入量，试样的抗弯强度则开始大幅降低。

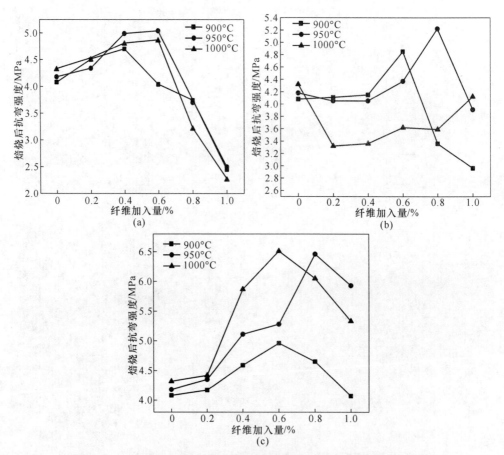

图 5-10　混杂纤维加入量及焙烧温度对型壳试样的抗弯强度的影响

(a) 蒲绒纤维/硅酸铝纤维；(b) 玻璃纤维/硅酸铝纤维；(c) 聚丙烯纤维/硅酸铝纤维

选用玻璃纤维+硅酸铝纤维增强型壳试样，其对焙烧后抗弯强度的影响如图5-10(b)所示。由图可知，焙烧温度为1000℃时，焙烧后型壳试样的抗弯强度随玻璃纤维/硅酸铝纤维加入量增加而增强，但所有纤维增强型壳焙烧后试样的强度均低于未用纤维增强的试样；且经1000℃焙烧后型壳试样的抗弯强度低于经900℃和950℃焙烧后试样的抗弯强度。由于熔模铸造型壳是多层的不均匀体，各层在升温过程中的膨胀率不尽相同，并且体积变化不均会导致一定的内应力，继而在型壳内生成一定数量的微裂纹，这种情况随着温度的越高而越严重。未加纤维时，由于相变引起的固相烧结作用强于这个不利因素，因此强度会有小幅的提升。当添加玻璃纤维/硅酸铝纤维后，会在高温下发生变形，温度越高意味着升温时间越长，纤维的变形越严重，最终形成球状或近球状的玻璃刚性体，此时，由于微裂纹的存在，与这些刚性体相互作用，导致型壳的抗弯强度降低；随着纤维加入增加，强度有所上升则与大量纤维形成的网状结构有关。另外，由于玻璃纤维刚度较大，在制壳时易以沿型壳面铺展的方式整层涂挂到型壳上，这相当于增加了型壳的组成层，加热时整体的体积变化变得更加不均匀，这也是开裂、强度降低的原因之一。900℃和950℃焙烧后试样的强度随纤维加入量的变化趋势较为接近，均为先增大后减小；区别在试样的强度与到达最大值时所对应的纤维加入量不同，分别为0.6%和0.8%。而纤维加入量为1.0%时，试样的强度均降至最低，这可能与玻璃纤维中的其他杂质元素在高温下发生相变，型壳内应力增加有关。

由图5-10(c)可知，随焙烧温度升高，聚丙烯纤维+硅酸铝纤维复合型壳的抗弯强度随之升高。结合图5-11(h)，聚丙烯纤维+硅酸铝纤维加入后型壳断口形貌如分析，聚丙烯纤维在焙烧时完全烧失，留下圆形的孔穴，这些形状规则、分布均匀的圆形孔穴是型壳强度增强的主要原因。由图5-10(c)还可以发现，经不同温度焙烧后，随纤维加入量增加，型壳的强度均先增加后减小。这是由于，采用聚丙烯纤维+硅酸铝纤维混合增强型壳时，纤维对增强型壳试样的影响有两个方面：一方面，焙烧后的纤维增强型壳试样内部可以看作是含有大量孔隙的多相多孔体。多孔体强度随孔隙率的增加而减少，型壳试样中的聚丙烯纤维在焙烧过程中烧失，会增加型壳试样内部的孔隙率，即减少了承载面积，降低型壳强度。另一方面，硅酸铝纤维在焙烧后依然存在于型壳试样中，并由于高温焙烧使得纤维与基体间紧密连为一体，纤维增强的作用使型壳试样的强度获得提高，且聚丙烯纤维在焙烧后留下了规整的圆形孔穴，相比型壳原有的带有尖角的孔隙，可以有效地降低开裂敏感性。因此，型壳中聚丙烯+硅酸铝混杂纤维加入量为0.2%~0.6%时，该混杂纤维的增强作用要大于由于添加纤维所带来孔隙的割裂作用，在所选三种焙烧温度焙烧后，型壳试样的抗弯强度相比未加入纤维增强的型壳试样要高。纤维加入量继续增加后，纤维的割裂作用占主导，导致型壳抗弯强度降低，但固相烧结带来的积极影响依然存在，即1.0%纤维加入量下的强度要高于未进行纤维增强的试样。

图 5-11 是不同焙烧温度下混杂纤维增强型壳试样的断口形貌。图 5-11(a)中可以观察到蒲绒纤维烧失后遗留的竹节状痕迹。在焙烧温度为 900~950℃时，型壳断口中的纤维已经开始变形，如图 5-11(b)和(d)所示，并且随着焙烧温度的升高，硅酸铝纤维的变形越来越显著，如图 5-11(c)所示。焙烧温度越高，玻璃纤维越来越趋于形成近圆球状或圆球状，如图 5-11(f)所示。焙烧温度提高后，纤维受热形成的球状物的直径明显增大，数量增多，这是导致玻璃纤维/硅酸铝纤维增强型壳焙烧温度过高、强度降低的原因。由图 5-11(h)中可以明显观察到裂纹在圆形孔洞处受阻的现象，这有利于提高型壳承受载荷的能力。

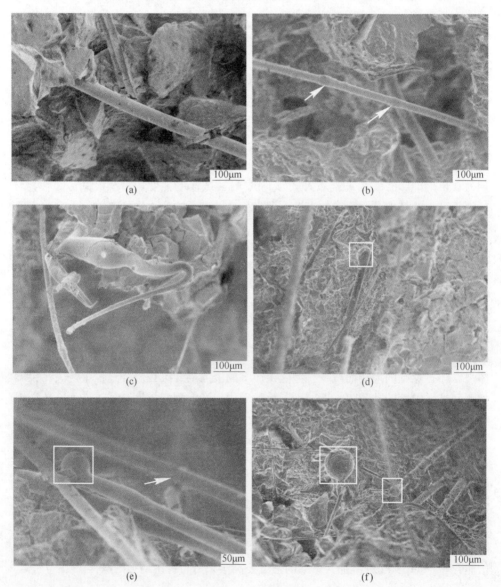

图 5-11　混杂纤维增强型壳焙烧后试样断口形貌

（a）蒲绒纤维/硅酸铝纤维加入量 1.0%，900℃；（b）蒲绒纤维/硅酸铝纤维加入量 0.8%，950℃；
（c）蒲绒纤维/硅酸铝纤维加入量 0.4%，1000℃；（d）玻璃纤维/硅酸铝纤维加入量 1.0%，900℃；
（e）玻璃纤维/硅酸铝纤维加入量 0.6%，900℃；（f）玻璃纤维/硅酸铝纤维加入量 0.8%，950℃；
（g）玻璃纤维/硅酸铝纤维加入量 1.0%，1000℃；（h）聚丙烯纤维/硅酸铝纤维加入量 1.0%，900℃

5.3　焙烧保温时间的影响

　　硅酸铝具有低的热传导率，优良的热稳定性及化学稳定性。因此，提高型壳的强度，特别是提高型壳的高温强度，硅酸铝纤维就是一个非常有吸引力的选择。型壳在焙烧过程中，复合纤维除了受到焙烧温度的影响外，其形态变化也受到保温时间的影响，并最终由于形态变化而影响型壳的强度。因此，本节选用 0.6% 的单一短切硅酸铝纤维作为复合增强纤维，制备硅酸铝纤维复合型壳，在 950℃ 的焙烧温度下，研究不同保温时间对型壳强度的影响以及型壳纤维的形貌特征。焙烧所用的升温工艺如图 5-12 所示。

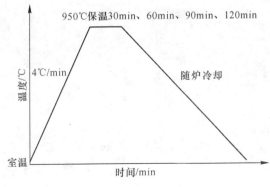

图 5-12　型壳试样的焙烧工艺

图 5-13 为不同保温时间对型壳抗弯强度的影响。由图可知，随着保温时间的增加，焙烧后强度逐渐增大，保温时间超过 120min 后，其焙烧后强度要高于保温时间少于 120min 的型壳试样，保温时间为 120min 时，强度较保温时间为 30min 的型壳试样增加了 0.96MPa，增幅为 37.8%。继续延长保温时间，强度有所下降。

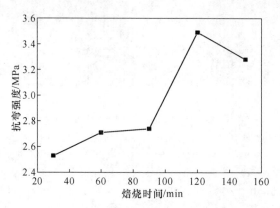

图 5-13　焙烧温度对焙烧后型壳抗弯强度的影响

图 5-14 为焙烧温度为 950℃，保温时间分别为 30min、90min 及 150min 所获型壳试样弯曲断裂后的断口形貌。由图 5-14(a)可见，部分纤维在弯曲断裂的过程中直径发生了明显的改变，这说明这些纤维承担了载荷，同时其上粘有附着物，但由于焙烧时间较短，型壳烧结不充分，纤维与型壳的结合不够紧密，且都以单丝状存在，导致增强作用不明显。延长保温时间至 90min 后，其试样断口形貌如图 5-14(b)所示，纤维的部分位置出现了熔融变粗的现象，这会导致型壳断裂时的锁结点增加，继而起到增强作用。保温时间为 150min 时，纤维熔融加剧，甚至多根纤维熔合到一起，如图 5-14(c)所示；这种网状结构的增强作用最为明显，因此型壳强度更高。

　　　　　　　(a)　　　　　　　　　　　　　　　　(b)

(c)

图 5-14 不同焙烧保温时间对型壳断口形貌的影响
(a) 30min；(b) 90min；(c) 150min

综上所述，采用不同种类的混杂纤维或单丝纤维复合增强型壳时，经不同的温度焙烧和焙烧保温时间后，焙烧温度对焙烧后型壳试样的抗弯强度的影响除了型壳自身相变烧结的因素外，纤维在不同温度下表现出的性质也是主要因素。总体来说主要有以下两个方面：

（1）焙烧后的纤维增强型壳试样内部可以看作是含有大量孔隙的多相多孔体。多孔体强度随孔隙率的增加而减少，型壳试样中的蒲绒纤维和聚丙烯纤维在焙烧过程中烧失，会增加型壳试样内部的孔隙率，即减少了承载面积，降低型壳强度；但如果纤维的形状为规则的圆形，如聚丙烯纤维，则均匀分散的圆形遗留孔穴会降低型壳开裂的敏感性。焙烧温度的不同会使型壳的孔隙大小发生改变，进而影响型壳的强度。

（2）玻璃纤维和硅酸铝纤维在焙烧后依然存在于型壳试样中，并由于高温焙烧使得纤维与基体间紧密连为一体，或者由于纤维形状的改变，增加了型壳与纤维结合的锁结点，使型壳试样的强度获得提高，且纤维在脱粘、拔出过程中留下了较为规整的圆形孔穴。相比型壳原有的带有尖角的孔隙，圆形孔穴对型壳的割裂作用也更弱。焙烧温度会影响玻璃纤维与硅酸铝纤维的形状，并最终影响型壳的强度。

5.4 纤维复合型壳的相组成

熔模铸造型壳的高温强度是在焙烧过程中实现的。在制壳的整个过程中，对强度的要求不尽相同，如搬运、浸涂以及干燥时机械操作产生的应力，脱蜡时蜡料膨胀对型壳施加的压力。而焙烧升温及浇注时熔融金属的冲击及静压力等力的作用，则由焙烧后型壳的强度来满足。

图 5-15 为玻璃纤维/硅酸铝纤维增强型壳试样未焙烧时的相组成分析。由图 5-15 可知，型壳试样未焙烧时，其相组成主要是由莫来石及 ZrO 组成。莫来石及 ZrO 是撒砂材料与涂料中的耐火粉料的主要组成成分，并含有少量的 SiO_2。SiO_2 除了来自耐火材料外，它也是玻璃纤维和硅酸铝纤维的主要成分。此时，主要依靠黏结剂来实现其强度，并使上述工序顺利进行。

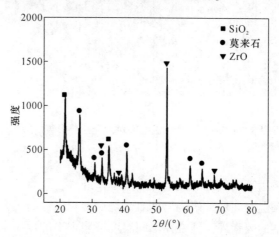

图 5-15   玻璃纤维/硅酸铝纤维增强型壳试样的相组成（未焙烧）

图 5-16 为经不同温度焙烧后的型壳试样的相组成分析。由分析结果可知，经过焙烧，型壳试样的相组成主要是 $ZrSiO_4$ 及莫来石，$ZrSiO_4$ 主要是由 ZrO 高温焙烧而来，而 SiO_2 含量很少，这是由于焙烧时 SiO_2 与 Al_2O_3 在高温时转化为莫来石相。在一定条件下，ZrO_2 可以和 SiO_2 在低于理论反应温度时反应形成 $ZrSiO_4$。对比不同焙烧温度所获试样的相组成，可以看到，随着焙烧温度的升高，$ZrSiO_4$ 含量显著增多，说明焙烧温度的升高有利于型壳组成物质的相转变和更好地烧结。

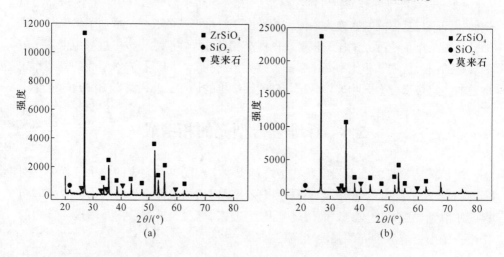

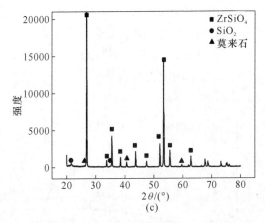

图 5-16　玻璃纤维/硅酸铝纤维增强型壳焙烧后试样的相组成

(a) 900℃；(b) 950℃；(c) 1000℃

在焙烧过程中，随着温度的升高，型壳中的吸附水、结合水以及结晶水不断消失，型壳中的主要组成黏结剂和耐火材料发生物理化学反应，型壳发生烧结，并伴随强度的提高及体积的变化。如果体积变化在型壳整体上分布不均匀，就会产生内应力，会降低型壳的强度，结合图 5-10(c) 可知，随着焙烧温度升高至 1000℃，未进行纤维增强的试样强度提高，而纤维增强型壳的抗弯强度要低于 900℃和 950℃两种焙烧温度焙烧后的型壳试样，这可能与型壳型壳中相变所带来的体积变化有一定的关系，并且受到纤维的受热转变影响。同时，玻璃纤维中含有大量的 CaO，它会引起纤维的玻璃化转变温度和液相线温度的降低，进而导致型壳的高温性能的下降。

为研究型壳在实际浇注条件下受热环境以及型壳性能的变化，选择经 900℃焙烧并冷却至室温后的型壳试样，重新入炉加热至 1400℃并保温 20min 后，随炉冷（模拟实际铸件生产时的冷却条件），取样并进行 XRD 分析，分析结果如图 5-17 所示。

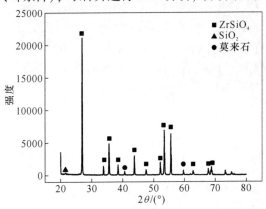

图 5-17　玻璃纤维/硅酸铝纤维增强残留强度测试型壳试样的相组成

　　由图5-17可见，相组成中的 ZrSiO$_4$ 含量依然很高，并且莫来石相的衍射峰增强，说明有更多的莫来石相生成，即二次莫来石化。

　　根据图5-18所示的 SiO$_2$-Al$_2$O$_3$ 二元系状态图，型壳对应材料的最低共熔点为1595℃，该温度以下二元系组成为方石英和莫来石，以上为莫来石和熔液。

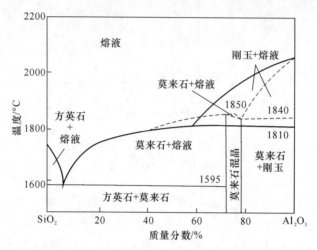

图 5-18　SiO$_2$-Al$_2$O$_3$ 二元系状态图

　　但是，型壳是由多种不同的物相组成的多元系统，且玻璃纤维与硅酸铝纤维均是耐高温纤维，这导致 SiO$_2$-Al$_2$O$_3$ 二元系存在着一定数量其他氧化物；总体而言无固定熔点，其熔化是在一定温度范围内逐渐进行的，如式（5-1）所示。

$$3Al_2O_3 + 2SiO_2 \xrightarrow{1200 \sim 1500℃} 3Al_2O_3 \cdot 2SiO_2 \qquad (5-1)$$

　　型壳制备中第一层和第二层均采用锆英砂，是出于保证铸件的表面质量的考虑而采用的，第三层和第四层是型壳强度的主要部分，采用莫来砂，这表明式（5-1）的反应在高温下很大范围内存在，自出现液相开始在一个较大温度区间内材料仍具有一定的强度，并且在实际浇注过程中，高温下停留的时间也较短，因此型壳并未完全软化。该反应在1300℃后明显，并伴有较大的体积膨胀；当这些膨胀与球状玻璃刚性体的减弱作用相互叠加的时候，会进一步加大型壳内部的应力集中，最终表现为冷却后的残留强度降低，详见第6章。

参 考 文 献

[1] Valenza F, Botter R, Cirillo P, et al. Sintering of waste of superalloy casting investment shells as a fine aggregate for refractory tiles [J]. Ceramics International, 2010, 36: 459~463.

[2] 张汉基. 熔模铸造型壳焙烧工艺及加热设备 [J]. 冶金丛刊, 1998 (3): 43-44.

[3] Feih S, Manatpon K, Mathys Z, et al. Strength degradation of glass fibers at high temperatures

[J]. Journal of Materials Science, 2009, 44 (2): 392~400.

[4] Eppler R A. Mechanism of formation of zircon stains [J]. J. Am. Ceram. Soc. , 1970, 53: 457~462.

[5] Veit U, Ssel C Ru. Viscosity and liquidus temperature of quaternary glasses close to an eutectic composition in the CaO-MgO-Al$_2$O$_3$-SiO$_2$ system [J]. J. Mater. Sci. , 2017, 52: 8280~8292.

6 纤维复合型壳的高温性能

熔模铸造使用的型壳经过干燥、硬化后，脱去其中熔模，再经过焙烧后，获得用来浇注用的型腔，型壳的质量和性能对铸件的精度和质量有着决定性的作用。型壳在高温时会发生烧结相变、高温蠕变等现象，在型壳的焙烧和实际浇注时，常常需要对其高温下的性能进行表征，这些性能包括高温强度、高温变形、热传导性、透气性。在浇注结束、金属液冷却后，去除铸件表面性能时又会对型壳的残留强度有一定的要求。因此，型壳的制造和性能控制是熔模铸造工艺流程中很重要的一个环节。

纤维加入型壳中后，在高温条件下，烧失的纤维会通过其烧失遗留的孔隙影响型壳的变形和强度，耐高温纤维则会继续存在于型壳中，起到复合增强作用。本章主要围绕不同纤维的种类、长度、加入量以及不同种类纤维混杂等工艺因素，对高温条件下型壳的各种性能及高温浇注后的残留强度的影响进行讨论。

6.1 纤维复合型壳的高温强度

为了抵抗由于温度变化、型壳相组成转变导致的体积变化所带来的应力，保证在金属液浇注时能够抵抗其冲刷而不发生变形或者损坏，使得浇注能够顺利进行，型壳应具有高的高温强度。为模拟浇注过程，将焙烧后试样进行升温，并在达到设定测试温度保温 10min 后进行高温强度的测试，高温强度的测试温度分别选择 1100℃、1200℃及 1300℃。

6.1.1 纤维长度对型壳高温强度的影响

碳纤维加入量为 0.1% 时，型壳的高温抗弯强度随纤维长度的变化如图 6-1 所示。

由图 6-1 所示，型壳试样高温抗弯强度随纤维长度的增加，呈现先上升后下降的趋势，其高温抗弯强度在纤维长度为 4mm 时达到最大值；同时，可以看出随着测试温度的升高，型壳强度也呈上升趋势。这是因为在焙烧后再次升温的过程中，型壳烧结越来越充分，使得型壳内部结构更为致密，从而提高了型壳的强度。在 1300℃时，加入 4mm 长纤维的型壳强度最大。从图 6-1(b) 可以看出，

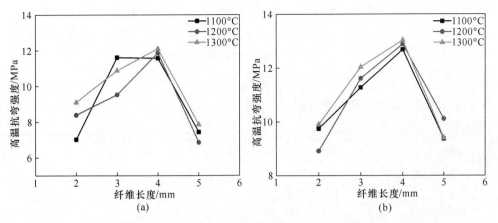

图 6-1 碳纤维长度对型壳试样高温抗弯强度的影响

(a) 不加 HPMC; (b) 加入 HPMC

在 1300℃时,加入 0.3%HPMC、4mm 长纤维的型壳强度最大,达到 13.04MPa。加入长 5mm 纤维的型壳高温强度提升比较明显,这是由于分散剂 HPMC 促进了较长纤维的分散。在高温情况下,均匀分散的长纤维在烧蚀后留下的孔隙均匀分布于型壳内部,在型壳因高温引起体积变化时缓解内部的开裂倾向,降低了型壳内部由于变形不均匀而形成微裂纹的概率。

图 6-2 为钢纤维/碳纤维按照 7∶1 的比例混杂后加入涂料中,两种等长纤维长度对型壳高温抗弯强度的影响。总体来看,3mm 和 4mm 的混杂纤维对型壳高温强度的提升较为理想。由于两种纤维是按照质量比混杂加入的,钢纤维密度远大于碳纤维;从单丝数量上来说,两种纤维较为接近,选择这种混杂方式的目的是为了获得一定数量均匀分布的碳纤维,以期其在焙烧和升温加热过程中烧失形

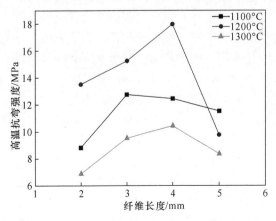

图 6-2 钢纤维/碳纤维混杂纤维长度对型壳高温抗弯强度的影响(加入量 0.4%)

成孔洞，为型壳高温时的变形提供一定的退让性，从而提升型壳强度。从结果看，在纤维长度为4mm、1200℃时的高温强度超过18MPa，是各组型壳制备方案中获得高温强度的最大值。这表明采取两种纤维混杂制备复合型壳，其中一种烧失，另一种起到复合增强是可行的。

6.1.2　纤维加入量对型壳高温强度的影响

通过试验测得短切碳纤维长度为4mm时，型壳碳纤维加入量对高温抗弯强度的影响如图6-3所示。

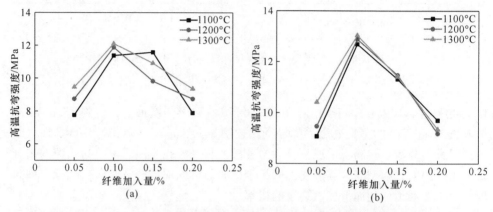

图6-3　碳纤维加入量对型壳试样高温抗弯强度的影响

(a) 不加 HPMC；(b) 加入 HPMC

由图6-3可见，型壳的高温抗弯强度是随着纤维加入量的增加呈现先上升后下降的趋势，表明纤维加入量的提高可以提升型壳高温抗弯强度。在纤维加入量为0.1%时，型壳强度达到最大值，但随着加入量继续提高，型壳的高温强度出现明显的下降趋势。这是因为在升温的过程中纤维被烧蚀，留下孔隙，这些微小孔隙会增加型壳内部的不连续性，降低致密性。当孔隙的量适当时，会减少在升温过程中由于体积变化而产生的内应力，圆形截面的纤维所遗留的较为规则孔隙可以抑制型壳内部微裂纹的生成，但是过多的碳纤维加入会在型壳内部造成纤维的聚集缠绕，被烧蚀后会在型壳内部形成较大的不规则空洞，反而会成为型壳内部微裂纹的主要来源，导致型壳的高温强度下降。同时，可以看出随着测试温度的升高，型壳强度也随之上升。在1300℃时，加入0.1%碳纤维的型壳强度最大，为12.10MPa。加入 HPMC 后，型壳高温抗弯强度变化趋势与未加入类似，纤维加入量为0.1%、在1300℃时的高温强度最高为13.04MPa。相比于未加入HPMC 的型壳，强度提高了7.77%。

图6-4为3mm和4mm钢纤维复合型壳的高温强度。分析钢纤维长度和加入量的影响可以看出，纤维为3mm较短、在加入量为0.4%时，高温强度达到最

大。而纤维长度为 4mm 时，则在 0.3% 的加入量时高温强度更大。

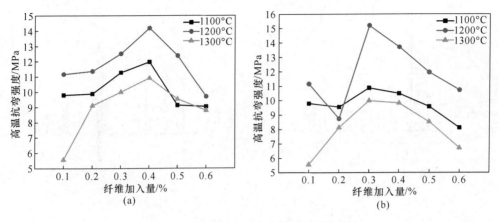

图 6-4 钢纤维对型壳高温抗弯强度的影响

(a) 3mm；(b) 4mm

同时，与图 6-1 中的碳纤维复合型壳相比，钢纤维复合型壳的高温强度在 1200℃ 达到最大，1100℃ 时的高温强度次之，1300℃ 时的高温强度最低。这主要是由于在型壳升温过程中，与碳纤维烧失后为变形提供退让空间不同，钢纤维始终存在于型壳内部，其分布形成的结构束缚着型壳在高温时的变形，这在型壳内部会形成应力，当高温加载载荷与之重叠的时候，型壳就易于失效断裂，表现为强度的降低。

综上所述，复合纤维的长度与加入量对型壳试样的高温抗弯强度均有影响，高温强度变化趋势与焙烧后强度变化基本一致。强度到达峰值后继续提升加入纤维的含量或长度会造成在型壳试样内纤维聚团现象越显著，对型壳试样的高温强度起到负面作用。但是，高的高温强度往往对应高的残留强度，这对型壳的脱壳却是不利的，相关的介绍详见 6.5 节。

6.1.3 型壳试样的相组成

型壳试样在焙烧冷却、进行 1100~1300℃ 的升温和保温后，对所制得型壳试样的相组成分析如图 6-5 所示。

由图 6-5 可见，相组成中的 $ZrSiO_4$ 含量很高，并且随着测试温度的升高，莫来石相的衍射峰增强，说明有更多的莫来石相生成，即发生了二次莫来石化，这也是型壳高温抗弯强度提升的原因。1200℃ 时与 1300℃ 时相比，可以看出 SiO_2 与 Al_2O_3 衍射峰降低，根据 SiO_2-Al_2O_3 二元系状态图，型壳对应材料的最低共熔点为 1595℃，该温度以下二元系组成为方石英和莫来石，以上为莫来石和熔液。但是，型壳是由多种不同的物相组成的多元系，这导致 SiO_2-Al_2O_3 二元系存

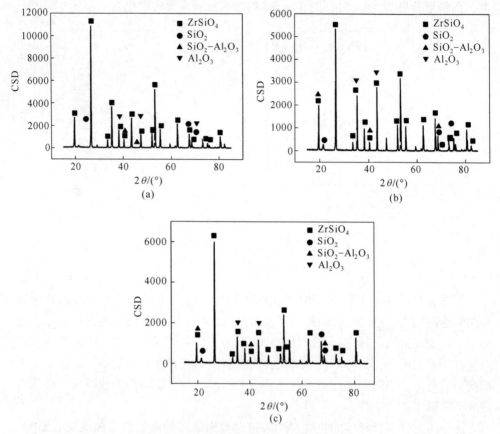

图 6-5　高温碳纤维型壳试样相组成

（a）1100℃；（b）1200℃；（c）1300℃

在着一定数量其他氧化物，总体而言无固定熔点，其熔化是在一定温度范围内逐渐进行的，如图 5-18 所示。

　　型壳制备中第一层采用锆英砂，是出于保证铸件的表面质量的考虑，第三层和第四层是型壳强度的主要部分，采用莫来砂；这表明式（5-1）的反应在高温下很大范围内存在，自出现液相开始在一个较大温度区间内材料仍具有一定的强度，并且在实际浇注过程中，高温下停留的时间也较短，因此型壳并未完全软化。

6.2　纤维复合型壳的高温变形

　　高温自重变形量是指型壳随着温度的升高在自身重力影响下，型壳发生线量变化的一种现象。这是型壳本身具有的一种热物理性质，它将会对铸件的尺寸精度造成影响，变形量过大会影响型壳自身的受应力分布。

　　熔模铸造属于精密铸造的一种，由它所得到的铸件一般具有很高的尺寸精度，基本接近于零件的最终形状，加工余量较普通铸件也要小得多。这就要求所制得的型壳变形量要小，尤其是在高温条件下，型壳往往更容易变形，包括高温焙烧时的蠕变及浇注过程中受金属液的胀型力导致的变形。可以说，小的变形量对于得到形状和尺寸精确的铸件具有重要的意义。另外，型壳的变形量还与模组的大小及结构有关。模组越大，将来型壳需要容纳的金属液也越多，受到的胀型力也越大，越容易变形；型壳整体结构的刚度越大，型壳抵抗变形的能力也就越大。

6.2.1　型壳高温自重变形的测定方法

　　为了从更本质上考察试验所得高强复合型壳高温变形量的大小，本试验选择型壳高温自重变形来表征纤维复合型壳在高温下抗变形能力的大小，其测试方法参照行业标准执行。

　　图6-6为用来测试型壳高温自重变形的圆环试样。其焙烧工艺为：300℃以下入炉，升温至900℃保温2h，降至300℃以下出炉。测试焙烧后圆环试样的外径，计为A。然后将测试位置垂直放置在炉内托架上的凹槽处，升温至1200℃，保温60min，随炉冷却至室温后测试试样经高温自重变形后垂直位置的外径尺寸B。最后再根据公式（6-1）计算出试样的高温自重变形率。

$$\delta_{t-\tau} = \frac{A - B}{A} \times 100\% \qquad (6-1)$$

式中　$\delta_{t-\tau}$——试样在某一给定温度保温一定时间时的高温自重变形率，%；

　　　　A——试样的初始外径，mm；

　　　　B——高温下发生自重变形后试样的外径，mm。

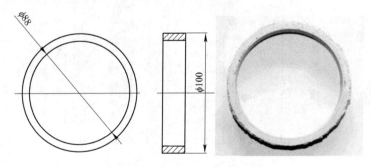

图6-6　高温自重变形型壳试样

6.2.2　单丝纤维对型壳高温自重变形的影响

　　对比未用纤维增强试样及采用不同纤维增强型壳试样的高温自重变形率，其结果如图6-7所示。

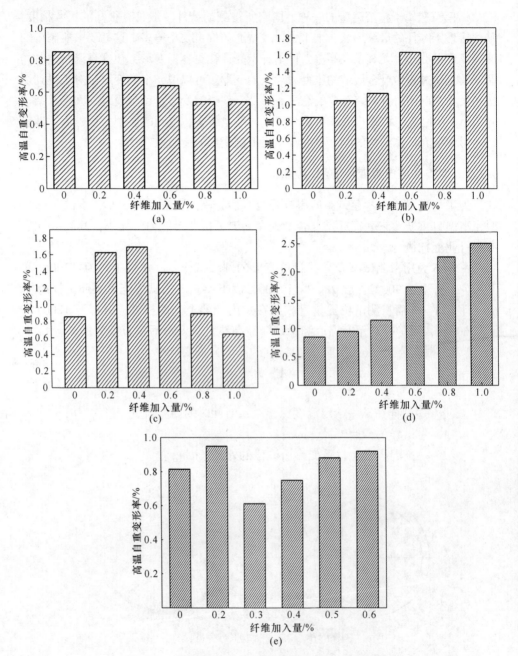

图 6-7　硅酸铝纤维加入量对高温自重变形率的影响

（a）硅酸铝纤维；（b）聚丙烯纤维；（c）玻璃纤维；（d）蒲绒纤维；（e）钢纤维

　　如图 6-7(a)所示，硅酸铝复合型壳所有试样的高温自重变形率都小于 1%，都能满足熔模精密铸造的使用要求。随着纤维加入量的增加，其自重变形率呈下降趋势，特别是纤维加入量为 0.8% 及 1.0% 时，型壳试样的变形率已降低至 0.54%。由于焙烧过程中，硅酸铝纤维热稳定性好，未被烧失，因此升温过程中型壳试样中的纤维依然可以起到增强的作用。

聚丙烯纤维增强型壳的高温自重变形率结果如图 6-7(b) 所示。随着聚丙烯纤维加入量的增加，型壳的高温自重变形率也在增加，且在加入量超过 0.6% 后，变形率已经超过 1.5%。聚丙烯纤维增强硅溶胶型壳高温受热条件下，型壳中的几乎全部聚丙烯纤维均已烧蚀，其增强作用则几乎同时消失，因此，此时型壳的抗高温自重变形能力完全依赖于型壳基体。同时，由于聚丙烯纤维的烧蚀，型壳中纤维表面原有的大量黏结点（缩颈或桥连点）也随同纤维一起消失，导致型壳内的耐火粉料之间的黏结点数量大幅度减少，甚至少于未用纤维增强的型壳，因此在高温承受型壳自重载荷作用下，型壳高温自重变形率逐渐增大，甚至超过未用纤维增强的型壳。宏观上表现出随着聚丙烯纤维加入量的增加，型壳试样高温自重变形率略有增大。

玻璃纤维加入量不同对纤维增强型壳试样高温自重变形率的影响如图 6-7(c) 所示。当玻璃纤维加入量不大于 0.6% 时，随着玻璃纤维加入量的增加，型壳试样的高温自重变形率逐渐增大。只有当玻璃纤维加入量增加至 1.0% 后，试样的高温自重变形率才小于未用纤维增强的型壳试样。玻璃纤维加入量为 0.8% 时所获试样的高温自重变形率已下降至 1.0% 以下，能满足精铸使用要求。高温自重变形的测试温度较高，保温时间也较长，这使得型壳中的玻璃纤维已几乎全部熔融，此时在型壳中的增强作用几乎完全消失，因此在自重载荷作用下，圆环试样主要是基体在承受载荷，型壳的变形实质上完全代表的是基体的变形。同时，纤维加入量为 0.2%~0.6% 时，纤维加入量适中，在涂料中分布较均匀，原有的纤维与耐火粉料的黏结点（缩颈）数量较多，常温下纤维的增强效果显著。但高温下，这些数量较多的纤维与耐火粉料的黏结点（缩颈）发生熔融，黏结点的桥连作用几乎完全消失，纤维的增强作用也基本消失，这些黏结点变成熔体，相当于耐火粉料之间存在液态膜，黏结力很弱，导致纤维增强型壳的变形抗力低于未用纤维增强的型壳，结果宏观上则表现为型壳的高温自重变形率由于纤维的加入反而有所升高。纤维加入量较低时，型壳中形成的纤维与耐火粉料的黏结点（缩颈）数量很少，这些黏结点在高温下即使全部熔融，对高温变形的影响也不大；同样，纤维加入量很高时，纤维在涂料的制备过程中搅拌时，发生碰撞、搭接、缠绕的概率很大，纤维极易缠绕、结团，在涂料中很难均匀分散，这样在型壳中形成的纤维与耐火粉料的黏结点（缩颈）虽然数量较多，但分布不均匀（往往偏聚于型壳中某些位置），常温下纤维有一定增强效果。但高温下，这些数量较多的纤维与耐火粉料的黏结点（缩颈）发生熔融，相当于耐火粉料之间存在液态膜，黏结力很弱，削弱了基体中耐火粉料之间的黏结力；但由于黏结点分布不均匀，其对基体强度的削弱的影响也仅限于局部区域，因此尽管纤维加入量很高，但对型壳高温自重变形的影响却很小（仅在局部区域有显著影响），宏观上则表现为型壳的高温自重变形率略有下降。总之，对于玻璃纤维增强型壳而言，由于高温自重变形时，长时间高温加热已使得型壳中的玻璃纤维几乎全部熔融成熔体，其对基体的增强作用几乎完全丧失，因此就减小型壳的高温自重变形的作用而言，玻璃纤维几乎没有任何积极的作用；相反，玻璃纤维熔融成熔体处于耐火颗粒之间，这些几乎毫无黏结强度的液相膜的存在反而对型壳的抗高温自重变形能力产生极为不利的影响。因此，型壳采用玻璃纤维增强，无助于提高其抗高温自重变形能力。

图6-7(d)为蒲绒纤维加入量对高温自重变形率的影响规律。由于蒲绒纤维在型壳焙烧过程中绝大多数已经燃烧气化，所以几乎不能在型壳中起到增强的作用，而且其燃烧后遗留的空隙则减小了型壳自身的有效承载面积，在高温时，由自身质量所带来的压力导致其变形量增大。型壳在高温受热条件下，型壳中的蒲绒纤维均已全部烧失，纤维的增强作用则几乎同时丧失，而此时型壳的抗高温自重变形能力完全依赖于型壳基体。因此，型壳在高温承受自重载荷作用时，其抗高温自重变形能力减弱，变形量逐渐增大，甚至超过未用纤维增强的型壳。表现出随着纤维加入量的增加，型壳试样高温自重变形率逐渐增大。

钢纤维对高温自重变形率的影响如图6-7(e)所示，高温自重变形率在加入量为0.3%时最小。虽然其自重变形受到钢纤维加入量变化的一定影响，但由于钢纤维在高温下的束缚约束作用，其值总体上是较低的，均低于1.0%，这对型壳是有利的。

综上所述，硅酸铝纤维和钢纤维复合型壳的高温自重变形率较小，聚丙烯纤维和蒲绒纤维复合型壳的高温自重变形率均较大；如单丝复合时，对其高温变形是不利的。

6.2.3　混杂纤维对型壳高温自重变形的影响

由图6-7可知，硅酸铝纤维复合型壳的高温自重变形率最小，因此混杂纤维选择时以硅酸铝纤维作为其中一种，辅以另外一种纤维进行混杂制备复合型壳。选用两种纤维质量比为1∶1，对型壳高温自重变形率的影响如图6-8所示。

由图6-8(a)可见，聚丙烯纤维与硅酸铝纤维混杂时，当纤维加入量较少时（0.2%~0.4%），其高温自重变形率较未增强试样有小幅降低，这是由于少量的聚丙烯纤维烧失后形成空隙，为型壳在高温烧结、膨胀、变形提供了一定的退让性，减少了型壳的变形；同时，型壳中仍存在的硅酸铝纤维的增强作用使型壳的刚度增大，有助于自重变形率减少。而纤维加入量超过0.6%后，由于过多的聚丙烯纤维烧失形成孔隙的存在，升温过程中不断收缩变形，发生蠕变，变形率逐渐增大，最终导致了型壳变形率的增大。

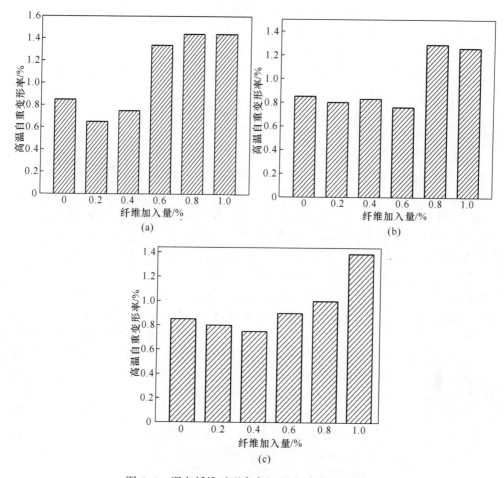

图 6-8 混杂纤维对型壳高温自重变形率的影响

(a) 聚丙烯纤维/硅酸铝纤维；(b) 玻璃纤维/硅酸铝纤维；(c) 蒲绒纤维/硅酸铝纤维

当采用玻璃纤维、蒲绒纤维分别与硅酸铝纤维进行混杂时，如图 6-8(b) 和 (c) 所示。当加入量小于 0.8% 时，型壳试样的高温自重变形率均低于 1.0%；加入量超过 0.6% 后，试样的高温自重变形率开始逐渐增大。

综上所述，少量纤维的加入在其烧失后，本质上与传统型壳没有太大的差别，只是相比后者空隙数量的相对更多一些，使得型壳的承载面积有所减小。由于此类纤维在升温的过程中便被烧失，在纤维加入量较少的条件下，纤维烧失前在型壳中的分布均匀，这些在型壳焙烧早期就增加的孔隙可以降低型壳整体的刚性，使型壳在升温过程中各膨胀区域之间的退让性得到改善，减少或消除型壳由于受热而产生的热膨胀，减小型壳内的应力及减轻应力集中，进而使型壳的变形得到不同程度的抑制。在冷却至室温再升温进行高温自重变形率的测试过程中，伴随相变的发生，型壳烧结更加完全，此时型壳变形由高温蠕变机制控制，裂纹扩展时，硅酸铝纤维会消耗部分能量，对裂纹扩展有一定的阻扰能力。但当如聚丙烯或蒲绒纤维这样高温烧失的纤维，其加入量较高时，由于其在型壳试样中以集束状存在，烧失纤维在烧失后所遗留的空间会形成较大的断裂面或者空隙，促使型壳在高温下发生变形，表现为自重变形率增大。

6.3　纤维复合型壳的热传导能力

型壳散热能力不足会导致铸件的表面晶粒粗大，降低其力学性能，而铸件局部热节处往往需要型壳更好的散热能力来避免缩松缩孔等铸造缺陷。因此，在实际生产过程中，常常会采用安置冷铁或设置冒口的工艺。冷铁的安装可以有效地使铸件局部快速冷却，但会增加工艺的复杂性，而通过冒口去实现补缩则会加大铸件清理的难度。也有研究采用了型壳焙烧后局部淬水或者喷水冷却，此时则需要型壳的抗急冷开裂的能力要足够大。对于熔模铸造型壳传热能力性能和定向凝固的研究早已开展。如早期所采用的在型壳外表面涂覆石墨涂层的方法，利用石墨涂层热辐射率比陶瓷型壳高 2 倍的特点，在厚大截面处增大区域的热辐射率，提高温度梯度，从而避免了铸件的缩松缺陷。定向凝固过程中，由于金属收缩造成铸件与型壳脱离，过热气体形成的间隙更加阻碍了热量的传导，因此热量只能从铸件表面和型壳表面的间隙辐射传出。美国 GE 公司在制造定向和单晶型壳时面层浆料中添加氧化铬或氧化钛，型壳焙烧后，通过型壳的面层具有高吸热能力的含高吸热氧化铝固溶体，在固-液界面前沿形成高的温度梯度实现了定向凝固。由此可见，只要能够促进温度梯度的形成，如采取提升吸热能力、加强辐射换热等方法，经过合理的工艺调控，就可以在局部区域实现定向凝固，有利于避免缺陷。由于熔模铸造型壳多较薄，蓄热能力有限，还多为焙烧后热型进行浇注，因此合金凝固时，铸件的散热速度除了型壳的传热影响外，还取决于铸型外表面和环境直接的换热速度，且两者之间的换热方式必然包括自然对流和热辐射。

如果从提高型壳散热性角度考虑，采用纤维复合型壳方法使得强度提升后，可适当减少制壳的层数和降低型壳的厚度，获得的较薄的型壳可以有利于散热。在此基础上，采用金属纤维或者其他导热性能优异的纤维则更适合应用到熔模铸造型壳的散热能力提升上。因此，本节仅以高温时具有较强热传导能力的钢纤维复合型壳进行讨论。

6.3.1　纤维复合型壳的热扩散系数的测量

热扩散系数是物质某一点在其相邻点温度变化时改变自身温度能力的指标，它是反映热传导速度的一个重要的物理参数。它与热导率成正比，与热容量成反比。在制壳工艺相同时，型壳的热容相同，故以热扩散系数来表征型壳的热传导能力。

将型壳试样制备成 10mm×10mm×2mm 的片状试样，在其表面涂覆一层石墨以促进吸收激光能量，如图 6-9(a) 所示。然后用德国耐驰 LFA-427 激光热导仪测试样品的热扩散系数，测试在氩气气氛中进行，采用激光闪射法进行，如图 6-9(b) 所示。

涂覆石墨层前　　　　涂覆石墨层后

(a)　　　　　　　　　　　　(b)

图 6-9　热扩散系数测量型壳试样及测试方法示意图

(a) 型壳试样；(b) 激光闪射法示意图

6.3.2　钢纤维加入量对热扩散系数的影响

选用钢纤维加入量为 0.2% 和 0.6% 的型壳试样进行热扩散系数的测定，其结果如图 6-10 所示。图中所示为 300~1100K（0~800℃）温度下，测试型壳样品的热扩散系数变化情况。可以看到，三种型壳的热扩散系数曲线都是先降低后缓慢升高。这是因为型壳在温度变化过程中发生烧结，其内部的多孔疏松结构随着温度的升高不断变化所导致的。升温初期，由于型壳中的自由水和结构水蒸发，型壳内部分子无规则运动加剧；制壳耐火材料本身的导热性差，热量传递在型壳内部主要是以对流为主。热阻增大，导热系数降低。继续升高温度，型壳开始烧结，原本疏松的结构逐渐变得致密，此时致密的结构有利于热量通过热传导进行传递，所以热扩散系数增大。

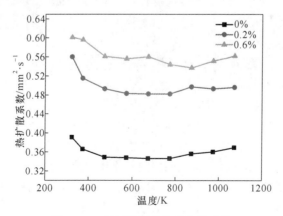

图 6-10　钢纤维型壳的热扩散系数

　　对比钢纤维加入型壳前后的热扩散系数发现，不加钢纤维的型壳的热扩散系数远低于钢纤维复合型壳。熔模铸造型壳具有多孔结构，随着钢纤维的加入，就使原来由导热系数较小的空气所占据的空间孔洞被具有较大导热系数的钢纤维所取代，钢纤维属于金属，导热能力比耐火材料更强。钢纤维的加入改变了型壳内部孔隙之间、空隙与砂粒之间的连接形式，其内部热量能够迅速传递，从而导致型壳的热扩散系数增加，即纤维起到了散热针的作用，如图6-11所示。

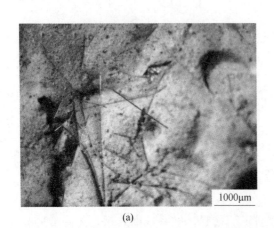
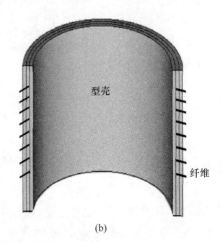

(a)　　　　　　　　　　　　　　　(b)

图 6-11　钢纤维在型壳中的分布

(a) 型壳表面的纤维；(b) 纤维散热示意图

　　钢纤维加入量的不同也会影响到型壳的热扩散系数。随着纤维加入量的增加，会在型壳内部形成纤维网络骨架，使热量更快速、均匀地分散在型壳内部各处；由于型壳是多种成分组成的不均匀多相系统，只要钢纤维能够在型壳内部均匀分布，其加入量越多，对于散热就越有利，而钢纤维自身的蓄热能力相对于型壳来说可以忽略不计。

6.4　纤维复合型壳的透气性

　　熔模铸造中，透气性是指浇注过程中气体通过铸型型壁的能力。虽然熔模铸造用型壳的壁厚较薄，但由于其结构较为致密，型壳在焙烧后因各种挥发物的逸出也留下一些微孔隙和微裂纹，但其透气性仍远比普通砂型差。当浇注时，如型壳的透气性不好，气体不能迅速顺利地向外排出，则在高温金属液的作用下型壳中的气体会迅速膨胀而形成较高的气垫压力，它会阻碍金属液的顺利充型，甚至导致铸件产生侵入性气孔和浇不足等缺陷。

　　实际生产中，对透气性有利的因素，往往会对强度带来不利影响。因此，针对增强型壳的透气性的研究也很有必要。

6.4.1　型壳透气性的测量

在金属液浇注过程中，由于金属种类、铸件结构、浇注工艺条件的差异，导致型壳在铸件成型过程中所受热流冲击的程度也不尽相同，特别是金属液浇注温度的变化对型壳透气性影响很大。型壳中的组分在高温热作用下会发生膨胀、熔融、汽化以及相变等变化，不同程度地影响透气性。因此，透气性是温度的函数。熔模铸造型壳透气性测试方法参照行业标准执行。

待测型壳的制备方法如下：

取乒乓球一个，石英玻璃管一根（尺寸见图6-12），将管的一端加热后趁热插至乒乓球中心位置，再用蜂蜡将乒乓球与玻璃管连接处粘牢并封严。清洗乒乓球表面，有利于涂料润湿。在其表面制备厚度为（6±0.5）mm的型壳，干燥后进行焙烧。焙烧时在低温入炉，在250~300℃范围内保温一定时间，令乒乓球气化，继续升温至900℃，保温2h，降至300℃下出炉，获得如图6-12(b)所示的待测试样。

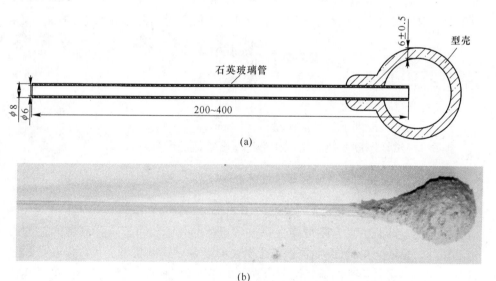

(a)

(b)

图6-12　测试透气性用型壳试样

制备好的型壳试样连接到图6-13的待测装置上进行透气性测试。

首先，把涂制好的透气性试样外表面的浮砂清除，测量试样外径5次，取其均值并计算出型壳的厚度δ。然后把试样置于加热炉的中心部位，耐高温石英玻璃管的另一端伸出炉外与透气性测试装置的软胶管相连接。打开空气压缩机的排气阀，调节调压阀上的旋钮，使出口压力为0.14MPa。将调压阀出口与流量计相

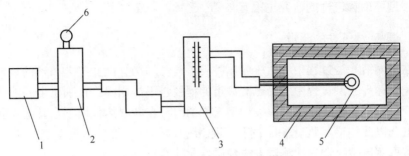

图 6-13　型壳透气性测试装置示意图

1—空气压缩机；2—调压阀；3—气体流量计；4—加热炉；5—试样；6—压力表

连，调整空压机的排气阀，使空排状态下的流量计的刻度值读数至最大值处，记录空排状态下的气体流量值 A。

试样应在室温下装炉。开始测试时，用软管将流量计出口与透气性试样的玻璃管相连接，然后，将加热炉温控器按预定升温速度（(10 ± 2)℃/min）进行升温，直至 1200℃。升温过程中从 50℃开始，每隔 50℃记录一次流量计的气体流量值 B。用公式（6-2）对记录数据进行处理后便得到了最终的透气性值。

$$K = \frac{B\delta}{6A} \times 100\% \qquad (6-2)$$

式中　K——透气性,%；

　　　A——空排状态下的气体流量值，L/min；

　　　B——某一温度下的气体流量值，L/min；

　　　δ——试样厚度系数，与试样毫米厚度等值的无量纲数值。

6.4.2　混杂纤维加入量对型壳透气性的影响

纤维复合型壳在温度升高过程中，其内部结构变化和微裂纹的产生对透气性有主要影响。同时，复合用纤维在烧失后遗留的孔隙也可以成为气体通过的通道。因此，采用烧失纤维+耐高温纤维混杂的复合方式制备型壳，可以在兼顾强度的前提下，提升型壳的透气性。本节主要对采用此种方式制备的型壳的透气性进行讨论。

采用蒲绒纤维/硅酸铝纤维增强型壳试样的透气性比较如图 6-14 所示。由图可见，随着混杂纤维加入型壳中，其透气性得到提升，且纤维加入量越多，透气性越好。这是由于其中的蒲绒纤维在焙烧时已经燃烧气化，遗留下的孔穴可以成为气体通过的通道，使得型壳试样的透气性提高。透气性最好的 1.0%纤维加入量试样在 50℃初始测试温度下透气性为 78%，较未增强试样提高了约 63%；透气性最差的纤维加入量为 0.2%的型壳试样透气性也优于未增强试样在 60%以上。

　　从图中还可以看到，随着温度的上升，型壳在测试温度所记录的气体流量值逐渐减小。这是由于型壳中的各组分在升温过程中烧结，结构变得致密，其中孔隙不断的消失，又伴随有新的微裂纹和孔隙产生，且随着温度升高，气体膨胀，通过型壳的阻力增大，因此表现为透气性数值的降低。在温度达到1050~1100℃以上时，透气性又有上升的趋势，这是由于高温条件下，更大的裂纹已经产生，使得气体通过型壳的能力提高。

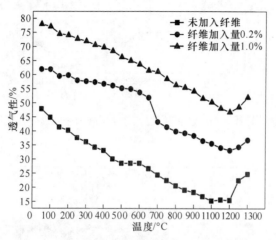

图6-14　蒲绒纤维/硅酸铝纤维增强型壳的透气性随温度的变化

　　对纤维加入量分别为0.2%和1.0%的聚丙烯纤维/硅酸铝纤维混杂纤维增强型壳试样的透气性进行测试，其结果如图6-15所示。同前，所有型壳的透气性依然整体呈先减小后增大的趋势，其在1000~1100℃之间达到最小值，继续升温后，型壳的强度已经不足以容纳继续膨胀的气体，势必会在一些薄弱位置产生微裂纹，甚至通过裂纹来使气体通过；因此，随后又有上升的趋势，这与其他纤维增强型壳的透气性相一致。聚丙烯纤维/硅酸铝纤维增强型壳的透气性变化曲线的拐点出现在1050~1100℃，对比加入量为0.2%和1.0%的透气性试样，前者这一现象出现在1100℃，后者为1050℃，说明高纤维加入量的型壳更早的产生较大的微裂纹，这与纤维的团聚和集束相关；较未增强试样高了50~100℃，这是由于其中圆形孔穴降低型壳对裂纹的敏感性和硅酸铝纤维的增强所导致的。

　　图6-16是玻璃纤维/硅酸铝纤维混杂纤维增强型壳的透气性随温度的变化曲线。型壳的透气性依然呈先减小后增大的趋势，其在1000~1100℃之间达到最小值，随后又有上升的趋势。纤维加入量0.2%纤维增强的试样透气性最低值出现在1050℃，而加入量为1.0%的试样则在1100℃达到最低，这是由于玻璃纤维及硅酸铝纤维的增强作用所导致的，因此相应的型壳微裂纹出现温度升高。

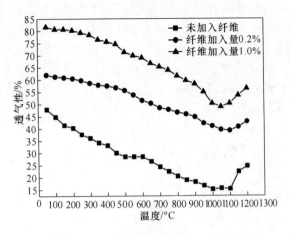

图 6-15　聚丙烯纤维/硅酸铝纤维混杂纤维增强型壳的透气性随温度的变化

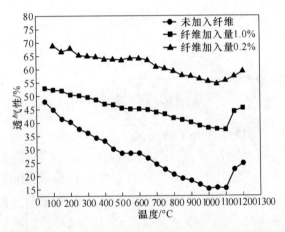

图 6-16　玻璃纤维/硅酸铝纤维混杂纤维增强型壳的透气性随温度的变化

　　与前两组混杂纤维复合型壳不同的是，采用玻璃纤维和硅酸铝纤维混杂时，透气性并不是随纤维加入量增加而增加的；相反地，混杂纤维加入量为0.2%、在初始测试温度为50℃时，透气性高达70.4%，而未增强试样的透气性仅47.9%，较之提高了约47%。但随着纤维加入量的增加，其透气性反而变差。结合玻璃纤维/硅酸铝纤维增强型壳试样断裂后断口形貌的特征分析可知（详见第7章），型壳中的纤维尽管未能随着升温烧失，但是其会随着型壳的变形发生少量的脱粘，并且玻璃纤维在焙烧时已经发生了变形甚至熔融，这在一定程度上增加了型壳中的空隙，提高透气性。同时，由于纤维的纺锤状串珠结构阻碍型壳变形，型壳内部产生应力，进而产生微裂纹也是原因之一。纤维加入量增大后，透气性下降则主要是由于过多的纤维熔融成熔体，堵塞气体通过的通道所导致的。

对三种混杂纤维的选择，聚丙烯纤维/硅酸铝纤维增强型壳的透气性最佳。这是由于两种所选纤维中，聚丙烯纤维能够在焙烧时烧失，且直径最大，进而遗留下直径较大的孔洞，这些孔洞能够为型壳中气体的通过提供通道，因此高纤维加入量的试样透气性要好于低纤维加入量的试样。

型壳在升温的过程中，有的微裂纹通过烧结后消失，但同时还会有新的微裂纹产生，这在一定程度上影响型壳的透气性。采用添加 1.0%聚丙烯纤维和硅酸铝纤维增强后，型壳在升温过程中，其曲线斜率变化不明显，说明型壳中的气体通过较为平稳，这与型壳自身的强度和变形相关，型壳强度提升，其开裂的过程、变形的发生，都是比较平稳的；因此在透气性测试过程中，该纤维加入量条件下，透气性没有出现大幅的上升或降低，波动较小。而未进行纤维增强的型壳在 1100~1150℃的升温时，透气性变化曲线上有一个迅速增大的现象。这说明型壳在高温下，很短时间内出现了大量的微裂纹，甚至裂纹，导致通过气体的体积增加，即透气性数值升高，这种情况通过纤维的增强后可以避免。

6.5 纤维复合型壳的残留强度

熔模铸造生产中，当型壳中的金属液冷却凝固形成铸件后，需要去除其上的型壳来获得铸件。熔模铸造型壳的脱壳性是指在浇注金属液、冷却至室温时，经除壳工序处理后，型壳脱离铸件表面的能力。由于硅溶胶型壳脱壳性能差，在熔模铸造生产中，有一部分的结构复杂、有深孔、盲孔、弯孔或窄槽等复杂内腔的零件，其后处理相当困难。目前国内应用最广泛、效率最高、最经济的除壳工艺是使用"振动脱壳机"去壳。

脱壳性往往又受到残留强度的影响，残留强度越低，其脱壳性越好。残留强度不属于型壳的高温性能范围，但是，型壳如果具有较高的高温强度，其残留强度往往也较大。因此，本节对纤维复合型壳的残留强度进行讨论。实验过程为：焙烧后型壳在 900℃左右入炉，采用大功率电阻加热炉将炉内温度在较短时间内升至 1400℃，保温 10min 后，随炉冷却至 300℃出炉，模拟型壳浇注时的温度情况。

6.5.1 单丝纤维加入量对型壳残留强度的影响

图 6-17 为单丝纤维加入量对型壳残留强度的影响曲线。

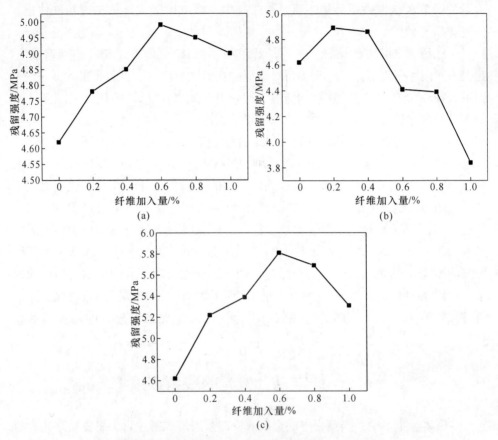

图 6-17　单丝纤维加入量对型壳残留强度的影响

(a) 硅酸铝纤维；(b) 聚丙烯纤维；(c) 玻璃纤维

　　由图 6-17(a)可知，采用硅酸铝纤维增强型壳后，其残留强度整体要高于未进行纤维增强的型壳试样。这是由于硅酸铝纤维在高温下形态发生变化，在型壳内部以网状结构对型壳在承受载荷失效时起到增强作用。但随纤维加入量的变化，其残留强度在 4.75～5MPa 之间变化，变化不显著。此外，当纤维加入量超过 0.6%后，残留强度有小幅下降，这与纤维集束增强减弱有关。本组试验中，型壳中硅酸铝纤维含量较高时，单位体积制壳材料内纤维数量多，在型壳内部分纤维会有不规则的互相咬合，高温收缩时容易受阻，纤维的内应力增大，失透、析晶粉化现象比低纤维加入量下纤维在型壳中均匀分散状态时更严重，因而高温下，型壳中纤维的增强效果减弱甚至消失，宏观上则表现为纤维加入量增大时，型壳高温加热后的残留强度却降低。

　　普通硅酸铝纤维一般都采用电熔融法制取，属玻璃态纤维，在高温下容易产生收缩。随着温度升高，纤维本身会由玻璃体逐步析晶而转变成为晶体结构（见

图 2-8），也就是所谓"失透"现象。1000℃ 以下硅酸铝纤维收缩率约为 2%，1300℃ 时的收缩率约为 4%，长期保温并不进一步收缩。收缩率的大小主要与纤维成分（特别是杂质含量）、加热温度有关。硅酸铝纤维的使用温度取决于纤维的高温收缩、弹性、失透和纤维变脆情况，一般硅酸铝纤维使用温度在 1000~1100℃。如果使用温度一旦高于纤维本身的析晶温度，纤维将失去固有的弹性而变脆、断裂，甚至粉化。尽管型壳残留强度的测试温度为 1400℃，但由于测试过程中高温停留时间较短，这一现象并不显著，所以型壳残留强度依然有小幅增大。

　　此外，由于型壳焙烧温度低于 1000℃，因而在焙烧过程中，型壳中的纤维性质不会发生明显变化，热稳定性较好，纤维在型壳中的增强作用不会受到影响，故试样焙烧后抗弯强度不会降低。而型壳在 1200℃ 加热 60min 进行高温自重变形率测试时，虽然加热温度接近或超过纤维的热稳定温度，可能导致型壳中的部分纤维性质会发生变化，纤维在型壳中的增强作用会受到一定程度的影响，但大部分纤维仍具有增强作用，且由于自重载荷很小，所以随型壳中纤维加入量增大，其自重变形率仍减小。

　　聚丙烯纤维加入量对型壳试样残留强度的影响如图 6-17(b) 所示。由图可知，经高温加热后，型壳试样的残留强度先略升高，之后，随聚丙烯纤维的加入量从 0.2% 增加到 1.0%，纤维增强型壳的残留强度逐渐降低。这是由于加热温度高，并且经过二次加热，低纤维加入量条件下，单位体积制壳涂料中所占比例小，易于均匀分布，纤维之间相互搭接、交联的概率小，表面容易形成完整的硅溶胶膜，大部分纤维在型壳基体中孤立分布，型壳焙烧及进行残留强度测试时的加热过程中，部分被完整的硅溶胶膜包覆的纤维并未烧蚀或未完全烧蚀而保留下来，在基体中仍发挥增强作用；部分制壳材料熔融并充填了部分原有的间隙、孔穴，型壳中有效承载面积有所增多；再者，型壳基体材料的高温脱水、烧结，这些因素的共同作用，使得型壳残留强度略有回升。当纤维加入量较高时，制壳涂料中所占比例较大，难以均匀分布，纤维之间相互搭接、交联的概率增大，这些纤维表面几乎难以形成完整的硅溶胶膜，纤维在型壳基体中也仍然相互搭接、交联，在型壳焙烧及进行残留强度测试时的加热过程中，未被完整的硅溶胶膜包覆的纤维完全烧蚀，这一点已被断口观察结果所证实，在断口表面未发现任何纤维残存，详见第 7 章。聚丙烯纤维在基体中的增强作用同时消失；即使焙烧后型壳中残留的具有完整的硅溶胶膜保护的极少部分纤维，在二次加热时的高温热流作用下，进一步熔蚀、炭化、燃烧，使型壳中有效承载面积进一步降低，最终导致残留强度下降，这种空隙越多，残留强度下降越明显。

　　由图 6-17(c) 可见，玻璃纤维加入涂料中后所制得纤维增强型壳试样的残留强度均有提高。随着加入量的增加，型壳残留强度先升高后降低，在纤维加入量为 0.6% 时达到最大值。较其焙烧后强度，残留强度有所降低。

综合对比各种纤维对型壳焙烧后强度及残留强度的作用可以发现，聚丙烯纤维对于降低残留强度是有利的。

6.5.2　混杂纤维加入量对型壳残留强度的影响

蒲绒纤维/硅酸铝纤维在升温至 1400℃ 后模拟浇注条件冷却后，得到的残留强度测试结果如图 6-18 所示。其残留强度整体上要高于未进行纤维增强的试样，纤维加入量较少时，其残留强度的提升较大：一是由于型壳中蒲绒纤维的烧失为型壳在升温过程中的体积变化提供了一定的变形空间，减少了开裂的倾向；二是由于硅酸铝纤维的增强作用在高温后依然存在，加入量少时，其在型壳内部的分布较为均匀，型壳的残留强度较高，增大纤维加入量后，残留强度开始下降，但仍高于未增强的试样。

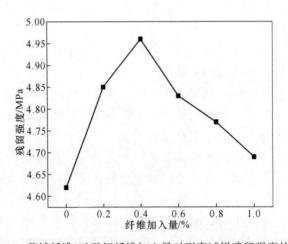

图 6-18　蒲绒纤维/硅酸铝纤维加入量对型壳试样残留强度的影响

玻璃纤维/硅酸铝纤维混杂纤维增强型壳的残留强度如图 6-19 所示。由图可知，该组纤维加入型壳中后，型壳的残留强度显著降低，其值均低于未进行纤维增强的型壳试样。这是由于型壳中的少量的玻璃纤维已经完全或大部分熔融成球状，经过焙烧及残留强度测试等两次高温，玻璃纤维已经转化为刚性球体，玻璃纤维的这种状态已经失去了其增强的作用；尽管其网状结构会在一定程度上起到增强作用，但需要大量的存在。因此相比于单一玻璃纤维的加入，纤维加入量相同的条件下，混杂纤维中玻璃纤维所占比例比单一玻璃纤维条件下减半，因而增强时在型壳中形成的网状结构减少，与其在型壳中的体积变化、导致型壳内部存在内应力相比较，减弱作用强于增强作用，进而发生失效。

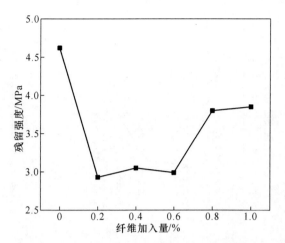

图 6-19　玻璃纤维/硅酸铝混杂纤维加入量对型壳试样残留强度的影响

但当纤维加入量达到 0.8% 及以上时，其残留强度值有上升趋势，并接近未增强试样，这是由于其中的玻璃纤维的量增加，相邻纤维依然会形成一定数量的网状结构，如图 6-20 所示。尽管其中有球状的刚性玻璃体，但还可以观察到纤维的交织网状结构，从而起到增强作用。

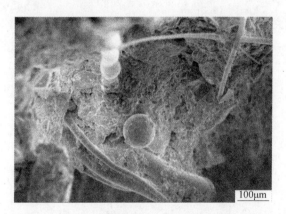

图 6-20　残留强度测试后玻璃纤维/硅酸铝纤维增强试样的断口形貌（纤维加入量 0.8%）

聚丙烯纤维/硅酸铝纤维混杂纤维加入量对型壳试样残留强度的影响如图 6-21所示。所有采用聚丙烯纤维/硅酸铝纤维混杂纤维增强的型壳，其残留强度均低于未采用纤维增强的型壳。这说明，采用聚丙烯纤维/硅酸铝纤维混杂纤维增强型壳，型壳的残留强度不会升高。

图 6-22 所示为经高温加热（残留强度测试）后，聚丙烯纤维/硅酸铝纤维增强型壳试样的断裂表面形貌。由图 6-22(a)可见，断口表面上硅酸铝纤维及聚

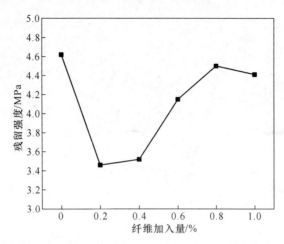

图 6-21　聚丙烯纤维/硅酸铝纤维混杂纤维加入量对型壳试样残留强度的影响

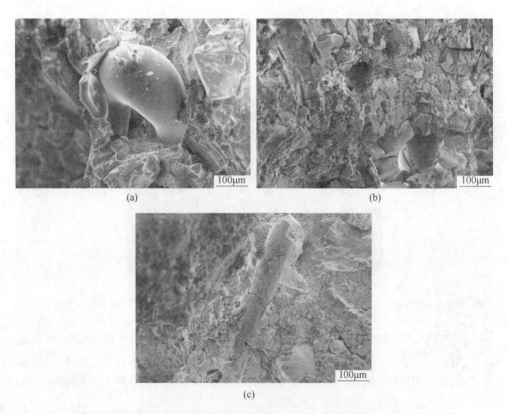

图 6-22　聚丙烯纤维/硅酸铝纤维混杂纤维增强型壳高温加热后试样的断口形貌

(a) 0.2%；(b) 0.4%；(c) 0.6%

丙烯纤维都很少。这些少量的硅酸铝纤维中,部分纤维发挥增强作用,还有部分纤维熔融后成为如图所示的形状,这样的纤维形态转变使得纤维原有的黏结点减少甚至全部消失,不利于型壳抗弯强度的提升。

相应地,型壳的残留强度也降低。随着纤维加入量增加,型壳中由于聚丙烯纤维烧失后遗留的圆形的孔穴逐渐增加,这利于降低型壳开裂的敏感性,同时能阻碍裂纹的扩展,如图6-22(b)和(c)所示。其中,均可观察到聚丙烯纤维烧失后遗留的孔穴。

参 考 文 献

[1] 姜不居. 熔模精密铸造 [M]. 北京:机械工业出版社,2004.

[2] HB 5352.2—2004,熔模铸造型壳性能试验方法　第2部分:高温自重变形的测定 [S].

[3] 谭培松. 熔模铸造中缩孔、缩松的几种解决方法 [J]. 特种铸造及有色合金,2018,35 (7):744~747.

[4] Robert A Horton, Arunachalam Jeyarajan, Lawrence D Graham. Method of casting an article:US Patent,4862947 [P]. 1989.

[5] Michael Francis Gigliotti, Shyh - Chin Huang, Adegboyega Masud Makinde, et al. High emittance shell molds for directional casting:US Patent,20100018666 [P]. 2010.

[6] 王贵,杨莉,周铁涛. 熔模精铸件凝固过程温度场的数值模拟 [J]. 北京航空航天大学学报,2000,26 (3):249~251.

[7] Amira S, Dubé D, Tremblay R. Method to determine hot permeability and strength of ceramic shell moulds [J]. Journal of Materials Processing Technology,2011,211 (8):1336~1340.

[8] HB 5352.4—2004,熔模铸造型壳性能试验方法　第4部分:透气性的测定 [S].

7 纤维复合型壳的断裂界面特征及作用机制

熔模铸造型壳的制备过程类似于混凝土的混制过程，两者在主要成分及主要性能指标上存在一些共同点。水泥混凝土是粉状水硬性无机胶凝材料，加水搅拌后成浆体，能在空气中硬化或者在水中更好的硬化，并能把砂、石等材料牢固地胶结在一起。而熔模铸造型壳则是通过黏结剂将其中的耐火粉料与撒砂材料通过干燥硬化粘接到一起，相似之处是：黏结剂+耐火粉料＝水泥，撒砂材料＝细骨料+粗骨料。

混凝土材料由于在特定的场合使用，它对某一性能的要求或增强的方向性比较明确，而纤维在应用于熔模铸造型壳时，型壳的形状更为复杂，其工序繁复，它不仅要经过常温过程中的搬运、操作，并且要经过高温的焙烧以及更高温度下的金属液冲刷，因此其对强度的要求更为复杂。

在混凝土中，纤维呈三维乱向分布，只有当纤维方向与基体受力方向一致时，才能表现出增强作用，也就是说，基体受到外力作用时，并不是所有纤维都能起到分担外力的作用。同时，纤维的分布越均匀，增强效果越明显。而在精铸型壳中，由于零件形状的复杂性及不同过程中的受力情况的不同，乱向分布的纤维反而更有利于型壳的整体性能的提升。

纤维对水泥混凝土的增强作用表现在阻断裂纹、增加强度、增加韧性三方面，增强作用的明显与否取决于纤维本身的性能、纤维与基体的结合作用、纤维的数量以及纤维在基体中的分布情况。在熔模铸造中，这一点是相似的。因此，研究纤维与基体的结合界面特征，分析其增强机理，是纤维增强熔模铸造型壳工艺投入生产应用的必要前提。

7.1 纤维增强型壳的界面特征

7.1.1 纤维的增强作用

对常温强度来说，前面内容早已证实，由于纤维断裂、脱粘和拔出的发生，型壳强度得到提高。纤维的加入一方面可以提高各组分的黏结强度，使得粉液比提高；另一方面，虽然涂料配制时希望提高粉液比，粉液比越高的涂料，其中的固相粉粒越多，它阻碍液相流动的阻力也越大，尤其是使用粒度比较集中的耐火粉料时，过多的液相被固定于固相之间，导致涂料的流动性变差，会使涂料的覆盖性恶化，导致制壳的不均匀。因此，使用纤维增强精铸型壳是有利因素与不利影响共同作用的结果。

纤维还可以增加涂料的附着力，这在同等条件下可以获得更厚的型壳，尤其对一些大平面、尖角处等易裂的部位，可以在一定程度上增加抗裂能力。

通过将纤维加入硅溶胶涂料中并使其被润湿，并伴随着制壳工序的进行，最终随涂料复合到精铸型壳中。起增强作用的纤维与型壳试样的连接是通过硅溶胶胶凝后的胶膜来实现的，通过胶膜作为界面层使得基体材料与增强材料形成一个整体。当复合材料中产生裂纹时，其中的纤维必然产生"桥连"，这是一个不可避免的现象，正是由于这种"桥连"才能够传递载荷，充分发挥纤维增强的作用。因此，除了纤维本身的力学性能之外，界面结构和界面强度对纤维增强型壳的增强作用也起着关键性的影响。纤维增强硅溶胶型壳的纤维-基体界面主要由硅溶胶凝胶的黏结来实现，而黏结作用的优劣则又取决于材料相互之间的浸润性、粘接界面的面积、表面形状等。

因此，不同纤维的选择导致了其增强作用的不同，见表7-1。

表7-1 不同纤维增强型壳可获得的最大常温强度值对比

纤维种类	常温强度最大值/MPa	对应加入量/%	增幅/%
蒲绒纤维	3.28	1.0	44
硅酸铝纤维	3.34	1.0	47
聚丙烯纤维	3.74	0.8	64
玻璃纤维	4.61	0.6	103
碳纤维	3.27	0.1	44
钢纤维	2.93	0.5	29

由表7-1可知，六种纤维对型壳常温湿强度的最大增强值对比中，玻璃纤维最高，聚丙烯纤维次之，蒲绒纤维、硅酸铝纤维及碳纤维接近，钢纤维最低。这几种纤维中，玻璃纤维最大增强值最高是由于其不易弯曲，在型壳内分布几乎是随涂挂而以层状的形式分布，这种分布方式在承受弯曲载荷的时候，由于其挠度较大，因而增强值最高。试验用聚丙烯纤维的直径是其他纤维的4~5倍，因此其单丝纤维的表面积比其他纤维大很多，体现为胶粘能力更强。蒲绒纤维表面粗糙，形状不规则，在受力时，绝大部分以纤维的断裂而失效，其自身抗拉强度又低，因此其增强的能力相对最弱。钢纤维由于其密度最大，在加入量接近时，其单丝数量相对较少，因此能够起到增强作用的纤维数量要少，所以其增强效果有限，但是其增强主要是在高温时起作用。

　　图 7-1 为不同纤维增强型壳断裂表面形貌。由图 7-1(a)可知，蒲绒纤维拔出后遗留的孔洞直径为 9.6μm，呈节状，对应于蒲绒纤维的情况，在受力拔出过程中，表明纤维会承载一定的载荷，并遗留下直径相同或近似的孔。从图 7-1(c)中也可以观察到，三根硅酸铝纤维并排分布，其中一根弯曲、一根拔出、一根断裂。从图 7-1(b)中可见，在纤维表面存在其拔出过程中附着的型壳残留物，这也说明蒲绒纤维与硅酸铝纤维通过胶粘来实现增强。而从图 7-1(d)中可以看到，纤维在拔出后，其上面的有裂纹的胶膜，证明了其脱粘机理的存在。

　　玻璃纤维表面光滑，且韧性小，在涂挂过程中大部分随着涂料以层状铺展于型壳上，这种分布方式在抵抗弯曲载荷的时候，通过第 4 章和第 6 章的研究可知，无论是常温强度还是残留强度，均体现出了很高的增强作用。与常温强度提升依靠纤维拔出和脱粘为主不同的是，高温焙烧后的玻璃纤维增强型壳在温度升高后纤维熔融，其增强的机制发生改变。图 7-1(e)和(f)为玻璃纤维增强型壳在焙烧后的断口形貌，从图 7-1(e)中可以观察到立体的网状纤维，这种熔融后形成的网状结构增强作用更加明显，因此，玻璃纤维增强型壳的焙烧后强度、残留强度比其他纤维要高。同时，纤维上还存在微裂纹，可能是由于在高温下原已存在的微裂纹生长造成的，也可能是析晶后相互间结合力降低造成的。由于玻璃纤维出现串珠状的情况，相当于增加了纤维与型壳内部的锁结点，阻碍纤维的拔出，这些微裂纹的出现则使型壳在失效断裂时，以纤维的断裂模式来进行，即增强的机制发生改变。由图 7-1(f)可见，玻璃纤维在熔融冷却后，原来的两根纤维融合到了一起，说明受到增强作用的方向也增加。

　　而聚丙烯纤维是试验过程中选用纤维直径最大的一种，更大的纤维直径意味着更大的胶粘面积，且聚丙烯纤维的韧性好。因此，不同于玻璃纤维的是，聚丙烯纤维更多的是以缩颈，继而断裂的形式来增强型壳，如图 7-1(g)所示，其中聚丙烯纤维有明显拉拔过的痕迹。这种纤维拉拔变细的情况在碳纤维复合型壳中也可以观察到，如图 7-1(j)所示。从图 7-1(h)中可以看到聚丙烯牢固地贯穿于型壳内部，它与基体的结合非常好，即增强能力也强。

　　碳纤维的增强除了图 7-1(j)中拉拔变形之外，图 7-1(i)所示的裂纹阻碍机制也是比较典型的。型壳在承受弯曲载荷的过程中发生断裂失效，当裂纹扩展至纤维所在区域时，其扩展方向就会转变为沿纤维与型壳粘接界面方向扩展，通过脱粘消耗一定的载荷，在一定程度上阻碍了裂纹的继续扩展。

　　图 7-1(k)和(l)分别为钢纤维复合型壳常温和高温强度测试断裂后的形貌，其中钢纤维明显的因为拉拔发生变形。而在高温时，钢纤维依然存在于型壳中，并且形状没有发生改变。此外，由于钢纤维表面粗糙，在拉拔断裂过程中，钢纤维黏附了大量的胶膜及耐火材料，其表面起到了增强作用。

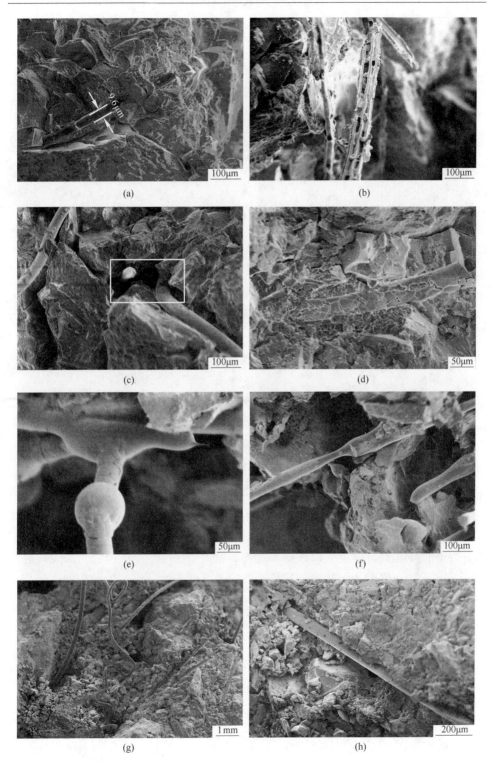

(a)

(b)

(c)

(d)

(e)

(f)

(g)

(h)

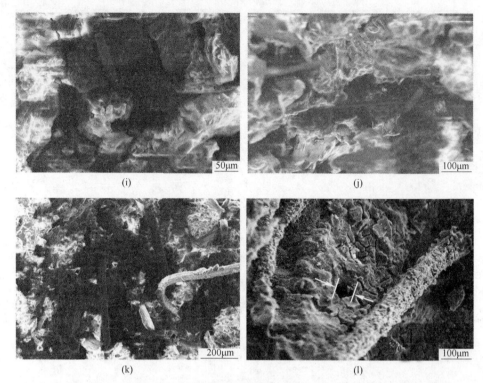

图 7-1　不同纤维增强型壳试样的断口形貌

(a)，(b) 蒲绒纤维；(c)，(d) 硅酸铝纤维；(e)，(f) 玻璃纤维；

(g)，(h) 聚丙烯纤维；(i)，(j) 碳纤维；(k)，(l) 钢纤维

　　型壳裂纹的产生，主要是由于脱蜡及浇注过程中一系列复杂的热膨胀-收缩和热变形所导致。较粉料之间的不规则间隙，裂纹在通过纤维燃烧后遗留下的近似圆形孔穴时，可能被阻止，不再继续扩展；而且焙烧过程中二氧化硅胶体颗粒可以进入蒲绒纤维和聚丙烯纤维燃烧后遗留的空隙，加强粉料颗粒间的黏着力，在一定程度上提高其强度。即添加物燃烧后遗留了一定空隙，但它对高温强度的影响应该较小。同时，纤维燃烧后留下的缝隙可以成为裂纹产生的根源，或与裂纹叠加，进而降低型壳的有效承载面积，使得型壳发生断裂。

　　综上所述，虽然过多加入量的纤维燃烧后会减小型壳的有效承载面积，或降低型壳的均匀性，但是相对于原本就疏松的型壳，它对型壳的强度所带来的影响可能较小。因此，向熔模铸造涂料中添加合适加入量的纤维，制备纤维增强复合型壳，来改善其使用强度是可行的。

7.1.2　纤维的割裂作用

　　对比不同纤维的增强型壳的常温抗弯强度变化和焙烧后抗弯强度的变化可

知，就常温抗弯强度而言，蒲绒纤维和硅酸铝纤维加入量最大时，型壳的抗弯强度依然提高，但增加的幅度降低；而聚丙烯纤维和玻璃纤维增强型壳中，纤维加入量达到 0.8%后，型壳的常温抗弯强度已经开始下降，并且幅度很大。这种随着纤维加入量增加至某一值时常温强度出现显著下降的现象，在使用碳纤维时更为显著。本节所使用的几种纤维增强的型壳也都在高纤维加入量下或强度增加不明显，或强度下降，聚丙烯纤维和碳纤维增强型壳在纤维加入量为 1.0%的焙烧后强度已经接近于未进行纤维增强的试样。这表明，纤维在硅溶胶型壳中，并不是一味地起着增强的作用，它随着型壳所处的工艺环节的不同，还有可能对型壳造成割裂的作用，进而降低型壳的性能。

图 7-2 为不同纤维在型壳中结团、集束分布的 SEM 形貌。由图 7-2(a)和(b)可见，蒲绒纤维增强型壳焙烧后，沿着型壳断裂的面上，分布着大量的纤维烧失后遗留的凹槽，并且以紧密并排的形式出现，这些位置在蒲绒纤维烧失后，型壳加载断裂前就以空隙的形式存在于型壳试样的内部。在施加载荷后，这些位置可能成为裂纹的始发点或与型壳原有的裂纹相叠加，加速型壳试样的失效。

涂料中蒲绒纤维的加入量超过 0.6%后，所制型壳试样的焙烧后强度迅速下降，表明蒲绒纤维加入量过大后，蒲绒纤维集束同向的分布是强度下降的主要因素。此时，由蒲绒纤维带来的增强作用已经被其割裂作用所抵消，即蒲绒纤维所带来的不利因素已经占主导地位。

型壳未焙烧的试样断口形貌的纤维团聚现象如图 7-2(c)~(f)所示。大量的集束纤维贯穿于型壳中，纤维束的直径要比单丝纤维的直径大很多，其在型壳内部整体上的分布不均匀，导致受力失效时的增强效果不显著，甚至由于焙烧后的烧失或变形而增加开裂的可能性，降低性能。

图 7-2(g)中的碳纤维则层状的分布于型壳中，这些纤维在型壳焙烧后烧失，就会在型壳上形成断裂面，这对型壳的高温强度是极为不利的。

结合图 7-2 可以发现，纤维的加入对型壳不仅仅有增强的作用，还会对型壳强度产生割裂减弱的作用。不同的纤维产生减弱作用的情况不同。

通过对纤维的不同种类及加入量选择来看，在纤维加入量增大后，其在涂料中的分散性变差，都会出现结团、集束情况，尤其是蒲绒纤维，造纸行业在对纤维的应用研究中发现，由于植物纤维之间有氢键，相互之间易于结团。因此，采用蒲绒增强型壳时，随着涂料中蒲绒纤维的加入量增加，蒲绒纤维的团聚情况越严重，团聚集束的纤维最终会随型壳的制备而存在于型壳内部（试样破坏时剥离、脱黏后遗留平行的圆孔或槽或型壳焙烧后纤维烧失遗留的空隙）。这些大量的分布方向相似、位置相同、相近的纤维束对型壳试样虽然仍有增强作用，但增强效果大大降低（试样断口表面纤维的弯曲表明，试样在破坏时纤维仍具有增强作用），尤其在焙烧后，有的纤维已经烧失，遗留下大量的狭长空隙。而集束纤维的存在会对试样基体产生严重的割裂作用并造成大量微裂纹的集中，其对型壳的破坏作用远超过纤维增强作用，两者综合作用导致型壳试样的抗弯强度明显降低。

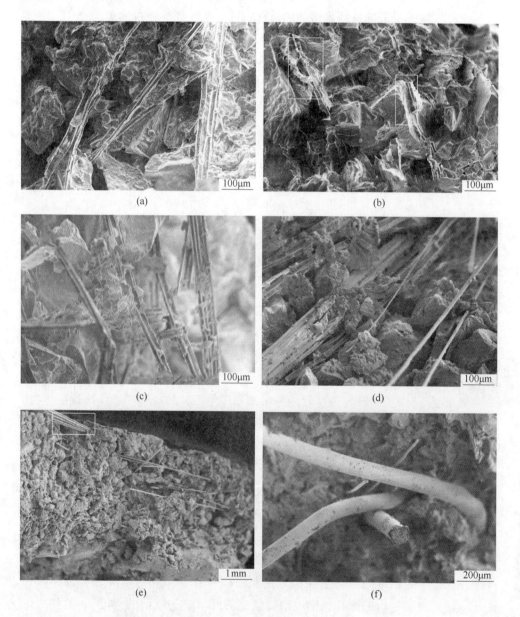

(a)　　　　　　　　　　　　(b)

(c)　　　　　　　　　　　　(d)

(e)　　　　　　　　　　　　(f)

(g)

图 7-2　增强型壳试样中纤维的分布及方向性

(a)~(c) 蒲绒纤维；(d) 蒲绒/硅酸铝纤维；(e) 玻璃纤维；(f) 硅酸铝/聚丙烯纤维；(g) 碳纤维

硅酸铝纤维加入量变化对残留强度的增强不明显，这是由于玻璃纤维和硅酸铝在焙烧工序时不会烧失，而是以体积变化（熔化）的形式影响型壳强度。这种纤维在型壳内部的不均匀分布同时会导致在型壳内部增强的不均匀性，宏观上削弱了型壳的强度。

而聚丙烯纤维由于其分散性好，在加入涂料中时不需要特殊的混入工艺，制壳时在型壳内部的分布也较均匀，仅是在加入量较大时会出现集束现象，因此聚丙烯纤维的割裂作用是通过燃烧后形成的孔穴而造成的。由于三维乱向分布的聚丙烯纤维在型壳焙烧后形成大量的孔隙，这些孔隙有许多连通在一起，形成蜂窝状的结构，从而导致割裂。

另外，涂料的涂挂性是影响硅溶胶型壳性能的一个重要参数，面层涂料关系到能否清晰复制蜡模形状并获得形状尺寸精确的铸件，而背层涂料通过其对过渡层型壳的涂挂进行渗透黏结，主要用来提高型壳的强度。因此，在涂料混制过程中，随着蒲绒纤维加入量的增加，涂料的黏度迅速增大，纤维在涂料中集束、结团，很难分布均匀，其工艺操作性降低，并导致包裹于纤维团内的耐火粉料难以充分浸润，而这些部分如果涂挂到型壳上后会成为断裂的始发点，加剧恶化型壳的性能。因此，纤维的加入量不宜过大。

综上所述，纤维增强型壳中纤维的割裂作用有以下几种形式：未进行焙烧时，主要是在纤维高加入量时出现，以纤维集束造成型壳的整体不均匀和涂料涂挂性变差而体现；型壳焙烧过程中及焙烧后，除了纤维（蒲绒纤维与聚丙烯纤维）燃烧后形成的不规则形状孔隙或蜂窝状结构所带来的割裂作用外，还包括纤维（硅酸铝纤维与玻璃纤维）体积变化带来的整体型壳内部受力不均的作用影响。

7.2　纤维增强型壳的增强机制与断裂失效行为分析

关于纤维增强陶瓷基复合材料补强增韧机理已有不少解释，归纳起来有负荷传递、基质预应力化、裂纹偏转、拔出效应和架桥效应等。其中，Cooper 对裂纹扩展过程中纤维拔出所产生的能量的消耗，即纤维从基体中的拔出功 W_p 做了定量描述：

$$W_p = \frac{V_f \tau D^2}{12r} \tag{8-1}$$

式中　V_f——纤维的体积分数；

　　　τ——纤维和基体之间的剪切力；

　　　D——纤维上两个缺陷点之间的平均距离；

　　　r——纤维半径。

这一公式可以解释纤维补强纤维复合陶瓷基材料的实验结果。

当拔出效果不明显时，有研究则认为裂纹的尖端尾部存在一个纤维-基体界面的脱粘区（Debonding Zone），在这一区域内，纤维把裂纹桥接起来并在裂纹表面产生闭合力，阻止裂纹的继续扩展，从而产生增强作用，如图 7-3 所示。这一观点认为纤维复合增强的作用随着纤维直径的增大而增加，即当纤维复合以桥接锁结形式增强时，纤维直径的作用与纤维以拔出脱粘增强时相反。

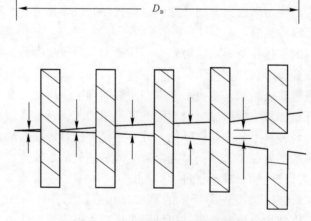

图 7-3　裂纹尖端尾部纤维桥接区

此外，复合材料受力情况不同，纤维增强的机制也不同。如图 7-4 所示的承受拉拔载荷时的纤维复合精铸型壳的断裂模型，采用硅酸铝纤维进行石英砂型壳的制备，焙烧后型壳在承受拉伸载荷断裂过程中，许多微裂纹首先在型壳上形成，纤维由于被耐火材料包围，随着外部载荷通过纤维与型壳基体的界面而发生剥离。由此推理出硅酸盐纤维强化的三个途经：

（1）硅酸盐纤维比陶瓷本体具有更高的强度。

（2）裂纹沿着纤维粘接界面改变传播方向，延长裂纹扩展的传播时间。

（3）通过纤维从型壳中的拔出过程中的脱粘和摩擦消耗能量。

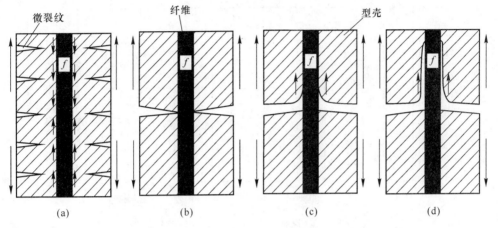

图 7-4　纤维复合型壳承受拉伸载荷时的示意图

（a）外加载荷较低时型壳中纤维的原始状态；（b）裂纹扩展至纤维时被阻碍；
（c）裂纹沿纤维与型壳的界面扩展；（d）纤维被拉出

由此可见，纤维的复合增强作用是一个非常复杂的过程，在不同条件下其增强机理也不尽相同。在熔模铸造用硅溶胶涂料中添加纤维，用以制备纤维增强型壳，纤维能产生增强作用是毋庸置疑的，但是增强作用的大小，以及纤维与型壳基体的结合程度，都受到纤维的种类、长度和加入量的影响。当施加载荷时，型壳原有的微裂纹及应力集中的位置开始断裂，随着裂纹扩展，尖端处会与附近各种已有的损伤或新形成的损伤（如纤维断裂、基体变形和开裂、纤维与基体脱粘等）相遇，使损伤区加大，裂纹继续扩展，直到最终产生宏观裂纹。因此，纤维增强型壳的断裂可视为损伤的积累过程，而且断裂往往是多种类型损伤的综合积累结果。增强型壳在受力直至失效时，通常包含几种不同的损伤机理，以及几种机理的交互作用。

基于本节的研究结论和前人研究结果，建立图 7-5 所示的纤维增强型壳失效时裂纹扩展过程的示意图。假定裂纹尖端处的纤维与裂纹扩展方向垂直，如图7-6所示，在外加力作用下裂纹张开，载荷传递至纤维处时，与胶膜接触后分为两个方向进行，一是微裂纹无法通过纤维，只能沿纤维与基体的界面方向扩展，此种行为导致纤维的脱粘，继而导致纤维的拔出；二是沿着原有方向继续扩展，此时纤维发生缩颈，并最终断裂，无论是沿基体还是沿界面，都会形成新的表面，从而增加了断裂时所消耗的能量，宏观上体现为强度的提升，纤维起到增强的作用。同时在整个过程中，两种情况是交互或同时进行的，例如纤维被拉长并出现缩颈时，由于其与基体的黏合面积的减小，黏结力减弱，有可能在其发生断裂前就从基体中脱粘拔出。

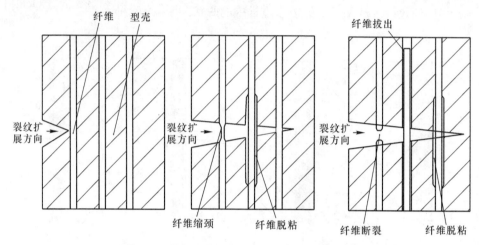

图 7-5　纤维增强型壳中裂纹的扩展过程示意图

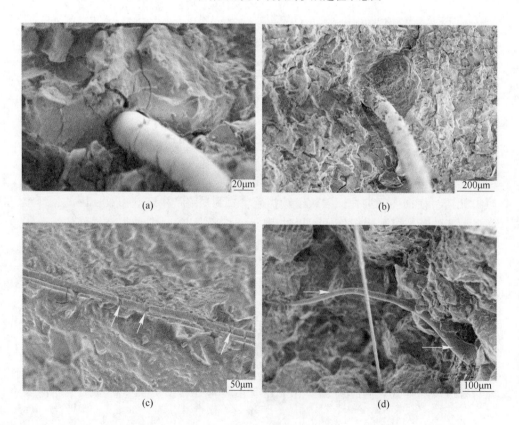

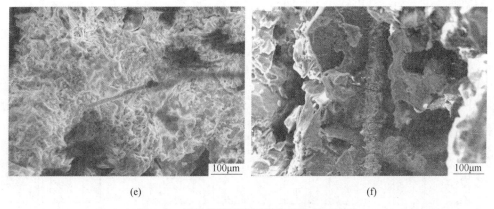

图7-6　纤维增强型壳试样典型的断口形貌

（a）硅酸铝纤维，未焙烧，0.4%；（b）聚丙烯纤维/硅酸铝纤维，未焙烧，0.4%；
（c）蒲绒纤维/硅酸铝纤维，900℃焙烧，0.8%；（d）聚丙烯纤维/硅酸铝纤维，未焙烧，0.6%；
（e）碳纤维，未焙烧，0.5%；（f）钢纤维，1200℃，0.4%

　　结合典型的纤维增强型壳断口形貌进行说明，如图7-6所示。从图7-6（a）中可见，原本与型壳结合紧密的硅酸铝纤维四周出现了裂纹，且裂纹在纤维的阻碍下停止扩展。由图7-6（b）可见，聚丙烯纤维由于拉拔过程中直径的减小，导致了其与基体的脱粘。图7-6（c）中，由于硅酸铝纤维经过焙烧后，纤维表面出现了裂纹；因此该条件下，型壳基体的裂纹扩展至纤维处时，沿着纤维原有的裂纹继续前进，最终穿越纤维，纤维发生断裂。由图7-6（d）可见，聚丙烯+硅酸铝纤维增强型壳中，两种纤维因为表面积相差较大，聚丙烯纤维承担了更多的载荷，并且发生了明显的缩颈。从图7-6（e）中可见，断口中有纤维拔出后遗留的痕迹。

　　本节中强度的表征是基于行业标准的弯曲强度测定的，而纤维采取混入涂料中时，大部分随着涂料的流动以及浸涂以平行于型壳层间的方向存在于型壳中，如图2-15（a）所示。因此，在弯曲断裂载荷加载过程中，可以假定裂纹产生后，沿垂直于纤维分布方向扩展，这也是纤维增强作用最优的取向。因此，纤维与外力的取向是影响其型壳性能的重要因素。而在熔模铸造铸件的实际生产过程中，由于铸件形状的复杂性，如采用纤维增强，其效果会受到型壳形状的影响。

　　按照设定的900℃焙烧温度，结合纤维的TG-DSC曲线与玻璃纤维复合型壳的焙烧后试样断口形貌发现，其增强机理有别于其他纤维。由玻璃纤维的TG-DSC曲线可知，玻璃纤维在700℃左右开始熔融，而此时的型壳在焙烧过程中已经开始建立其强度，并伴随有微裂纹的不断出现和烧结消失，这为熔融态的玻璃纤维的流动提供了空间。文献指出，高温焙烧时的玻璃纤维熔化后重新结合，这也符合玻璃纤维自身的性质。根据对玻璃纤维增强型壳的断口形貌观察分析，认为玻璃纤维在焙烧后的作用机理如图 7-7 所示。

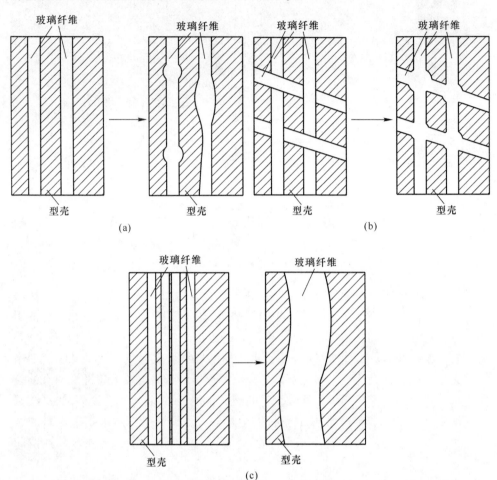

图 7-7　经过焙烧的型壳中玻璃纤维的作用机理模型
(a), (b) 增强作用; (c) 割裂作用

　　首先, 玻璃纤维加入量较少时, 其单丝纤维在型壳中分布均匀, 相互间的间距适中, 在焙烧时, 单丝玻璃纤维熔融成球状或直径发生变化, 形成"串珠状"和"纺锤状", 如图 7-1(e) 所示。这相当于增加了纤维与型壳基体结合的锁结点, 尤其玻璃纤维的增强主要是依靠纤维的脱粘来实现, 增加锁结点相当于阻碍了玻璃纤维的拔出, 型壳失效时只能转为更为困难的玻璃纤维断裂, 进而起到了增强作用, 即更符合 Paul F. Becher 的理论。

　　加大涂料中的玻璃纤维加入量后, 纤维的分布较图 7-7(a) 更多, 相互搭肩存在的纤维在焙烧后会形成图 7-7(b) 所示的网状结构, 即相邻相错的纤维熔融, 搭接处熔融结合, 形成网状结构, 进而起到增强的作用, 这与本节的研究结果相同，且断口形貌的观察也证实了这些结构的存在，如图7-1(e)所示。

图7-7(c)所示认为大量并排出现的纤维在熔融后成为一个整体，在这个过程中，会伴随着体积和形状的变化，型壳中原来容纳纤维的位置会受到纤维体积变化所带来的应力。同时，在受载荷作用时，形状不规则的集束刚性体会对型壳带来割裂作用。

而硅酸铝纤维主要成分与玻璃纤维相似，但其耐高温的性能要优于玻璃纤维；在设定的焙烧温度焙烧并保温时，纤维形状的改变较小。因此对硅酸铝纤维增强型壳的断口形貌观察中虽然也有图7-7所示的作用机制，但相对较少，更多的是以图7-5所示机理作用与型壳。此外，尽管实际的浇注温度要远高于焙烧温度，但是由于其在高温时间较短，硅酸铝纤维即使有一定的形状改变，但还是要比玻璃纤维的小。

综上所述，与未进行纤维增强的试样相比，尽管纤维增强型壳内部依然有很多缺陷和损伤，但由于增强纤维的牵制，对这些微裂纹和缺陷不敏感，因此有较明显的增强作用。例如，在常温时，聚丙烯纤维、蒲绒纤维、碳纤维以及钢纤维的增强型壳中，纤维主要以纤维的缩颈所导致的纤维断裂、纤维脱粘来实现增强，部分单丝纤维由于脱粘，会在未断裂前就从型壳中整体拔出。当型壳焙烧后或者在浇注时，其增强又有区别，此时的聚丙烯纤维、蒲绒纤维、碳纤维均已烧失，其遗留的孔洞可以阻碍裂纹扩展，而钢纤维则依然可以起到增强作用。玻璃纤维在焙烧前主要依靠其与型壳基体的胶粘界面的脱粘来实现增强，焙烧后，型壳中的玻璃纤维会发生变形。在重力的作用下会形成球状，这会增加纤维在型壳中的锁结点，或相邻交错的纤维形成网状结构，使得拔出困难，起到增强作用。硅酸铝纤维的增强机制介于玻璃纤维和其他纤维之间。

材料的断裂主要是应力在各种界面（包括缺陷）上应力积聚的结果，而纤维的增强是通过界面效应取得的，纤维牵制作用，阻止了基体裂纹的进一步扩展，它通过界面进行能量的分散或吸收，从而使材料具有高的强度。纤维增强型壳较大改善了原来型壳的强度，提高了它的韧性和热稳定性（硅酸铝纤维、玻璃纤维及钢纤维增强）。从以上分析看出，纤维的特性和纤维-基体界面结合状况这两个因素对型壳的性能起决定性作用。为充分发挥纤维在增强型壳中的优越性，必须选用合适种类和纤维的加入量（必要时为多种纤维）并加强纤维与基体界面的结合性。对纤维增韧增强机理和断裂机理的研究，才能更好地促进复合材料开发与应用。

参 考 文 献

[1] 黄勇，李建保，郑隆烈，等. 晶须（纤维）补强陶瓷基复合材料的评述 [J]. 硅酸盐通报，1991（2）：21~27.

[2] Cooper G A. The fracture toughness of composites reinforced with weakened fibers [J]. Journal of

Materials Science，1970，5：645~654.

［3］Becher Paul F，Chun-Hway Hsueh，Peter Angelini，et al. The role of the fiber-matrix interface in ceramic composites ［J］. Ceram. Bull. ，1989，68（2）：429~442.

［4］Lu Dehong，Wang Zhao，Jiang Yehua，et al. Effect of aluminum silicate fiber modification on crack-resistance of a ceramic mould ［J］. China Foundry，2012，9（4）：322~328.

［5］HB 5352.1—2004，熔模铸造型壳性能试验方法　第1部分：抗弯强度的测定 ［S］.

［6］王浩，刘向东，吕凯. 短切玻璃纤维增强硅溶胶型壳强度的研究 ［J］. 特种铸造及有色合金，2014，34（6）：633~636.

前　　言

目前计算机飞速发展，特别是量子计算机研究突飞猛进，例如 2019 年 10 月 IBM 构造了 53 个量子位的量子计算机，意味着经典的基于大整数分解和离散对数问题的密码体系在量子计算下将被攻破。现有研究显示，目前能抵抗量子计算攻击的公钥密码系统主要有以下四种：

（1）基于 Hash 的公钥密码系统，典型的是 1979 年基于 Merkle's 哈希树公钥签名系统。

（2）基于编码的公钥密码系统，有代表性的是 1978 年基于 Goppa 码的 McEliece 公钥加密系统。

（3）基于格的公钥密码系统，最引人注意的当属 1998 年，Hoff-stein-Pipher-Silverman 的 "NTRU" 公钥加密系统。

（4）基于多变量方程的公钥密码系统，著名的例子之一是 1996 年 Patarin 的 "HFEv" 公钥签名系统，后来 Matsumoto 和 Imai 进一步发展了该系统。

本书主要讨论基于编码的公钥密码系统中编码构造问题，并介绍拟阵理论与编码的关系，利用拟阵理论构造具有很好性能的纠错码，为设计基于编码的公钥密码系统提供坚实的理论基础。编码需要的数学理论有代数、几何、概率统计等，拟阵理论最早是 1935 年 Whitney 提出的一种更具抽象的独立性，也是线性代数独立性的推广的代数系统。1948 年，在贝尔实验室工作的香农提出了信息论的基本框架，发表了经典论文 A mathematical theory of communications，指明了纠错编码的发展方向。研究编码领域主要有两个研究方向：一个是以拥有严密代数结构为主的代数编码设计，该类码的设计主要是寻求最小距离最大化及其相应的译码方法；另一个是以靠近香农限为主题的随机编码设计及其译码方法。本书主要以前者为研究对象，探讨基于拟阵理论的二进制线性分组码的最优码设计。在本书中，最优码是指给定码长 n 和信息位 k，具有最大的最小距离 d 的码。在过去的几十年，研究发现了很多最优码，其中 QC 码是众所周知的一类好码。然而，如何寻求最优的系统 QC 码，尤其是最优的二进制线性分组码以及二进制系统的低密度奇偶校验码，是一个值得研究的问题。本书借助拟阵理论对二进制线性分组码型进行设计，其主要内容包括：

（1）利用拟阵理论得到码的生成矩阵和最小距离之间的一种函数关系式，借助该关系式构造码率为 $1/p$ 的系统 QC 码的生成矩阵；同时提出拟阵搜索算法，进一步找到最优码率为 $1/p$ 的系统的 QC 码。计算机实验表明，基于拟阵搜索算法可以找到新的七十多个好码，其中有 9 个 QC 码的最小距离比 Gulliver 等构造的 QC 码的最小距离大。由于构造的码具有系统的生成矩阵，因此很容易就可以得到它们的对偶码。

（2）对于一般的二进制线性码的编码设计，如何构造系统的最大化最小距离的码或称最优码仍然是一个很有挑战性的工作。本书利用拟阵理论建立码的生成矩阵和最小距离之间的关系式，构造了一类最优的系统的 (n, k, d) 二进制线性码，其中参数为 $n = 2^{k-1} + \cdots + 2^{k-\delta}$，$d = 2^{k-2} + \cdots + 2^{k-\delta-1}$，$k \geqslant 4$，$1 \leqslant \delta < k$，这类码在同构意义下是一类 1962 年被 Solomon-Stiffler 发明的码（非系统）；选择适当的删除方法，进而设计了一类新的最优系统 (n, k, d) 二进制线性码，其中参数为 $n = 2^{k-1} + \cdots + 2^{k-\delta} - 3u$，$d = 2^{k-2} + \cdots + 2^{k-\delta-1} - 2u$，$2 \leqslant u \leqslant 4$，$2 \leqslant \delta < k$。利用拟阵理论一个很明显的优势是可以构造系统的生成矩阵。

（3）短的高码率 LDPC 码可以应用于未来的手持数字视频广播中，本书基于拟阵理论提出一种新的短的高码率系统 LDPC 码的构造方法：在列重量一定的情况（通常列重量 $w_c \geqslant 3$），构造满足一定围长条件下的子矩阵，然后将该子矩阵和单位阵合并成 LDPC 码的校验矩阵。本书构造了 28×76 和 64×328 的校验矩阵，仿真结果表明，基于该方法构造的两个 LDPC 码在 AWGN 信道下，和当下最好的短码的校验矩阵为 42×105、170×425、66×330 的 LDPC 码的性能相比，本书构造的码有

前　言

目前计算机飞速发展，特别是量子计算机研究突飞猛进，例如 2019 年 10 月 IBM 构造了 53 个量子位的量子计算机，意味着经典的基于大整数分解和离散对数问题的密码体系在量子计算下将被攻破。现有研究显示，目前能抵抗量子计算攻击的公钥密码系统主要有以下四种：

（1）基于 Hash 的公钥密码系统，典型的是 1979 年基于 Merkle's 哈希树公钥签名系统。

（2）基于编码的公钥密码系统，有代表性的是 1978 年基于 Goppa 码的 McEliece 公钥加密系统。

（3）基于格的公钥密码系统，最引人注意的当属 1998 年，Hoffstein-Pipher-Silverman 的 "NTRU" 公钥加密系统。

（4）基于多变量方程的公钥密码系统，著名的例子之一是 1996 年 Patarin 的 "HFEv" 公钥签名系统，后来 Matsumoto 和 Imai 进一步发展了该系统。

本书主要讨论基于编码的公钥密码系统中编码构造问题，并介绍拟阵理论与编码的关系，利用拟阵理论构造具有很好性能的纠错码，为设计基于编码的公钥密码系统提供坚实的理论基础。编码需要的数学理论有代数、几何、概率统计等，拟阵理论最早是 1935 年 Whitney 提出的一种更具抽象的独立性，也是线性代数独立性的推广的代数系统。1948 年，在贝尔实验室工作的香农提出了信息论的基本框架，发表了经典论文 A mathematical theory of communications，指明了纠错编码的发展方向。研究编码领域主要有两个研究方向：一个是以拥有严密代数结构为主的代数编码设计，该类码的设计主要是寻求最小距离最大化及其相应的译码方法；另一个是以靠近香农限为主题的随机编码设计及其译码方法。本书主要以前者为研究对象，探讨基于拟阵理论的二进制线性分组码的最优码设计。在本书中，最优码是指给定码长 n 和信息位 k，具有最大的最小距离 d 的码。在过去的几十年，研究发现了很多最优码，其中 QC 码是众所周知的一类好码。然而，如何寻求最优的系统 QC 码，尤其是最优的二进制线性分组码以及二进制系统的低密度奇偶校验码，是一个值得研究的问题。本书借助拟阵理论对二进制线性分组码型进行设计，其主要内容包括：

(1) 利用拟阵理论得到码的生成矩阵和最小距离之间的一种函数关系式，借助该关系式构造码率为 $1/p$ 的系统 QC 码的生成矩阵；同时提出拟阵搜索算法，进一步找到最优码率为 $1/p$ 的系统的 QC 码。计算机实验表明，基于拟阵搜索算法可以找到新的七十多个好码，其中有 9 个 QC 码的最小距离比 Gulliver 等构造的 QC 码的最小距离大。由于构造的码具有系统的生成矩阵，因此很容易就可以得到它们的对偶码。

(2) 对于一般的二进制线性码的编码设计，如何构造系统的最大化最小距离的码或称最优码仍然是一个很有挑战性的工作。本书利用拟阵理论建立码的生成矩阵和最小距离之间的关系式，构造了一类最优的系统的 $(n,\ k,\ d)$ 二进制线性码，其中参数为 $n = 2^{k-1} + \cdots + 2^{k-\delta}$, $d = 2^{k-2} + \cdots + 2^{k-\delta-1}$, $k \geqslant 4$, $1 \leqslant \delta < k$, 这类码在同构意义下是一类 1962 年被 Solomon-Stiffler 发明的码（非系统）；选择适当的删除方法，进而设计了一类新的最优系统 $(n,\ k,\ d)$ 二进制线性码，其中参数为 $n = 2^{k-1} + \cdots + 2^{k-\delta} - 3u$, $d = 2^{k-2} + \cdots + 2^{k-\delta-1} - 2u$, $2 \leqslant u \leqslant 4$, $2 \leqslant \delta < k$. 利用拟阵理论一个很明显的优势是可以构造系统的生成矩阵。

(3) 短的高码率 LDPC 码可以应用于未来的手持数字视频广播中，本书基于拟阵理论提出一种新的短的高码率系统 LDPC 码的构造方法：在列重量一定的情况（通常列重量 $w_c \geqslant 3$），构造满足一定围长条件下的子矩阵，然后将该子矩阵和单位阵合并成 LDPC 码的校验矩阵。本书构造了 28×76 和 64×328 的校验矩阵，仿真结果表明，基于该方法构造的两个 LDPC 码在 AWGN 信道下，和当下最好的短码的校验矩阵为 42×105、170×425、66×330 的 LDPC 码的性能相比，本书构造的码有

更好的 BER 性能。同时，基于拟阵理论本书给出了围长的充分条件，该条件可以运用于构造给定围长的 LDPC 码。最后还构造了码率更长的 LDPC 码，其性能更好。

（4）利用 LDPC 码的译码方法比特翻转算法和纠错码理论可以求解布尔多项式方程组解的问题，该问题对分析侧信道攻击至关重要。

（5）首次提出了利用纠错码构造安全性能更好的 Hash 函数，Hash 函数是区块链技术中的核心技术，Hash 函数的安全性至关重要，决定了一个区块链系统的安全性。

本书是国家自然科学基金项目（基于拟阵理论的二进制线性分组码的设计及其应用研究，编号 11461031）研究成果。

由于本人学识有限，书中不妥之处，恳请读者批评指正。

亚光福

2020 年 11 月 6 日于江西理工大学

目　录

1　绪　　论

现实生活中噪声无处不在。比如当我们行走在马路上时，汽车从旁经过会发出噪声；当我们去菜市场买菜时，很多人讨价还价、摊主吆喝的声音对于其他人是一种噪声；天空中的雷鸣也是一种噪声，这些都是可听见的噪声。还有很多噪声，虽然微弱到用人耳根本无法识别出其存在，但却会造成某种影响。例如计算机进行存储或移动数据时，由于环境中细微干扰的影响，有可能会产生硬盘数据位的错误，即信号在传输过程中由于受到噪声的干扰，使得发送的信号失真，从而使接收到的数据发生错误。针对这个问题，汉明[1]（R. W. Hamming）在1947 年提出了著名的汉明码，该码的最小距离为 3，能检测两位比特错误并能够纠正一位比特错误，汉明在 1950 年公开发表了相关论文。1948 年，贝尔实验室的科学家香农[2]发表了一篇《通信的数学原理》，该论文指明了信道编码的研究发展方向，开创了信息论的研究领域，奠定了信息论的基础，香农也因此被称为"信息论之父"。尽管香农在他的研究论文中证明了，只要信息传输的速率小于信道传输的信道容量那么就一定存在一种编码方法使得传输过程中的错误概率达到任意小，但可惜的是他并没有指出应该如何构造这样的信道编码。因此，如何设计靠近香农限的编码理论一直以来都是编码领域的研究热点。目前，通过几代通信和数学研究者的努力，终于实现了从理论到实践应用的艰苦历程[3]。

长度比较短的线性分组码，比如长度为 100 以内的二进制线性分组码，经常应用于对网络物理层数据帧头的信息保护。帧头的信息正确与否对无线通信系统特别是自适应无线通信的通信质量有着重要的影响。例如 DVB-S2（Digital Video Broadcasting second generation）的标准中规定了帧头的信息包括帧开始符号、码率、数据长度，以及本帧数据的调制方式，这些信息的错误无疑会导致该帧数据译码的错误，进一步会导致整个通信系统延时的上升。所以，需要采用一种具有较大最小距离的短码对帧头信息进行编码保护，同时还需要保证帧效率（即数据信息与帧长之比）。为此，本书对码长比较短的二进制线性分组码的构造进行了讨论。

1.1　引言

编码理论是数学与计算机科学相结合的一门学科，研究的是信息在传输过程中如何消除噪声、提高信息传输的可靠性。1948 年香农在《通信的数学原理》

中提出了信道编码定理，之后瑞士的数学家格雷[4]（Golay）提出了能够发现 6
个错误比特而且能纠正三个错误比特的二进制线性分组码，即著名的完美的
(23，12，7) 格雷码，这是代数码的一个里程碑。直到现在为止还没有发现其他
二进制非平凡的完美码，除了还存在三进制的 (11，6，5) 格雷码。这里的完美
码是指最多能纠正 t 个差错的码，所有重量不大于 t 的差错模式的并刚好是整个
n 维空间，n 为码的长度。另外还有一类著名的线性分组码是 RM（Reed-Muller）
码，该码是 1954 年由 David Muller[5] 发明的，同年 Irving Reed[6] 发明了大数逻辑
译码算法，该算法简单、译码速度快。RM 码的两个参数分别为 r 和 m，一般记
为 $\mathrm{RM}(r,m)$，其中 $0 \leqslant r \leqslant m$，码长为 $n = 2^m$，最小距离为 $d = 2^{(m-r)}$，是信息位为
$k = \sum\limits_{i=0}^{r} \binom{m}{i}$ 的二进制线性分组码。RM 码可以通过递归的方法得到，即由初始的
$\mathrm{RM}(0,1) = (2,1,2)$ 和 $\mathrm{RM}(1,1) = (2,2,1)$ 码，通过递归迭代的方式可以得到
码长更长的 RM 码，具体的构造方法如下：

$$\mathrm{RM}(r,m) = \left\{ (u, u+v) \mid u \in \mathrm{RM}(r,m-1), v \in \mathrm{RM}(r-1,m-1) \right\}$$

RM 码的这种递归性质使得构造更加简单容易，能否把这种递归性质应用到
RM 码的译码是值得研究的有意义的问题。如果可行的话，那么又怎样充分利用
它的这种递归结构特性实现更好的译码性能。RM 码具有广泛的应用，在 20 世纪
70 年代 RM 码就应用于火星探测，采用 RM 码对火星的黑白照片进行编码，其也
适合于现代的光纤通信系统。

　　在 20 世纪 60 年代，信道编码的发展主要还是以代数码为主，代数码中又以
循环码为主。循环码是 Eugene Prange[7] 在 1957 年提出来的一类线性分组码，是
基于代数学的有限域理论上构造的一类码，该码的一个码字经过循环移位后它还
是这个码组中的码字，它的编码与译码方法都比较简单，是对汉明码的一种推
广，能够纠正多个错误。其中，格雷码、汉明码，以及缩短的 RM 码都可以通过
变换转化为循环码。1961 年，Peterson[8] 出版了一本关于纠错码理论的书，该书
出版后，激发了研究者对循环码研究的热情。1959 年 BCH[9] 码和 1960 年 RS[10]
码的出现使得编码理论达到了一个新的高度，它们都是循环码中主要的两类子
码。RS 码是一种非二进制的 BCH 码，对二进制 BCH 码的第一种译码算法是由
Peterson 提出的。上面所讲的汉明码、格雷码、BCH 码、RS 码、RM 码等几种码
都是从代数角度研究的，具有很好的代数结构，都可采用代数译码方法，是编码
领域的主流。70 年代 Goppa[11~13] 提出了一类新的分组码，即 Goppa 码，它是一
种基于代数和几何理论构造的分组。Goppa 码是第一个能够达到 GV（Gilbert-
Varshamov）界的线性分组码。GV 界是一个著名的关于线性分组码的最小距离下
界，下面具体给出 GV 界的基本关系式。

GV 界：设 $q \geqslant 2$，对于每个 $0 \leqslant \sigma < 1 - \dfrac{1}{q}$ 且 $0 < \varepsilon \leqslant 1 - H_q(\delta)$，存在一个码的

码率 $r \geqslant 1 - H_q(\delta) - \varepsilon$，其中 $\delta = \dfrac{d}{n}$ 为相对最小距离，且 $H_q(x)$ 为 q 进制的熵函数，即有：

$$H_q(x) = x\log_q(q-1) - x\log_q x - (1-x)\log_q(1-x)$$

通常把 GV 界作为判断码的标准之一，然而只有较少的编码方法构造的码可以到达 GV 界。事实上，Goppa 码和 BCH 码是交替码的一个子类，因此对于码长很长的交替码可以达到 GV 界。如果想了解更多的有关纠错码的知识可以参考 MacWilliams 和 Sloane[14] 的著作或其他相关著作。

QC 码（quasi-cyclic code）是一类包含循环码在内的范围更广的纠错码，也是本书主要研究的一种码型。人们对 QC 码的研究相对于其他码型还不是很透彻，尽管它是一类很好的码型[15]。有学者提出码长很长的任意 QC 码型可以达到 GV 界[16]，与此同时，Lin Shu[17] 等证明了很长码型的 BCH 码的性能达不到 GV 界，由此可见码长很长的 BCH 码的性能并不是那么好。所以有必要重新对 QC 码进行深入的研究与探索。

1.2 QC 码的发展与现状

QC 码是 1967 年最先由 Townsend 和 Weldon[18] 提出来的。他们提出了一种自正交的 QC 码，同时构造了几个最优 QC 码，还介绍了两种容易实现的译码算法，码的性能几乎与 BCH 码的性能一样好。1969 年，Karlin[19] 通过循环矩阵构造得到了最优的（23，12，7）格雷码，构造了（79，40，15）、（89，45，17）、（103，52，19）、（151，76，19）等其他性能良好的二进制线性分组码，并在 1970 年[20] 发表了关于具有循环矩阵码的译码研究，证明了 QC 码的译码复杂度是可以控制的。Chen[21] 等对 QC 码的工作进行了相关的研究，证明了循环码实际上是 QC 码的一个子类，同时列举了一些码率为 0.5 的 QC 好码，即具有最大的最小距离的 QC 码，证明了存在码长很长的 QC 码可以达到 Gilbert 界。Chen 还证明了 QC 码是一种很有应用前景的码型且译码方法可以采用大数逻辑译码。Bhargava[22~27] 等人也做了许多关于 QC 码的研究工作，他们构造了一些码率为 $p/(p+1)$ 的 QC 好码，同时还研究了有关 QC 码的自对偶问题，1991 年 Gulliver[24] 构造了一些码率为 $1/p$ 和 $(p-1)/p$ 的系统的 QC 好码，进一步研究了码率为 $(m-1)/pm$ 的 QC 好码，通过计算机的帮助搜索到了 9 个二进制线性好码。1994 ~ 2000 年 Zhi Chen[28~30] 对 QC 码进行了研究，而且建立了一个关于 QC 码的数据库网站，通过这个网站为研究者提供交流平台，搜集研究人员得到的 QC 好码。常见的构造 QC 码的方法基于多项式理论，借助计算机搜索或利用多项式的一些特殊性质得到一些关于循环矩阵的性质。已有的研究方法没有得到码的生成

矩阵与其最小距离之间的关系式，通过研究，本书找到了码的生成矩阵与其最小距离之间存在着一种特殊的关系式。

20 世纪 70 年代的一些文献证明了有很多循环码实际上等价于 QC 码[31,32]，例如 RS 码是其中最重要的一类循环码。1979 年 Solomon 和 van Tilborg[33] 发现了 QC 码与卷积码之间的关系，即根据卷积码可以构造 QC 码；反之，卷积码可以根据 QC 码来设计[34]。QC 码等价于旋转码（rotatioal codes），可应用于计算机内存中的纠错[35]。近几十年来，自从 LDPC（low-density parity-check）码被重新发现之后，出现了很多 QC 码与 LDPC 码的研究文献。

QC-LDPC 码是 QC 码与 LDPC 码相结合的一种码型，其主要还是以二进制码为主，当然也有一些非二进制 QC-LDPC 码的研究文献[36~38]。众所周知，关于二进制 QC-LDPC 码的构造主要是基于两个方面的理论：一是几何[39~42]理论，二是代数[43~54]理论。常见的 QC-LDPC 码是根据校验矩阵确定的，本书中构造的 QC 码是根据生成矩阵确定的，因此从构造方法上来说是不同的。从已有的 QC-LDPC 码构造方法可知它们没有从 QC 码的生成矩阵出发，关于如何从 QC 码的生成矩阵为出发点研究、构造 QC-LDPC 码是一个值得研究的方向。

实际上 QC 码与很多码型有关，我们有必要在 Bhargava 等人的研究基础上继续进行深入的研究和探索。构造 QC 码的方法虽然很多，但是到目前为止还没有一种比较好的有效的方法用来构造 QC 码，现有的构造 QC 码的方法是以有限域理论为主，通过把循环矩阵与多项式对应起来，在多项式域上作相关的运算，从而实现 QC 码的构造。之前的方法没有建立起一种可以系统研究 QC 码的具体方法，没有解决关于码的生成矩阵与最小距离的问题的本质，本书引入新的数学工具用来解决该类问题。通过对拟阵理论的研究，发现了拟阵在编码中的新应用，即通过拟阵理论可得到码的生成矩阵和其最小距离之间的一种函数关系式，这是以往文献用有限域知识没有解决的关于 QC 码的本质问题。通过拟阵理论这个数学工具解决了 QC 码的本质问题之后，本书进一步提出了拟阵搜索算法，根据拟阵搜索算法寻找好的 QC 码。

1935 年，Whitney[55] 首先提出了拟阵理论，拟阵理论本质上是一种更抽象的独立性也即线性代数独立性的推广。他提出了这个概念之后一直未引起其他研究者的注意，直到 1959 年 Tutte[56] 提出了拟阵和图的关系之后才引起研究人员的注意。Edmonds 和 Fulkerson[57] 在 1965 年发现拟阵在横截理论（transversal theory）中起着很重要的作用。1976 年，Greene[58] 从拟阵理论中推导出著名的 MacWilliams 等式（MacWilliams identity）。发展至今，拟阵理论已经广泛应用于网络理论、组合优化、编码理论等领域[59~63]。事实上拟阵理论是线性代数和图论相结合的一个数学分支。

1.3 本章小结

有关信道编码的研究内容主要分为两部分：一是对编码方法进行研究，二是对译码方法进行研究。编码方法主要是指寻找好码。古典的或经典的构造码的方法是以码的最小距离为依据，所设计的码有较大的最小距离。现代的观点主要是以构造的码与采用的译码算法相结合是否具有很低的错误率，即性能很好的曲线，以及靠近香农限为目的。而对于译码方法的研究是根据构造的码来寻求好的译码方法，使之具有很低的错误率，即好的性能曲线。

本章主要介绍本书的完成背景、短码的应用场景，以及 QC 码的发展现状和拟阵理论的发展历史。在下一章中，我们将介绍拟阵理论与编码的基本知识。

2 拟阵理论与编码理论的基本知识

1976 年 Greene[58] 把拟阵与编码结合起来，并且利用拟阵理论推导出了著名的 MacWilliams 等式。之后近 20 年内，关于拟阵与编码的理论都没有新的发现。直到 1997 年 Barg[63] 发展了 Greene 的工作，提出了更一般的汉明重量分布的 MacWilliams 等式。2008 年，Kashyap[64] 系统地把拟阵引入编码理论中，且把拟阵的分解理论应用于二进制线性码，把向量拟阵与二进制线性分组码中的矩阵联接起来，二进制线性分组码可以对应于二进制的向量拟阵；反之，二进制向量拟阵也对应于二进制线性分组码。2014 ~ 2020 年，本书作者对拟阵与编码理论进行了研究，得到了一些相关成果[65~67]。本章前 3 节主要介绍需要用到的拟阵理论、编码的基础知识以及著名的 MacWilliams 等式；第 4 节主要针对通信系统的结构进行简要介绍；第 5 节围绕通信中的信道模型展开；第 6 节引入著名的香农第二定理即有噪声的信道编码定理并最后概述信道编码历史发展。

2.1 拟阵的基本定义与概念

拟阵是根据图论与线性代数的知识产生的一门数学分支，1935 年由 Whitney[55] 首先提出，发展到今天，拟阵被广泛应用于组合优化、网络理论和编码理论等领域。关于更多的拟阵理论知识可以参考 Oxley[68] 的著作，下面给出拟阵基本定义。

定义 2-1 拟阵 M 是一个有序对 (E, I)，E 是一个有限集，I 是 E 中子集的集合。它们满足以下三个条件：

(1) $\emptyset \in I$。

(2) 若 $I \in I$，及 $I' \subseteq I$，则 $I' \in I$。

(3) 若 I_1，$I_2 \in I$ 且 $|I_1| < |I_2|$，则存在 $e \in I_2 - I_1$ 使得 $I_1 \cup e \in I$。

其中条件 (3) 称为独立扩充公理，集合 I 中的元素称为拟阵 M 的独立集 (independent set)。因此条件 (1) ~ (3) 称为拟阵的独立集公理。拟阵 M 通常记作 $M = M(E, I)$，表示这是一个在 E 上以 I 中元素为独立集的拟阵。类似地，我们用 $E(M)$ 和 $I(M)$ 分别表示拟阵的基本元素集合和拟阵的独立集集合。

定义 2-2 设 $M(E, I)$ 是一个拟阵，任何一个不在 I 中的 E 的子集称为 M 的一个相关集 (dependent set)，极小的相关集称为 M 的极小圈 (circuit)。$C(M)$ 表示拟阵 M 的全体极小圈组成的集合。拟阵 M 中的极大独立子集称为 M

的基（base），M 中的全体基的集合记为 $B(M)$。

  定义 2-3 设 $M_1 = (E_1, I_1)$ 和 $M_2 = (E_2, I_2)$ 是两个拟阵，如果存在映射 φ：$E_1 \rightarrow E_2$，对任意 $I_1 \in I_1$ 有 $\varphi(I_1) \in I_2$，则拟阵 M_1 和 M_2 是同构的。

  定义 2-4 秩函数 $r(X)$ 定义为 X 子集的最大的独立集的元素的个数。

  一般情况下，拟阵可以分别由它的基、圈或秩函数唯一确定。如下面的例子：

  （1）设 E 是图 G 的边集，一组边集是独立的当且仅当它是一个森林。显然满足上面的拟阵的三个条件，这种拟阵称为图拟阵。

  （2）设 E 是向量空间 V 中的一组向量，E 的子集是独立的当且仅当是线性独立的。这种拟阵称为向量拟阵。

  （3）设 $m \le n$，m，n 为正整数，设 E 为任意 n 个元素的集合，I 是所有元素个数少于或等于 m 的 E 的子集的集合。这种拟阵称为均匀拟阵，记作 $U_{m,n}$。

2.2 编码理论的基础知识

  常见的纠错码主要分为两大类：一类是卷积码，另一类是分组码。本书主要研究分组码。QC 码是一种线性分组码，与卷积码也有很大的关系。编码理论的基本定义如下：

  定义 2-5 一个 (n, k) 线性分组码 C 是把信息划分成 k 个码元为一段，通过编码器变成长为 n 个码元的一组信息，作为 (n, k) 线性分组码的一个码字。若每位码元的取值有 q 种，如果所有的码字集合构成一个 k 维的线性空间，则称它是一个 (n, k) 线性分组码。码长为 n，信息位为 k，码率为 k/n。

  定义 2-6 一个码字的汉明重量定义为这个码字的非 0 分量的个数。一个码的最小汉明重量定义为所有非 0 码字的汉明重量的最小值。

  定义 2-7 码的最小距离 $d_{\min}$ 定义为任意两个码字的汉明距离的最小值。对于线性分组码，任意码字的线性组合还是一个码字。所以线性分组码的最小距离等于该码的码字最小汉明重量。分组码也记为 $(n, k, d_{\min})$。一个码的纠错能力为 $t = \left\lfloor \dfrac{d_{\min} - 1}{2} \right\rfloor$，$\lfloor x \rfloor$ 表示不小于或等于 x 的最大整数。

  一个线性分组码 C 是一个 k 维的线性空间，所以存在 k 个线性独立的向量，记为 $g_1, \cdots, g_k$。任意一个码字可以由这 k 个向量表示。即

$$C = m_1 g_1 + \cdots + m_k g_k \tag{2-1}$$

设 $\boldsymbol{m} = [m_1 m_2 \cdots m_k]$，

$$\boldsymbol{G} = \begin{bmatrix} \boldsymbol{g}_1 \\ \boldsymbol{g}_2 \\ \vdots \\ \boldsymbol{g}_k \end{bmatrix}$$

则可以把式（2-1）写成矩阵的形式：$c = mG$.

矩阵 G 称为码 C 的生成矩阵。由 G 生成的码 C 并不是唯一被 G 确定的，通过对矩阵 G 进行行变换可以得到新的矩阵 G'，由 G' 生成的码与由 G 生成的码是一样的。

线性码 C 是 k 维的 F_q^n 子空间，那么它的对偶空间的维数为 $n-k$。

定义 2-8　一个（n，k）线性码 C 的对偶空间产生的码是（n，$n-k$）码。记为 $C^{\perp}$，如果 $C = C^{\perp}$，则称 C 是自对偶码。

作为向量空间的对偶码 $C^{\perp}$ 也可以由它们的基表示。设它的基为 h_1，h_2，$\cdots$，h_{n-k}。写成矩阵形式表示如下：

$$H = \begin{bmatrix} h_1 \\ h_2 \\ \vdots \\ h_{n-k} \end{bmatrix}$$

则矩阵 H 称为码 C 的校验矩阵。一个码的生成矩阵和校验矩阵满足下列关系式：

$$GH^{\mathrm{T}} = 0 \tag{2-2}$$

由式(2-2)可知，任意一个向量 c 是 C 中的一个码字当且仅当满足下列关系式：

$$cH^{\mathrm{T}} = 0 \tag{2-3}$$

表明 C 中的码字是包含于 H 的零空间中。

定义 2-9　如果生成矩阵 G 是 $G = [I_k P]$，其中 I_k 是 $k \times k$ 的单位矩阵。则称 G 为系统矩阵，所对应的码 C 为系统码。

当生成矩阵是系统形式时，我们很容易可以得到它的校验矩阵，也就容易得到它的对偶码，对偶码的生成矩阵就是它的校验矩阵，即 $G^{\perp} = H = [-P^{\mathrm{T}} I_{n-k}]$。

例 1-1　如果系统统码的生成矩阵为

$$G = \begin{bmatrix} 1 & 0 & 0 & 0 & 1 & 1 & 0 \\ 0 & 1 & 0 & 0 & 1 & 1 & 1 \\ 0 & 0 & 1 & 0 & 0 & 1 & 1 \\ 0 & 0 & 0 & 1 & 1 & 0 & 1 \end{bmatrix} \tag{2-4}$$

那么它的校验矩阵为

$$H = \begin{bmatrix} 1 & 1 & 0 & 1 & 1 & 0 & 0 \\ 1 & 1 & 1 & 0 & 0 & 1 & 0 \\ 0 & 1 & 1 & 1 & 0 & 0 & 1 \end{bmatrix} \tag{2-5}$$

对于码的最小距离 $d_{\min}$，码长 n 和信息位 k 之间有一个简单的上界，即对于任意一个（n，k，$d_{\min}$）线性码，它们之间满足关系式 $d_{\min} \leqslant n-k+1$。

如果一个码的最小距离满足 $d_{\min} = n-k+1$，则称该码为最大距离可分离码，即 MDS（maximum distance separable）码。

2.3 MacWilliams 等式

MacWilliams 在她的博士论文中提出了码和其对偶码的码重量分布之间有一个恒等式关系，后来称之为 MacWilliams 恒等式。下面介绍二进制线性分组码的 MacWilliams 恒等式。

二进制线性分组码的 MacWilliams 等式：设二进制线性码 (n, k) 的码重量分布多项式为 $A(z)$，它的对偶码的码重量分布多项式为 $B(z)$，则有

$$B(z) = 2^{-k}(1+z)^n A\left(\frac{1-z}{1+z}\right) \tag{2-6}$$

或

$$A(z) = 2^{-(n-k)}(1+z)^n B\left(\frac{1-z}{1+z}\right) \tag{2-7}$$

对于 q 进制的线性分组码也有相应的 MacWilliams 等式，即设 q 进制线性码 (n, k) 的码重量分布多项式为 $A(z)$，它的对偶码的码重量分布多项式为 $B(z)$，则有

$$B(z) = \frac{(1+(q-1)z)^n}{q^k} A\left(\frac{1-z}{1+(q-1)z}\right) \tag{2-8}$$

或

$$A(z) = \frac{(1+(q-1)z)^n}{q^{(n-k)}} B\left(\frac{1-z}{1+(q-1)z}\right) \tag{2-9}$$

我们仅对二进制的 MacWilliams 等式进行证明，证明过程中需要利用哈达马变换。对于一个定义在 GF(2) 上的函数 f，f 函数的哈达码变换函数 $\hat{f}$ 定义为

$$\hat{f}(\boldsymbol{U}) \triangleq \sum_{\boldsymbol{V} \in \mathrm{GF}(2)^n} (-1)^{\boldsymbol{U}\boldsymbol{V}} f(\boldsymbol{V}) \tag{2-10}$$

式中，$\boldsymbol{U} = (u_0, u_1, \cdots, u_{n-1})$，$\boldsymbol{V} = (v_0, v_1, \cdots, v_{n-1})$，$u_i, v_i \in \mathrm{GF}(2)$，$i = 0, 1, \cdots, n$。$\boldsymbol{U}\boldsymbol{V} = \sum_{i=0}^{n-1} u_i v_i$，是向量 $\boldsymbol{U}$ 和 $\boldsymbol{V}$ 在 GF(2) 的内积。

证明 MacWilliams 等式还需要下面一个引理：

引理 2-1 设码 C 是 GF$(2)^n$ 的一个 k 维子空间，f 是定义在 GF$(2)^n$ 的一个函数，则有

$$\sum_{\boldsymbol{U} \in C^{\perp}} f(\boldsymbol{U}) = \frac{1}{|C|} \sum_{\boldsymbol{U} \in C} \hat{f}(\boldsymbol{U}) \tag{2-11}$$

其中 $|C|$ 表示 C 中所有码字的个数。GF$(2)^n$ 表示二元域上的 n 维线性空间。

证明：先把 $\sum_{\boldsymbol{U} \in C} \hat{f}(\boldsymbol{U})$ 展开：

$$\sum_{\boldsymbol{U} \in C} \hat{f}(\boldsymbol{U}) = \sum_{\boldsymbol{U} \in C} \sum_{\boldsymbol{V} \in \mathrm{GF}(2)^n} (-1)^{\boldsymbol{U}\boldsymbol{V}} (f)(\boldsymbol{V})$$

$$= \sum_{\boldsymbol{V} \in \mathrm{GF}(2)^n} f(v) \sum_{\boldsymbol{U} \in C} (-1)^{\boldsymbol{U}\boldsymbol{V}}$$

$$= \sum_{V \in C^\perp} f(V) \sum_{U \in C} (-1)^{UV} + \sum_{V \notin C^\perp} f(V) \sum_{U \in C} (-1)^{UV}$$

因为 $V \in C^\perp$ 和 $U \in C$，所有 $UV = 0$，因此有

$$\sum_{V \in C^\perp} f(V) \sum_{U \in C} (-1)^{UV} = |c| \sum_{V \in C^\perp} f(V)$$

如果 $V \notin C^\perp$ 当 U 取 C 中的所有码字，有 $UV = 0$ 和 $UV = 1$ 的个数相等。

定义集合 $s(V) \triangleq \{U \in c : UV = 0\}$，它是 C 的一个子群。设 $U_1 \in C$ 且满足 $U_1 V = 1$，则集合 $U_1 + s(V)$ 是 $s(V)$ 在 C 的陪集。因此有 $|s(V)| = |U_1 + s(V)|$。对于任一个 $W \in U_1 + s(V)$，有 $WV = 1$。因此有 $U_1 + s(V) \subset \{U \in c : UV = 1\}$。

反过来，如果 $W \in \{U \in c : UV = 1\}$，则可以把 W 表示成

$$W = U_1 + \underbrace{U_1 + W}_{\in s(V)} \in U_1 + s(V)$$

因此 $\{U \in c : UV = 1\} \subset U_1 + s(V)$。

所以有 $|\{U \in c : UV = 0\}| = |\{U \in c : UV = 1\}|$。

所以有 $\sum_{V \notin C^\perp} f(V) \sum_{U \in C} (-1)^{UV} = 0$。

码重量分布多项式为 $A(z)$ 可以写成如下形式：

$$A(z) = \sum_{U \in c} z^{wt(U)} \tag{2-12}$$

其中 $wt(U)$ 表示码字 U 的重量。

定义 $f(U) \triangleq z^{wt(U)}$，则它的哈达马变换为。

$$\hat{f}(U) = \sum_{V \in GF(2)^n} (-1)^{UV} z^{wt(Z)}$$

$$= \sum_{V \in GF(2)^n} (-1)^{\sum_{i=0}^{n-1} u_i v_i} \prod_{i=0}^{n-1} z^{v_i}$$

$$= \sum_{V \in GF(2)^n} \prod_{i=0}^{n-1} (-1)^{u_i v_i} z^{v_i}$$

$$= \sum_{v_0 \in \{0,1\}} \sum_{v_1 \in \{0,1\}} \cdots \sum_{v_{n-1} \in \{0,1\}} \prod_{i=0}^{n-1} (-1)^{u_i v_i} z^{v_i}$$

$$= \prod_{i=0}^{n-1} \sum_{v_i \in \{0,1\}} (-1)^{u_i v_i} z^{v_i}$$

如果 $u_i = 0$，则有 $\sum_{v_i \in \{0,1\}} (-1)^{u_i v_i} z^{v_i} = 1 + z$，否则 $\sum_{v_i \in \{0,1\}} (-1)^{u_i v_i} z^{v_i} = 1 - z$。因此有

$$\hat{f}(U) = (1+z)^{n-wt(U)} (1-z)^{wt(U)} = \left(\frac{1-z}{1+z}\right)^{wt(U)} (1+z)^n \tag{2-13}$$

应用前面的引理，可以得到

$$B(z) = \sum_{U \in C^\perp} z^{wt(U)} = \frac{1}{|C|}(1+z)^n \sum_{U \in C}\left(\frac{1-z}{1+z}\right)^{wt(U)}$$

$$= 2^{-k}(1+z^n)A\left(\frac{1-z}{1+z}\right) \tag{2-14}$$

对于多进制的 MacWilliams 等式也可以用同样的方法证明。MacWilliams 恒等式是编码领域中一个重要的恒等式，通过该恒等式，可以计算对偶码的码重量分布。通常情况下，如果一个码的信息位比较小，不管码长是多少，都比较容易分析这个码的一些性质，如最小距离、码的重量分布。如果一个码的信息位比较大，要分析码的性质就比较困难，例如，当信息位 $k=50$，那么这个码有 2^{50} 个码字，我们不可能把它全部列举出来，如果 $k=100$，或是 $k=1000$ 呢，就更加困难了，但是我们可以通过其对偶码计算，由此可见 MacWilliams 等式的重要性。

2.4 通信系统的基本模型

21 世纪是一个信息爆炸的时代，人们对高效可靠的数字传输和信息存储的需求日益增长。移动电话、卫星数字电视以及无线局域网等对信息传输的可靠性和速度有了更高的要求，特别是如今的 5G 通信系统。而所有的通信系统如通信、雷达、遥控遥测、数字计算机的存储系统和内部运算等都可以归结为如图 2-1 所示的模型。

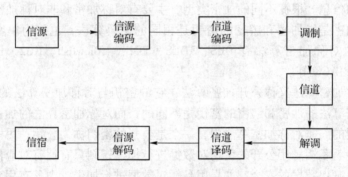

图 2-1 基本的数字通信系统模型

图 2-1 中信源可以是任何信息，信源编码是把信源发出的消息如声音、图像、文字等转换成二进制或多进制形式的序列，为了增加传输的有效性，去掉了一些与传输信息无关的冗余信息。信道编码是在信息序列中另外加入冗余信息，使其具有自动检错或纠错能力，可以增加传输的可靠性。调制的作用是把纠错码送出的信息序列通过调制器换成适合于信道传输的信号。已调信号经过信道传输时，由于信道中存在各种干扰从而使信号失真，接收端的接收机接收到这种失真信号，进行解调，变成二进制或多进制的信息序列，信道译码可以将失真的信号正确地译出原本要传输的信息序列，再经过信源解码器恢复成原来的信息，最后

传送到信宿。

如果对数字通信系统有安全性的要求，那么还需要在传输过程中加入信息保密模块，主要通过加密和解密算法来实现。具有加密的数字通信系统模型如图 2-2 所示。

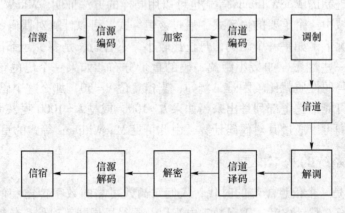

图 2-2   加密的数字通信系统模型

加密是通过扩散和混淆两种操作将要传输的信息隐藏起来，使之不可读，即加密主要是通过数学变换使得原来的信息杂乱无章，接收方只有通过密钥才可以恢复原来的信息。根据不同的加密类型，主要有对称加密和非对称加密两种。

对称加密是指加密和解密的密钥是相同的密码算法，也称为单密钥加密算法。常用的对称加密算法有 DES、3DES、TDEA、Blowfish、RC2、RC4、RC5、IDEA、SKIPJACK 等。

非对称加密算法又称公开加密算法，它的密钥与对称加密算法的密钥不同，非对称加密算法的加密和解密的密钥是不同的，而对称加密算法的加密和解密的密钥是相同的。非对称加密算法中，一个是公开的密钥称为公钥，另一个需要保密的密钥称为私钥。用公开的密钥对数据进行加密，则只有拥有对应的私钥才能解密，可以确保数据的安全。如果用私钥对数据进行加密，则只有用对应的公钥才能解密，由于公钥是公开的，所以人人都可以解密，无法确保数据的安全，但可以用于对数据签名，可验证数据是谁签发的。非对称加密算法相对于对称加密算法更复杂，其加密和解密的运算速度都没有对称加密算法快。其安全性是依靠设计的算法和密钥。常见的非对称加密算法有 RSA 算法、ECC（椭圆曲线加密算法）、背包算法、基于纠错码的 Mceliece 公钥加密算法等。

2.5   信道模型与信道编码定理

常见的信道模型有二进制对称信道（Binary Symmetric Channel，BSC）、二进制删除信息（Binary Erasure Channel，BEC）、高斯加性白噪声信道（Additive

White Gaussian Noise，AWGN）、雷利衰落信道等。当 0，1 二进制数字序列通过上面信道时可能发生下面情况：

发送 0，接收机可能判决为 0 或 1；发送 1，接收机可能判决为 1 或 0，设 p_{00} 表示发送 0 接收机判决为 0 的概率，p_{01} 表示发送 0 接收机判决为 1 的概率，p_{10} 表示发送 1 接收机判决为 0 的概率，p_{11} 表示发送 1 接收机判决为 1 的概率，则信道转移概率矩阵可表示为

$$p = \begin{bmatrix} p_{00} & p_{01} \\ p_{10} & p_{11} \end{bmatrix} \tag{2-15}$$

如果 $p_{01} = p_{10}$，则称这种信道为二进制对称信道（BSC）；否则称为不对称信道。若 $p_{01} = 0$，或 $p_{10} = 0$，则称为 Z 信道。二进制信道如图 2-3 所示。

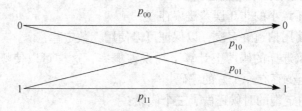

图 2-3　二进制对称信道

在作删除判决情况下，信道可用图 2-4 模型表示，称为二进制删除信道（BEC）。

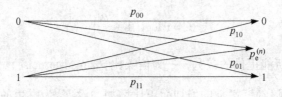

图 2-4　二进制删除信道

上面的信道模型只是为了讨论问题的方便简化成理想的情况，它们表达了一些实际信道传送信号的主要特征，如卫星信道或深空信道可以近似看成是 BSC 信道。但很多实际信道，如高频、散射、有线信道，各种干扰产生的错误经常是成群成串出现，即一个错误的出现引起前后码元的错误（突发错误），错误之间有相关性，产生这种错误的信道称为有记忆信道或突发信道。AWGN 信道也就是高斯加性白噪声信道。所谓高斯加性白噪声，就是指信道的噪声在频谱上均匀分布，幅度上呈正态分布。

如果没有噪声，信号通过信道就不会失真，也就不需要编码，但是现实环境

下是不可能没有噪声的。在 1948 年香农发表《通信的数学理论》之前，人们都认为在有噪声干扰的信道中传输数字信息时，要使传输错误概率任意小，只有让信息传输的速率趋于零。事实上，根据香农的通信数学理论，每个信道都有确定的信道容量 C，只要信息传输的速率小于信道容量 C，就必然存在一种编码方法，使得信息传输的错误概率随着码长的增加趋于任意小。香农第二定理（有噪信道编码定理）如下：

有噪信道编码定理[69]：小于信道容量 C 的所有码率都是可达到的。具体来说，对于任意 $\varepsilon > 0$ 和码率 $r < C$，存在一个 $(2^m, n)$ 码序列，它的最大误差概率 $p_e^{(n)} \to 0$。

为了证明只要码率小于信道容量，信息就可以通过该信道可靠地传输，香农使用了许多新的思想。这些思想包括：

（1）允许任意小的非 0 误差概率存在；

（2）连续使用信道许多次，以保证可以使用大数定律；

（3）在随机选择的码簿上计算平均误差概率，这样可以使概率对称，而且可以用来证明至少存在一个好的编码。

香农在证明定理的时候还做了三个假设：

（1）采用随机编码；

（2）码长 $n \to +\infty$；

（3）采用最大似然译码。

根据信息论的基本知识可知，在 AWGN 信道下，二进制数字符号的最大传输速率 $C(\text{bit/s})$ 为

$$C = w\log_2\left(1 + \frac{P}{N}\right) \tag{2-16}$$

式中，w 为信道所能提供的带宽，$\dfrac{P}{N}$ 为信噪比（singal-to noise），简写为 SNR。

而噪声 N 是随着带宽 w 的增加而正比增加，设 N_0 为噪声的功率谱密度，则 $N = N_0 w$，信道容量为

$$C = w\log_2\left(1 + \frac{P}{N_0 w}\right) \tag{2-17}$$

式（2-17）就是著名的香农公式。

香农公式给出了达到无失真传输的传输速率的理论极限值，称为香农极限。当 $w \to \infty$ 时有

$$\lim_{w \to \infty} C = \frac{P}{N_0 \ln 2} \tag{2-18}$$

若以信道容量即最大信息传输速率，令每传送 1 比特信息所需的能量为 E_b，则信号总功率为

$$P = E_b C \tag{2-19}$$

把式 (2-19) 代入式 (2-18) 可得

$$C = \frac{E_b C}{N_0 \ln 2} \tag{2-20}$$

因此, 当以 dB 为单位时, 可得

$$10\lg\left(\frac{E_b}{N_0}\right) = \lg(\ln 2) \approx -1.6(\text{dB}) \tag{2-21}$$

当信道带宽不受限制的时候, 实现极限信息传输速率所需的最低信噪比约为 -1.6dB。根据信道编码定理, 此时信道的差错概率可以任意小。所以在实际通信系统中, 常常用是否靠近极限值来判断各种纠错码的好与坏。香农的信道编码定理只是说明了存在靠近香农限的编码, 从理论上为信道编码的发展指明了方向, 但是它并没有给出具体的编码方法, 后来的研究者以靠近香农限为目的构造纠错码。

2.6 本章小结

经过 60 多年的努力, 终于实现了从汉明码到靠近香农限的码构造。1948 年香农提出了能够纠正一位比特错误的纠错码 (码字长 $n = 7$, 信息码元数 $k = 4$), 也就是后来的一种汉明码, 1949 年出现三位纠错的 Golay 码 (码字长 $n = 23$, 信息码元数 $k = 12$)。1950 年美国数学家 R. W. Hamming 发表论文《Error Detecting and Error Correcting Codes》, 提出著名的汉明码, 对纠错编码产生了重要的影响。1955 年 Elias 发明了卷积码。卷积码至今仍有很广泛的应用, 研究者们将其与 LDPC 码相结合。1957 年 Prange 引入循环码。循环码构造简单, 便于应用代数理论进行设计, 也容易实现。1959 年美国的 R. C. Bose 和 D. K. Chaudhuri 与法国的 A. Hocquenghem 几乎同时独立地发表一种著名的循环码, 即 BCH 码。1962 年 Gallager 提出了 LDPC 码, 1965 年 Wozencraft 针对无记忆信道提出序贯译码。序贯译码已用于卫星通信与深空通信。1967 年 Viterbi 提出最大似然卷积译码算法 (称为维特比译码算法)。1978 年出现矢量编码法。矢量编码法是一种高效率的编码技术。1980 年用数论方法实现了 Reed-Solomon 码, 简称 RS 码。RS 码实际上是一种多进制的 BCH 码, 这种纠错编码技术能使编码器集成电路的元件数减少一个数量级, 它已在卫星通信中得到了广泛的应用。RS 码和卷积码结合得到的级联码, 可用于深空通信。1981 年 Tanner 把用图理论引入到编码中, 提出了著名的 Tanner 图。1995 年 Mackay 重新发现了 LDPC 码, 引起编码研究者对 LD-PC 码的研究兴趣, 从此进入了 LDPC 码在时代。编码理论的历史很悠久, 内容也很丰富, 本章只是简单介绍了需要用到的拟阵理论、编码理论的基本知识, 以及著名的 MacWilliams 等式、通信中的常见信道模型及信道编码定理。在本书的下一章中, 将介绍利用拟阵理论构造码率为 $1/p$ 的系统的二进制 QC 码。

3 基于拟阵理论构造一类好的二进制线性码

众所周知，在编码领域中如何设计最小距离最大化的系统码仍然是一个具有挑战性的问题。本章基于拟阵理论设计了一类最优的、系统的二进制线性 (n, k, d) 分组码，其中码的参数为 $n = 2^{k-1} + \cdots + 2^{k-\delta}$，$d = 2^{k-2} + \cdots + 2^{k-\delta-1}$，其中 $k \geqslant 4$，$1 \leqslant \delta < k$。这些码实际上是一类著名的 Solomon 和 Stiffler[70] 码。进一步地，通过对这些最优码进行缩短操作，可以得到一类新的系统的二进制线性 (n, k, d) 分组码，其中参数 $n = 2^{k-1} + \cdots + 2^{k-\delta} - 3u$，$d = 2^{k-2} + \cdots + 2^{k-\delta-1} - 2u$，$2 \leqslant u \leqslant 4$，$2 \leqslant \delta < k$。利用拟阵理论的一个最大优点就是产生的生成矩阵是系统形式的，所以很容易可以得到它们的对偶码，而且它们的对偶码也是最优的二进制线性分组码。

3.1 Griesmer 界

自从 1948 年香农提出信息保护以来，伴随着编码理论的发展，如何提高码的纠错能力 t 仍然是很重要的一个主题。而 t 与码的最小距离 d 有这样的关系，即 $t = \left\lfloor \dfrac{(d-1)}{2} \right\rfloor$。其中 $\lfloor x \rfloor$ 表示不大于 x 的最大整数。一般情况下可以得到码长 n、信息位 k 和码的最小距离 d 三者关系的各种界，这些界在码的设计过程中扮演着重要的角色。例如 hamming 界，the Singleton 界，the Plotkin 界，the Gilbert-Varshamov 界以及 Griesmer[71] 界（GB）。在上面所提到的各种界中，本章只研究 GB 界。根据文献[71] 下面给出 GB 界的定义。

定理 3-1 对于任意一个二进制线性 (n, k, d) 码，参数满足下列不等式：

$$n \geqslant \sum_{i=0}^{k-1} \left\lceil \frac{d}{2^i} \right\rceil \tag{3-1}$$

其中，$\lceil x \rceil$ 表示不小于 x 的最小整数。

不等式（3-1）就是二进制下的 GB 界。

如果一个码的最小距离达到 GB 界，即达到上界，则称该码是最优。Grassl[72] 专门建立了一个码的最小距离可能达到最大值的数据库网站，里面包含了一些达到 GB 界的最优码，可惜的是码长最大值不能超过 256。根据网站提供的数据可知，并不是所有的最优码都能够达到 GB 界。但是，反过来，如果一个码的参数达到了 GB 界，则这个码一定是最优码。因此，为了得到最优码，许多研究人员就把问题转化为验证所构造的码是否达到 GB 界。许多科学家和研究人员都构造过能够达到 GB 界的最优码，例如 G. Solomon 等[70]，B. I. Belov [73]，及 T. Helleseth 等[74~78]。1993 年 Hamada 利用有限几何设计了一些达到 GB 的码[79]，尤其是，1980 年 H. C. A. van Tiborg[80]在信息控制的杂志上发表了一类能够达到 GB 界的二进制线性分组码，构造了一类同样参数的二进制同构码，并证明了这类码在同构意义下具有唯一的特性。但是，已有研究构造的码都不是系统形式的码。本书中设计的码的具体参数为 $n = 2^{k-1} + \cdots + 2^{k-\delta}$，$d = 2^{k-2} + \cdots + 2^{k-\delta-1}$ 或 $n = 2^{k-1} + 2^{k-2} - 3$，$d = 2^{k-2} + 2^{k-3} - 2$，设计的码是系统形式。本书通过对拟阵理论的深入研究，发现该理论已经被证明了可以被用于构造一类能够到达 GB 界的系统形式的好码。通常情况下，一个 (n, k, d) 线性分组码是不是一个好码，主要看码的参数是否满足下列三个条件之一。

（1）对于给定码长 n 和信息位 k，所构造的码的最小距离是最大的，即所构造的码可以纠正更多的错误比特。

（2）对于给定码长 n 和码的最小距离 d，尽量最大化信息位 k，则所构造的码可以提高系统的传输速率。

（3）对于给定信息 k 和码的最小距离 d，尽量最小化码长 n，所构造的码也可以提高系统的传输速率。

那么，一般好的线性分组码是如何构造的？有哪些常用方法？下一节将详细介绍一些由已知一个码或几个码构造新的码的方法。

3.2　二进制线性分组码合并构造方法

3.2.1　扩展构造法构造扩展码

假设码 C 是一个二进制 (n, k, d) 线性分组码，d 为奇数，它的码字重量可能是奇数也可能是偶数。若对每一个码字 $(c_0, c_1, \cdots, c_{n-1})$ 增加一个校验元 c'，使得满足下列关系式

$$c_0 + c_1 + \cdots + c_{n-1} + c' = 0 \tag{3-2}$$

c' 称为全校验位，则二进制线性分组码变为 $(n+1, k, d+1)$ 线性分组码，称该线性分组码为 (n, k, d) 码的扩展码。若原码的校验矩阵为 $\boldsymbol{H}$，则扩展码的校验矩阵为，

$$\hat{\boldsymbol{H}} = \begin{bmatrix} 1 & 1 & \cdots & 1 \\ & & & 0 \\ & \boldsymbol{H} & & \vdots \\ & & & 0 \end{bmatrix} \tag{3-3}$$

例 3-1　校验矩阵为式（3-4）的 $(7, 4, 3)$ 汉明码，附加一个全校验位，

可得到一个参数为（8，4，4）的汉明码。对应的校验矩阵为式（3-5）

$$H = \begin{bmatrix} 1 & 0 & 1 & 0 & 1 & 0 & 1 \\ 0 & 1 & 1 & 0 & 0 & 1 & 1 \\ 0 & 0 & 0 & 1 & 1 & 1 & 1 \end{bmatrix} \tag{3-4}$$

$$H = \begin{bmatrix} 1 & 1 & 1 & 1 & 1 & 1 & 1 & 1 \\ 1 & 0 & 1 & 0 & 1 & 0 & 1 & 0 \\ 0 & 1 & 1 & 0 & 0 & 1 & 1 & 0 \\ 0 & 0 & 0 & 1 & 1 & 1 & 1 & 0 \end{bmatrix} \tag{3-5}$$

3.2.2　删余法构造删余码

删余码是由扩展码的逆过程得到的，它是在二进制线性分组码（n，k）的基础上，删去一个校验元，得到（$n-1$，k）码，该码的最小距离可能比原码的最小距离小1，但也有可能不变。

3.2.3　增广法构造增广码

增广码是在原码的基础上，再增加一个信息位且同时删去一个校验位得到的。所以，码长与原码相同，但信息位增加了一个，码率也有点增加。设原码 $C(n，k)$ 是一个没有码字的重量为 n 的二进制线性分组码。在它的生成矩阵 G 上增加一组全为 1 的行，则得到了增广码的生成矩阵 G^a

$$G^a = \begin{bmatrix} 1 & 1 & \cdots & 1 \\ & G & & \end{bmatrix} \tag{3-6}$$

增广码是一个（n，$k+1$，d_a）的线性分组码，它的最小距离由式（3-7）决定：

$$d_a = \min\{d, n - d'\} \tag{3-7}$$

其中 d' 是原码 C 中码字的最大重量。

3.2.4　增余删信法构造增余删信码

和增广码的构造过程相反的操作，得到的码就是增余删信码。它是在原码的基础上，删去一个信息位且同时增加一个校验位得到的，例如，对一个二进制线性（n，k，d）码，其中 d 为奇数，则如果挑选所有偶数重量的码字组成的一个新码，该码就是增余删信码，也是一个（n，$k-1$，$d+1$）的线性码。例如对（23，12，7）的格雷码，如果挑选所有偶数重量的码字可得到一个（23，11，8）的增余删信格雷码。

3.2.5　增信法构造延长码

延长码是在原（n，k）码 C 的基础上，先进行增广然后再增加一个全校验位构成的。所以，增信码是一个 $(n+1, k+1)$ 的线性分组码。延长码的码率为 $r=\dfrac{k+1}{n+1}$，比原码的码率 $\dfrac{k}{n}$ 要大一点，其码的最小距离也可能与原码的最小距离相同。例如，把 $(7, 3, 4)$ 增余删信汉明码先进行增广，变成 $(7, 4, 3)$ 汉明码，然后再增加一个全校验位，得到 $(8, 4, 4)$ 扩展汉明码，该码的码率要比原来的 $(7, 3, 4)$ 码的码率要高，而最小距离相同。如果把单纯码 $(2^m-1, m, 2^{m-1})$ 进行延长，就可以得到一阶的 RM 码，即 $(2^m, m+1, 2^{m-1})$，这是 1954 年由 Muller 设计的，同一年 Reed 用大数逻辑译码方法解决了它的译码问题。RM 码与循环码、几何码密切相关，所以 RM 码是一类重要的线性分组码。

3.2.6   直积法构造直积码

设 C_1 和 C_2 分别是二进制线性 (n_1, k_1, d_1)、(n_2, k_2, d_2) 分组码。则 C_1 和 C_2 的直积码是一个二进制线 $(n_1 n_2, k_1 k_2, d_1 d_2)$ 分组码。如果 G_1，G_2 的生成矩阵分别为

$$G_1 = \begin{bmatrix} g_{11} & \cdots & g_{1n_1} \\ \vdots & & \vdots \\ g_{k_1 1} & \cdots & g_{k_1 n_1} \end{bmatrix} \tag{3-8}$$

$$G_2 = \begin{bmatrix} v_{11} & \cdots & v_{1n_2} \\ \vdots & & \vdots \\ v_{k_2 1} & \cdots & v_{k_1 n_2} \end{bmatrix} \tag{3-9}$$

则直积码的生成矩阵 G 为：

$$G = G_1 \otimes G_2 = \begin{bmatrix} g_{11}G_2 & \cdots & g_{1,n_1}G_2 \\ \vdots & & \vdots \\ g_{k_1}G_2 & \cdots & g_{k_1 n_1}G_2 \end{bmatrix} \tag{3-10}$$

例 3-2   二进制线性码 $(3, 2, 2)$ 码和它本身自己直积就可以得到 $(9, 4, 4)$ 二进制线性码。$(3, 2, 2)$ 码的生成矩阵为

$$G_1 = \begin{bmatrix} 1 & 0 & 1 \\ 0 & 1 & 1 \end{bmatrix} \tag{3-11}$$

$(9, 4, 4)$ 码的生成矩阵为

$$G = G_1 \otimes G_1 = \begin{bmatrix} 1 & 0 & 1 & 0 & 0 & 0 & 1 & 0 & 1 \\ 0 & 1 & 1 & 0 & 0 & 0 & 0 & 1 & 1 \\ 0 & 0 & 0 & 1 & 0 & 1 & 1 & 0 & 1 \\ 0 & 0 & 0 & 0 & 1 & 1 & 0 & 1 & 1 \end{bmatrix} \tag{3-12}$$

3.2.7　直和法构造直和码

设 C_1 和 C_2 分别是二进制线性 (n_1, k_1, d_1)，(n_2, k_2, d_2) 码。它们的生成矩阵分别为 G_1，G_2，且有 $n_1 = n_2 = n$，$C_1 \cap C_2 = 0$，则 C_1 和 C_2 的直和码是

$$C = C_1 \oplus C_2 \text{ 即 } c = \{(a \oplus b) \mid a \in C_1, b \in C_2\} \tag{3-13}$$

所以它的生成矩阵可以表示为：

$$G = \begin{pmatrix} G_1 \\ G_2 \end{pmatrix} \tag{3-14}$$

直和码是一个 $(n, k_1 + k_2, d)$，最小距离满足关系式 (3-15)：

$$d \leqslant \min\{d_1, d_2\} \tag{3-15}$$

例 3-3　C_1 是一个 $(15, 1, 15)$ 重复码，而 C_2 是一个 $(15, 4, 8)$ 单纯码，它们的生成矩阵分别为

$$G_1 = [1\ 1\ 1\ 1\ 1\ 1\ 1\ 1\ 1\ 1\ 1\ 1\ 1\ 1\ 1] \tag{3-16}$$

$$G_2 = \begin{bmatrix} 1 & 0 & 1 & 0 & 1 & 0 & 1 & 0 & 1 & 0 & 1 & 0 & 1 & 0 & 1 \\ 0 & 1 & 1 & 0 & 0 & 1 & 1 & 0 & 0 & 1 & 1 & 0 & 0 & 1 & 1 \\ 0 & 0 & 0 & 1 & 1 & 1 & 1 & 0 & 0 & 0 & 0 & 1 & 1 & 1 & 1 \\ 0 & 0 & 0 & 0 & 0 & 0 & 0 & 1 & 1 & 1 & 1 & 1 & 1 & 1 & 1 \end{bmatrix} \tag{3-17}$$

则和码的生成矩阵为

$$G = \begin{bmatrix} 1 & 1 & 1 & 1 & 1 & 1 & 1 & 1 & 1 & 1 & 1 & 1 & 1 & 1 & 1 \\ 1 & 0 & 1 & 0 & 1 & 0 & 1 & 0 & 1 & 0 & 1 & 0 & 1 & 0 & 1 \\ 0 & 1 & 1 & 0 & 0 & 1 & 1 & 0 & 0 & 1 & 1 & 0 & 0 & 1 & 1 \\ 0 & 0 & 0 & 1 & 1 & 1 & 1 & 0 & 0 & 0 & 0 & 1 & 1 & 1 & 1 \\ 0 & 0 & 0 & 0 & 0 & 0 & 0 & 1 & 1 & 1 & 1 & 1 & 1 & 1 & 1 \end{bmatrix} \tag{3-18}$$

得到一个 $(15, 5, 7)$ 的线性分组码，它的码重量分布为：$w_0 = 1$，$w_7 = 15$，$w_8 = 15$，$w_{15} = 1$。

3.2.8　笛卡儿积法构造码

设 C_1 和 C_2 分别是二进制线性 (n_1, k_1, d_1)，(n_2, k_2, d_2) 码。它们的生成矩阵分别为 G_1，G_2，则 C_1 和 C_2 的笛卡儿积码是 $C = C_1 \times C_2$，即有

$$C = \{(a, b) \mid a \in C_1, b \in C_2\}$$

可知该码的生成矩阵为

$$G = \begin{bmatrix} G_1 & 0 \\ 0 & G_2 \end{bmatrix} \tag{3-19}$$

矩阵中的 **0** 表示全零矩阵。笛卡儿积码是一个二进制的 $(n_1 + n_2, k_1 + k_2, \min\{d_1, d_2\})$ 线性分组码。

例3-4 一个二进制线性（8，4，4）码，与它自己本身的笛卡儿积码是二进制线性（16，8，4）码。它们的生成矩阵分别表示如下：

$$G_1 = \begin{bmatrix} 1 & 0 & 0 & 0 & 1 & 0 & 1 & 1 \\ 0 & 1 & 0 & 0 & 1 & 1 & 0 & 1 \\ 0 & 0 & 1 & 0 & 1 & 1 & 1 & 0 \\ 0 & 0 & 0 & 1 & 0 & 1 & 1 & 1 \end{bmatrix} \tag{3-20}$$

$$G = \begin{bmatrix} G_1 & 0 \\ 0 & G_1 \end{bmatrix} = \begin{bmatrix} 1 & 0 & 0 & 0 & 1 & 0 & 1 & 1 & 0 & 0 & 0 & 0 & 0 & 0 & 0 & 0 \\ 0 & 1 & 0 & 0 & 1 & 1 & 0 & 1 & 0 & 0 & 0 & 0 & 0 & 0 & 0 & 0 \\ 0 & 0 & 1 & 0 & 1 & 1 & 1 & 0 & 0 & 0 & 0 & 0 & 0 & 0 & 0 & 0 \\ 0 & 0 & 0 & 1 & 0 & 1 & 1 & 1 & 0 & 0 & 0 & 0 & 0 & 0 & 0 & 0 \\ 0 & 0 & 0 & 0 & 0 & 0 & 0 & 0 & 1 & 0 & 0 & 0 & 1 & 0 & 1 & 1 \\ 0 & 0 & 0 & 0 & 0 & 0 & 0 & 0 & 0 & 1 & 0 & 0 & 1 & 1 & 0 & 1 \\ 0 & 0 & 0 & 0 & 0 & 0 & 0 & 0 & 0 & 0 & 1 & 0 & 1 & 1 & 1 & 0 \\ 0 & 0 & 0 & 0 & 0 & 0 & 0 & 0 & 0 & 0 & 0 & 1 & 0 & 1 & 1 & 1 \end{bmatrix} \tag{3-21}$$

3.2.9 链接法构造码

设 C_1 和 C_2 分别是二进制线性 (n_1, k_1, d_1)，(n_2, k_2, d_2) 码。且 $k_1 > k_2$，它们的生成矩阵分别为 G_1，G_2，则 C_1 和 C_2 的链接码 $C = C_1 + C_2$ 是一个 $(n_1 + n_2, k_1, d)$ 二进制线性码，其中 $d \geq \min\{d_1, d_2\}$。链接码 C 的生成矩阵为：

$$G = \begin{bmatrix} G_1 & G_2 \\ & 0 \end{bmatrix} \tag{3-22}$$

式中，0 为 $(k_1 - k_2) \times n_2$ 的全 0 矩阵。

例3-5 C_1 和 C_2 分别是二进制线性（8，4，4），（3，2，2）码，它们的生成矩阵分别为：

$$G_1 = \begin{bmatrix} 1 & 0 & 0 & 0 & 1 & 0 & 1 & 1 \\ 0 & 1 & 0 & 0 & 1 & 1 & 0 & 1 \\ 0 & 0 & 1 & 0 & 1 & 1 & 1 & 0 \\ 0 & 0 & 0 & 1 & 0 & 1 & 1 & 1 \end{bmatrix} \tag{3-23}$$

$$G_2 = \begin{bmatrix} 1 & 0 & 1 \\ 0 & 1 & 1 \end{bmatrix} \tag{3-24}$$

则 C_1 和 C_2 的链接码是（11，4，4）码。它的生成矩阵为：

$$G = \begin{bmatrix} 1 & 0 & 0 & 0 & 1 & 0 & 1 & 1 & 1 & 0 & 1 \\ 0 & 1 & 0 & 0 & 1 & 1 & 0 & 1 & 0 & 1 & 1 \\ 0 & 0 & 1 & 0 & 1 & 1 & 1 & 0 & 0 & 0 & 0 \\ 0 & 0 & 0 & 1 & 0 & 1 & 1 & 1 & 0 & 0 & 0 \end{bmatrix} \tag{3-25}$$

3.2.10 $(C_1,\ C_1+C_2)$ 法构造的码

设 C_1 和 C_2 分别是二进制线性 $(n_1,\ k_1,\ d_1)$，$(n_2,\ k_2,\ d_2)$ 码。它们的生成矩阵分别为 G_1，G_2，如果 $n_1=n_2=n$，且 $C_2\subseteq C_1$，则 $(C_1,\ C_1+C_2)$ 构造的码为 $C=\{(a,\ a+b);\ a\in C_1,\ b\in C_2\}$，它的生成矩阵为：

$$G=\begin{bmatrix} G_1 & G_1 \\ 0 & G_2 \end{bmatrix} \tag{3-26}$$

式中，$\mathbf{0}$ 为 $k_2\times n_1$ 的全 0 矩阵。因此得到一个二进制线性 $(2n,\ k_1+k_2,\ \min\{2d_1,\ d_2\})$ 码。

例 3-6 设 C_1 和 C_2 分别是二进制线性 $(8,\ 4,\ 4)$，$(8,\ 1,\ 8)$ 码。它们的生成矩阵分别为

$$G_1=\begin{bmatrix} 1&0&0&0&1&0&1&1 \\ 0&1&0&0&1&1&0&1 \\ 0&0&1&0&1&1&1&0 \\ 0&0&0&1&0&1&1&1 \end{bmatrix} \tag{3-27}$$

$$G_1=\begin{bmatrix} 1&1&1&1&1&1&1&1 \end{bmatrix} \tag{3-28}$$

则 $(C_1,\ C_1+C_2)$ 构造的码生成矩阵为：

$$G=\begin{bmatrix} 1&0&0&0&1&0&1&1&1&0&0&0&1&0&1&1 \\ 0&1&0&0&1&1&0&1&0&1&0&0&1&1&0&1 \\ 0&0&1&0&1&1&1&0&0&0&1&0&1&1&1&0 \\ 0&0&0&1&0&1&1&1&0&0&0&1&0&1&1&0 \\ 0&0&0&0&0&0&0&0&1&1&1&1&1&1&1&1 \end{bmatrix} \tag{3-29}$$

这是一个二进制 $(16,\ 5,\ 8)$ 码。是一阶的 RM 码，也是最优码。

3.2.11 X 构造方法

设 C_1 和 C_2 分别是二进制线性 $(n,\ k_1,\ d_1)$，$(n,\ k_2,\ d_2)$ 分组码[81]，并且有 $C_2\subset C_1$，$k_2<k_1$，设 $C_3=(n_1,\ k_1-k_2,\ d_3)$，则可以得到码 $C=(n+n_1,\ k_1,\ d)$，其中 $d\geqslant\min\{d_2,\ d_1+d_3\}$。

证明：码 C 的生成矩阵具有如下形式

$$G=\begin{bmatrix} G_{12} & G_3 \\ G_2 & 0 \end{bmatrix} \tag{3-30}$$

其中 G_2，G_3 分别是码 C_2 和 C_3 的生成矩阵，且 G_{12} 和 G_2 一起组成码 C_1 的生成矩阵 G_1。即将码 C_1 所有的码字分成两部分，一部分是 C_2，另一部分是和码 C_3 结合起来 $(c_1,\ c_3)$。

3.2.12 X3 构造方法

设 $C_1 = (n, k_1, d_1)$, $C_2 = (n, k_2, d_2)$ 和 $C_3 = (n, k_3, d_3)$ 是三个二进制线性分组码[82]，并且有 $C_3 \subset C_2 \subset C_1$, $k_3 < k_2 < k_1$。利用辅助码 $C_4 = (n_4, k_2 - k_3, d_4)$, $C_5 = (n_5, k_1 - k_2, d_5)$，它们的生成矩阵分别为 G_4 和 G_5，则可以得到二进制线性分组码 $C = (n + n_4 + n_5, k_1, d)$，其中 $d \geq \min\{d_3, d_2 + d_4, d_1 + d_5\}$。码 C 的生成矩阵具有如下形式：

$$G = \begin{bmatrix} G_{12} & 0 & G_5 \\ G_{23} & G_4 & 0 \\ G_3 & 0 & 0 \end{bmatrix} \tag{3-31}$$

式中，0 是全 0 矩阵，同样 G_{23} 和 G_3 一起组合成 G_2 的生成矩阵，而 G_{23}、G_3 和 G_{12} 组合成 G_1 的生成矩阵。

3.2.13 Y1 构造方法

设二进制线性码 $C = (n, k, d)$，如果 C 的对偶码 $C^\perp$ 包含一个码字 $v \in C^\perp$ 的重量为 w，则存在二进制线性码 $C_1 = (n - w, k_1, d_1)$，其中 $k_1 \geq k - w + 1$，$d_1 \geq d$。

证明：码 C_1 可以由码 C 的缩短得到，通过取码 C 的所有在对偶码字 v 非 0 的位置上为 0 的码字[82]，删除这些相应的 w 个位，得到码长为 $n - w$，码的最小距离至少为 d。由于 v 是对偶码的码字，码 C 存在以 v 为第一行的校验矩阵 H，删除 v 的非 0 位置，得到新的校验矩阵 H_1 的第一行全为 0，所以 H_1 的维数最多为 $n - k - 1$。因此这些码 C_1 的维数最多为 $k - w + 1$。

3.2.14 XX 构造方法

设 $C_1 = (n, k_1, d_1)$, $C_2 = (n, k_2, d_2)$ 和 $C_3 = (n, k_3, d_3)$ 是三个线性分组码[83]，有 $C_2 \subset C_1$, $k_2 < k_1$ 且 $C_3 \subset C_1$, $k_3 < k_1$。设 $C_4 = (n, k_4, d_4) = C_2 \cap C_3$。则利用辅助码 $C_5 = (n_5, k_1 - k_2, d_5)$, $C_6 = (n_6, k_1 - k_3, d_6)$，可以得到码二进制线性分组码 $C = (n + n_5 + n_6, k_1, d)$。其中 $d \geq \min\{d_4, d_2 + d_6, d_3 + d_5, d_1 + d_5 + d_6\}$。

以上介绍了 14 种由一个已知码构造新的码方法，以及还有一些是用几个码构造新的码的方法，很多方法可以推广到通过多个码构造新码，如直积码、直和码，还可以把上面介绍的方法互相组合运用构造新码。

在本章中主要利用拟阵理论构造一类好的二进制线性码，下面介绍拟阵与编码的关系。

3.3　拟阵理论与编码理论的基本关系

如果我们无规则地全面搜索二进制线性分组码，复杂度太大且没有可操作性。本书借助拟阵理论找到码的生成矩阵和最小距离之间的函数关系式，通过这种函数关系式，便可以轻松地构造一类系统的 (n, k, d) 线性码。在第 2 章的开始部分简单介绍了拟阵的基本知识，知道了拟阵的种类繁多，内容非常丰富，应用范围非常广泛。在数量众多的拟阵中，与编码理论关系最大的一类拟阵就是向量拟阵。通过向量可以把拟阵与编码连接起来，二进制码可以对应于二进制的向量拟阵；反之，二进制向量拟阵也对应于二进制码。下面详细介绍这种关系的对应。

设 G^* 是一个 $k \times n$ 的二进制矩阵，假设矩阵的秩为 k。集合 $E = \{1, 2, \cdots, n\}$，设 $v_1, v_2, \cdots, v_n$ 是矩阵 G^* 的列向量，I 定义为集合的元素为 $I = \{i_1, \cdots, i_s\} \subseteq E$ 且满足对应的列向量 $v_{i_1}, v_{i_2}, \cdots, v_{i_s}$ 是相互独立的。显然 (E, I) 满足拟阵的三个条件，这种拟阵称为向量拟阵，记为 $M[G^*]$。一般地，拟阵 $M[G^*]$ 并不唯一地确定矩阵 G^*，但是向量拟阵 $M[G^*]$ 在下列操作下保持不变。

（1）矩阵 G^* 的任意两行进行相互交换。

（2）矩阵 G^* 的任意两列进行相互交换。

（3）用矩阵 G^* 的某一行加上其他任意一行后代替该行。

二进制矩阵 G^* 也是一个二进制码的生成矩阵，有 $r(M[G^*]) = \text{rank}(G^*)$。同时矩阵 G^* 可以转换为系统形式的矩阵 $(I_k \mid G')$，也称为拟阵 M 的标准表示。G' 是一个 $k \times (n-k)$ 的矩阵。如果 $M[G^*]$ 是一个均匀拟阵，则它对应的码是最大距离可分离码。由于上面的拟阵与编码关系得不到码的最小距离与其生成矩阵之间的一种函数关系式，所以下面提出了一种新的定义，定义了拟阵理论和编码理论一种新的关系。把拟阵理论与编码理论连接在一起主要是利用了两种思想：一种是提出了联结度的定义，第二种是定义了拟阵新的独立性。

定义 3-1（拟阵联结度的定义）　设 $M_i = (E, I_i)$，$i = 1, \cdots, n$，基集为 E 的拟阵，J 是 E 的子集。如果 E 中存在最大的子集 $J_1, \cdots, J_n$，使得 $J_i \in I_i$，和 $J = J_1 \cup \cdots \cup J_n$。则称 J 和 $d_i = r(J_i)$ 分别为 n 个拟阵的联结，J 为第 i 个拟阵的联结度。

下面我们引入与 k 有关的新的矩阵 G^k，设 G^k 是 $k \times (2^k - 1)$ 矩阵，矩阵的第 i 列是正整数 i 的二进制 k 元组表示，$i = 1, 2, \cdots, (2^k - 1)$。可以从很多方面定义拟阵，现在定义一系列拟阵 $M_i^k = (E^k, I_i^k)$，$i = 1, 2, \cdots, (2^k - 1)$。拟阵的基本集合 $E^k = \{1, 2, \cdots, (2^k - 1)\}$。$I_i^k$ 是 E^k 子集 X 的集合，X 中的任意元素的二进制 k 元组与矩阵 G^k 的第 i 列的转置的乘积在二进制下为零。X 是一个独

立集，$i = 1$，2，$\cdots$，$(2^k - 1)$。根据拟阵的基集合的基本定义可知，每个拟阵只有一个基，且它的元素个数为 $|B_i^k| = 2^{k-1} - 1$。

定理 3-2（二进制线性分组码的最小距离定理） 假设 G 是一个矩阵，它的列是集合 B 中元素的二进制 k 元组表示。如果 E^k 的子集 B 满足 $|B| = n$ 并且设 $\max\limits_{1 \leq j \leq 2^k - 1} |B \cap B_j^k| = t$。则由 G 生成的码 C 的最小距离为 $d = n - t$。

证明：假设 $\boldsymbol{a} = (a_1$，a_2，$\cdots$，$a_k)$ 是一个信息向量。$a_i \in \{0, 1\}$ 对于 $1 \leq i \leq k$。对码字 $c = \boldsymbol{a} \cdot \boldsymbol{G}_{k \times n} = (c_1$，$c_2$，$\cdots$，$c_n)$，根据条件 $\max\limits_{1 \leq j \leq 2^k - 1} |B \cap B_j^k| = t$ 可知码字 c 的零分量个数最多为 t 个，而且存在一个码字它的零分量的个数为 t。因此，由矩阵 G 生成的码的最小距离为 $d = n - t$。

利用定理 3-2 可以计算码的最小距离。而基 $\boldsymbol{B}_i^{k+1}$ 可以由基 $\boldsymbol{B}_i^k$ 通过递归得到，根据基的基本定义有如下性质定理。

定理 3-3 对于给定的整数 e，定义 $\{e + X\} = \{e + x \mid \forall x \in X\}$，对于 $k \geq 2$，有

$$\boldsymbol{B}_i^{k+1} = \begin{cases} \boldsymbol{B}_i^k \cup \{2^k\} \cup \{2^k + \boldsymbol{B}_i^k\}, & 1 \leq i \leq 2^k - 1 \\ \{1, 2, 3, \cdots, 2^k - 1\}, & i = 2^k \\ \boldsymbol{B}_j^k \cup \{2^k + \overline{\boldsymbol{B}_j^k}\}, & 2^k < i < 2^{k+1}, j = i - 2^k \end{cases} \tag{3-32}$$

其中 $\overline{\boldsymbol{B}_j^k} = E^k - B_j^k = \{x \mid x \in E^k, x \notin B_j^k\}$。

证明：根据矩阵 $\boldsymbol{G}^k$ 的定义，可知

$$\boldsymbol{G}^{k+1} = \begin{bmatrix} \boldsymbol{A} & \boldsymbol{D}^T & \boldsymbol{A} \\ \boldsymbol{D} & 1 & \boldsymbol{P} \end{bmatrix} \tag{3-33}$$

其中 $\boldsymbol{P} = (1, \cdots, 1)_{1 \times (2^k - 1)}$，$\boldsymbol{D} = (0, \cdots, 0)_{1 \times (2^k - 1)}$，$\boldsymbol{A} = \boldsymbol{G}^k$。

根据 I_i^{k+1} 的定义可以很容易得到等式（3-33）。

推论 3-1 设 b 是一个正整数且 $1 \leq b \leq 2^k$，若 $b \in \boldsymbol{B}_i^k$ 则 $b \in \boldsymbol{B}_i^m$，对所有的 $m \geq k, 1 \leq i \leq 2k$ 都成立。

证明：推论 3-1 可以根据上面的定理 3-3 直接推导出。

推论 3-2 $m \in \boldsymbol{B}_i^k$ 当且仅当 $i \in \boldsymbol{B}_m^k$，对任意的 $1 \leq i \leq 2^k - 1$ 和 $1 \leq m \leq 2^k - 1$ 都成立。

证明：假设列向量 $\boldsymbol{g}_i$ 和 $\boldsymbol{g}_m$ 分别是正整数 i 和 m 的 k 元组表示。根据 B_i^k 的定义，若 $m \in \boldsymbol{B}_i^k$ 则有 $\boldsymbol{g}_m^T \cdot \boldsymbol{g}_i \equiv 0 \pmod 2$。也就是 $\boldsymbol{g}_i^T \cdot \boldsymbol{g}_m \equiv 0 \pmod 2$，所以有 $i \in \boldsymbol{B}_m^k$。反之同样可以证明。

推论 3-3 $|B_{i_1}^k \cap B_{i_2}^k| = 2^{k-2} - 1$。$k \geq 3$ 以及 $i_1 \neq i_2, 1 \leq i_1, i_2 \leq 2^k - 1$。 （3-34）

证明：对 k 用归纳法证明。对 $k = 3$ 有 $\boldsymbol{B}_1^3 = \{2, 4, 6\}$，$\boldsymbol{B}_2^3 = \{1, 4, 5\}$，$\boldsymbol{B}_3^3 = \{3, 4, 7\}$，$\boldsymbol{B}_4^3 = \{1, 2, 3\}$，$\boldsymbol{B}_5^3 = \{2, 5, 7\}$，$\boldsymbol{B}_6^3 = \{1, 6, 7\}$，$\boldsymbol{B}_7^3 = \{3, 5, 6\}$。

所以 $|\boldsymbol{B}_{i_1}^k \cap \boldsymbol{B}_{i_2}^k| = 2^{3-2} - 1 = 1$。

假定 $k = q(q \geq 3)$，等式（3-34）也成立。当 $k = q + 1$ 时，根据定理 3-3 有

$$|\boldsymbol{B}_{i_1}^{q+1} \cap \boldsymbol{B}_{i_2}^{q+1}| = 2^{q-2} - 1 + 1 + 2^{q-2} - 1 = 2^{q-1} - 1$$

其中 $i_1 \neq i_2$，$1 \leq i_1$，$i_2 \leq 2^q - 1$。

如果 $i_1 \neq i_2$ 并且 $2^q \leq i_1$，$i_2 \leq 2^{q+1} - 1$ 则

$$|\boldsymbol{B}_{i_1}^{q+1} \cap \boldsymbol{B}_{i_2}^{q+1}| = (2^{q-2} - 1) + (2^{q-1} - 1) - 2 \cdot (2^{q-2} - 1) + (2^{q-2} - 1)$$
$$= 2^{q-1} - 1$$

若 $i_1 = 2^q$ 或 $i_2 = 2^q$ 则

$$|\boldsymbol{B}_{i_1}^{q+1} \cap \boldsymbol{B}_{i_2}^{q+1}| = |\boldsymbol{B}_{i_1}^q| = |\boldsymbol{B}_{i_2}^q| = 2^{q-1} - 1$$

假设 $1 \leq i_1 \leq 2^q - 1$ 且 $2^q < i_2 \leq 2^{q+1} - 1$，若 $i_1 = i_2 - 2^q$ 则

$$|\boldsymbol{B}_{i_1}^{q+1} \cap \boldsymbol{B}_{i_2}^{q+1}| = |\boldsymbol{B}_{i_1}^q| = 2^{q-1} - 1$$

其他情况

$$|\boldsymbol{B}_{i_1}^{q+1} \cap \boldsymbol{B}_{i_2}^{q+1}| = |\boldsymbol{B}_{i_1}^q \cap \boldsymbol{B}_{i_2 - 2^q}^q| + |\boldsymbol{B}_{i_1}^q \cap \overline{\boldsymbol{B}_{i_2 - 2^q}^q}| = 2^{q-1} - 1$$

根据以上的结论，当 $k = q + 1$ 时等式（3-34）也成立。所以对所有的 $k \geq 3$ 等式（3-34）都成立。

根据推论 3-3 可知任意两个基的交都有相同的元素个数。

对于任意一个正整数 q，$1 \leq q \leq 2^k - 1$，存在唯一二元序列 a_1，$\cdots$，a_k，记为 A_q^k，满足等式

$$q = \sum_{i=1}^k a_i 2^{i-1} \tag{3-35}$$

定理 3-4　$q \in \boldsymbol{B}_{(2^k-1)}^k$ 当且仅当序列 A_q^k 的重量个数是偶数。

证明：若序列 A_q^k 的重量个数是偶数，又因为整数 $2^k - 1$ 的二进制 k 元表示的列向量所有的分量数值都为 1，故根据基 $\boldsymbol{B}_{(2^k-1)}^k$ 独立性的定义有 $q \in \boldsymbol{B}_{(2^k-1)}^k$。反之同样可以证明。

定理 3-5　$|\boldsymbol{B}_{i_1}^k \cap \boldsymbol{B}_{i_2}^k \cap \boldsymbol{B}_{i_3}^k| = 2^{k-2} - 1$ 或 $|\boldsymbol{B}_{i_1}^k \cap \boldsymbol{B}_{i_2}^k \cap \boldsymbol{B}_{i_3}^k| = 2^{k-3} - 1$ 对所有的 $1 \leq i_1$，i_2，$i_3 \leq 2^k - 1$，$k \geq 3$。

证明：设列向量 $\boldsymbol{g}_{i_r}$ 和 $\boldsymbol{g}_x$ 分别表示正整数 i_r 和 x 的 k 元组表示。其中 $r = 1$，2，3，$k \geq 3$。方程组

$$\begin{cases} \boldsymbol{g}_{i_1}^{\mathrm{T}} \cdot \boldsymbol{g}_x \equiv 0 \pmod 2 \\ \boldsymbol{g}_{i_2}^{\mathrm{T}} \cdot \boldsymbol{g}_x \equiv 0 \pmod 2 \\ \boldsymbol{g}_{i_3}^{\mathrm{T}} \cdot \boldsymbol{g}_x \equiv 0 \pmod 2 \end{cases} \tag{3-36}$$

当向量组 $\boldsymbol{g}_{i_r}$ 是互相独立时，方程组（3-36）的非 0 向量解的个数为

$$|\boldsymbol{B}_{i_1}^k \cap \boldsymbol{B}_{i_2}^k \cap \boldsymbol{B}_{i_3}^k| = 2^{k-3} - 1$$

否则

$$\left| \boldsymbol{B}_{i_1}^k \cap \boldsymbol{B}_{i_2}^k \cap \boldsymbol{B}_{i_3}^k \right| = 2^{k-2} - 1$$

定理 3-6 如果 $\left| \boldsymbol{B}_{i_1}^k \cap \cdots \cap \boldsymbol{B}_{i_\delta}^k \right| = 2^{k-\delta} - 1$，则 $\left| \boldsymbol{B}_{i_1}^k \cap \cdots \cap \boldsymbol{B}_{i_\delta}^k \cap \boldsymbol{B}_i^k \right| = 2^{k-\delta} - 1$，

或 $\left| \boldsymbol{B}_{i_1}^k \cap \cdots \cap \boldsymbol{B}_{i_\delta}^k \cap \boldsymbol{B}_i^k \right| = 2^{k-\delta-1} - 1$，其中 $1 \leqslant i \leqslant 2^k - 1$，$k > \delta$。

证明：因为 $\left| \boldsymbol{B}_{i_1}^k \cap \cdots \cap \boldsymbol{B}_{i_\delta}^k \right| = 2^{k-\delta} - 1$，

即方程组 (3-37) 非 0 向量解的个数为 $2^{k-\delta} - 1$

$$\begin{cases} \boldsymbol{g}_{i_1}^{\mathrm{T}} \cdot \boldsymbol{g}_m \equiv 0 (\mathrm{mod} 2) \\ \quad \vdots \\ \boldsymbol{g}_{i_\delta}^{\mathrm{T}} \cdot \boldsymbol{g}_m \equiv 0 (\mathrm{mod} 2) \end{cases} \tag{3-37}$$

向量组 $\boldsymbol{g}_{i_r} (r = 1, \cdots, \delta)$，线性无关组的个数为 δ。若向量 $\boldsymbol{g}_i$ 可以被向量组 $\boldsymbol{g}_{i_r}$ 表示，则方程组 (3-38) 非 0 向量解的个数为 $2^{k-\delta} - 1$。否则的话，向量组 $\boldsymbol{g}_{i_r}$ 和 $\boldsymbol{g}_i$ 线性无关组的个数为 $\delta + 1$。

$$\begin{cases} \boldsymbol{g}_{i_1}^{\mathrm{T}} \cdot \boldsymbol{g}_x \equiv 0 (\mathrm{mod} 2) \\ \quad \vdots \\ \boldsymbol{g}_{i_\delta}^{\mathrm{T}} \cdot \boldsymbol{g}_x \equiv 0 (\mathrm{mod} 2) \\ \boldsymbol{g}_i^{\mathrm{T}} \cdot \boldsymbol{g}_x \equiv 0 (\mathrm{mod} 2) \end{cases} \tag{3-38}$$

因此，方程组 (3-38) 非 0 向量解的个数为 $2^{k-\delta-1} - 1$。

利用上面的定理，可以构造二进制系统的线性 (n, k, d) 分组码。利用上面的性质定理还可以证明编码理论中一个关于码的最小距离的上界定理，即 PB 界[84]（Plotkin bound）。

PB 界：假设 $\boldsymbol{B}$ 是 E^k 的子集，且 $|\boldsymbol{B}| = n$，码 C 的生成矩阵的列是集合 $\boldsymbol{B}$ 的元素 k 元二进制表示，d 是码 C 的最小距离，则有下列不等式成立：

$$d \leqslant \frac{n 2^{k-1}}{2^k - 1} \tag{3-39}$$

证明：对每个元素 $b \in \boldsymbol{B} \subseteq E^k$，在集合序列中 $\boldsymbol{B}_i^k$，$1 \leqslant i \leqslant 2^k - 1$，共有 $2^{k-1} - 1$ 个集合包含了元素 b，集合 $\boldsymbol{B}$ 中有 n 个元素，所以总数有 $n(2^{k-1} - 1)$。$\boldsymbol{B}_i^k$，$1 \leqslant i \leqslant 2^k - 1$ 的序列集合总数为 $2^k - 1$，平均每个集合 $\boldsymbol{B}_i^k$ 至少包含集合 $\boldsymbol{B}$ 的元素有 $\dfrac{n(2^{k-1} - 1)}{2^k - 1}$ 个，根据定理 3-2 有

$$d \leqslant n - \frac{n(2^{k-1} - 1)}{2^k - 1} \tag{3-40}$$

通过变换可以得到式 (3-39)。

3.4 一类系统的 (n, k, d) 线性分组码的构造

当给定线性分组码的码长 n 和信息位 k，我们需要关心的是如何构造二元线

性分组码，使得所构造的二元线性分组码有最大的最小距离。接下来利用拟阵理论构造了一系列达到 GB 界的二进制线性最优的分组码，即 (n, k, d) 线性分组码，其中码的参数为 $n = 2^{k-1} + \cdots + 2^{k-\delta}$，$d = 2^{k-2} + \cdots + 2^{k-\delta-1}$ 的形式。

3.4.1　二进制线性 $C(2^{k-1}, k, 2^{k-2})$ 分组码的构造（即 $\delta = 1$）

首先，我们任意取一个集合 $\boldsymbol{B}_{i_1}^k$，可以计算 $\overline{\boldsymbol{B}_{i_1}^k}$，其中 $1 \leqslant i_1 \leqslant 2^k - 1$。生成矩阵的列是集合 $\overline{\boldsymbol{B}_{i_1}^k}$ 元素的 k 元二进制表示。

对于任意给定的 $\overline{\boldsymbol{B}_{i_1}^k}$，有 $\left| \overline{\boldsymbol{B}_{i_1}^k} \right| = 2^{k-1}$。

如果 $i \neq i_1$，则有 $\left| \overline{\boldsymbol{B}_{i_1}^k} \cap \boldsymbol{B}_i^k \right| = 2^{k-1} - 1 - (2^{k-2} - 1) = 2^{k-2}$。

否则其他情况有 $\left| \overline{\boldsymbol{B}_{i_1}^k} \cap \boldsymbol{B}_i^k \right| = 0$。

根据定理 3-2，码的最小距离为 $d = 2^{k-1} - 2^{k-2} = 2^{k-2}$。

设 w_0，w_1，$\cdots$，w_n 为码 C 的码重量分布，即码字的重量为 0 的个数为 w_0，码字的重量为 1 的个数为 w_1，$\cdots$，码字的重量为 n 的个数为 w_n。通过计算集合 $\overline{\boldsymbol{B}_{i_1}^k}$ 与每个基 $\boldsymbol{B}_{i_1}^k$ 相交元素的个数，可计算得码 C 的码重量分布为：

$$w_0 = 1, w_{2^{k-2}} = 2^k - 2, w_{2^{k-1}} = 1, \text{其他 } w = 0$$

例 3-7　当 $k = 4$ 时，对应的码为 $C(8, 4, 4)$。选择基 $\boldsymbol{B}_1^4 = \{2, 4, 6, 8, 10, 12, 14\}$，则有 $\overline{\boldsymbol{B}_1^4} = \{1, 3, 5, 7, 9, 11, 13, 15\}$，集合 $\overline{\boldsymbol{B}_1^4}$ 中元素的 4 元组二进制表示所得到的生成矩阵为

$$\boldsymbol{G}_{4 \times 8} = \begin{bmatrix} 1 & 1 & 1 & 1 & 1 & 1 & 1 & 1 \\ 0 & 1 & 0 & 1 & 0 & 1 & 0 & 1 \\ 0 & 0 & 1 & 1 & 0 & 0 & 1 & 1 \\ 0 & 0 & 0 & 0 & 1 & 1 & 1 & 1 \end{bmatrix} \tag{3-41}$$

这是 RM(1, 3)，也是扩展的汉明码。

如果选择基 $\boldsymbol{B}_2^4$，则 $\overline{\boldsymbol{B}_2^4} = \{2, 3, 6, 7, 10, 11, 14, 15\}$，同样可以得到另一生成矩阵为

$$\boldsymbol{G}_{4 \times 8} = \begin{bmatrix} 0 & 1 & 0 & 1 & 0 & 1 & 0 & 1 \\ 1 & 1 & 1 & 1 & 1 & 1 & 1 & 1 \\ 0 & 0 & 1 & 1 & 0 & 0 & 1 & 1 \\ 0 & 0 & 0 & 0 & 1 & 1 & 1 & 1 \end{bmatrix} \tag{3-42}$$

式（3-41）和式（3-42）的生成矩阵构造的码是同构的，即在同构意义下是相同的码。

我们可以选择任意一个基，构造 $C(2^{k-1}, k, 2^{k-2})$ 码，虽然这种码型在同构意义下是唯一的，但是其中有一个特别的基，它可以得到系统的生成矩阵。这个特别的基就是 $\boldsymbol{B}_{(2^k-1)}^k$。

例 3-8 我们选择基 $\boldsymbol{B}_{15}^4 = \{3, 5, 6, 9, 10, 12, 15\}$，则有 $\overline{\boldsymbol{B}_{15}^4} = \{1, 2, 4, 7, 8, 11, 13, 14\}$。则可以得到生成矩阵

$$G_{4 \times 8} = \begin{bmatrix} 1 & 0 & 0 & 1 & 0 & 1 & 1 & 0 \\ 0 & 1 & 0 & 1 & 0 & 1 & 0 & 1 \\ 0 & 0 & 1 & 1 & 0 & 0 & 1 & 1 \\ 0 & 0 & 0 & 0 & 1 & 1 & 1 & 1 \end{bmatrix} \qquad (3\text{-}43)$$

通过交换矩阵的列，就可以得到系统的生成矩阵：

$$G_{4 \times 8} = \begin{bmatrix} 1 & 0 & 0 & 0 & 1 & 1 & 1 & 0 \\ 0 & 1 & 0 & 0 & 1 & 1 & 0 & 1 \\ 0 & 0 & 1 & 0 & 1 & 0 & 1 & 1 \\ 0 & 0 & 0 & 1 & 0 & 1 & 1 & 1 \end{bmatrix} \qquad (3\text{-}44)$$

码 C 的码重量分布为：$w_0 = 1$，$w_4 = 14$，$w_8 = 1$，其他情况下 $w = 0$。

当 k 很大时，计算所有的 $\boldsymbol{B}_{i_1}^k$ 和 $\overline{\boldsymbol{B}_{i_1}^k}$ 是不可能的，而且也没必要这么做，其中 $1 \le i_1 \le 2^k - 1$。我们只需要计算其中一个基就可以构造 $C(2^{k-1}, k, 2^{k-2})$ 码的生成矩阵，如果我们选择基 $\boldsymbol{B}_1^k = \{2, 4, \cdots, 2^k - 2\}$，则很容易计算 $\overline{\boldsymbol{B}_1^k} = \{1, 3, \cdots, 2^k - 1\}$。那么所得到的生成矩阵就是 RM$(1, k-1)$ 码。如果我们选择其他基，基的补集合就不太容易计算，为了得到系统的生成矩阵，我们选择基 $\boldsymbol{B}_{(2^k-1)}^k$，如何计算 $\overline{\boldsymbol{B}_{(2^k-1)}^k}$ 呢？根据定理 3-4，很容易可以得到它所对应的生成矩阵。即所有列的重量为奇数的向量组成生成矩阵。

例 3-9 $k = 5$ 的生成矩阵为：

$$G_{5 \times 16} = \begin{bmatrix} 1 & 0 & 0 & 0 & 0 & 1 & 1 & 1 & 0 & 1 & 1 & 0 & 1 & 0 & 0 & 1 \\ 0 & 1 & 0 & 0 & 0 & 1 & 1 & 0 & 1 & 1 & 0 & 1 & 0 & 1 & 0 & 1 \\ 0 & 0 & 1 & 0 & 0 & 1 & 0 & 1 & 1 & 0 & 1 & 1 & 0 & 0 & 1 & 1 \\ 0 & 0 & 0 & 1 & 0 & 0 & 1 & 1 & 1 & 0 & 0 & 0 & 1 & 1 & 1 & 1 \\ 0 & 0 & 0 & 0 & 1 & 0 & 0 & 0 & 0 & 1 & 1 & 1 & 1 & 1 & 1 & 1 \end{bmatrix} \qquad (3\text{-}45)$$

3.4.2 二进制线性 $C(2^{k-1} + 2^{k-2}, k, 2^{k-2} + 2^{k-3})$ 码的构造 （即 $\delta = 2$）

当 $\delta = 2$ 时，二进制线性分组码为 $C(2^{k-1} + 2^{k-2}, k, 2^{k-2} + 2^{k-3})$。码的生成矩阵的列是集合 $\overline{\boldsymbol{B}_{i_1}^k} \cap \overline{\boldsymbol{B}_{i_2}^k}$ 元素的 k 元二进制线性表示，其中 $1 \le i_1, i_2 \le 2^k - 1$。

给定 $\overline{\boldsymbol{B}_{i_1}^k} \cap \overline{\boldsymbol{B}_{i_2}^k}$，根据推论 3-3 有，$|\overline{\boldsymbol{B}_{i_1}^k} \cap \overline{\boldsymbol{B}_{i_2}^k}| = (2^k - 1) - (2^{k-2} - 1) = 2^{k-1} + 2^{k-2}$。

当 $i \ne i_1$，i_2，$1 \le i < 2^k - 1$ 时，$|\overline{\boldsymbol{B}_{i_1}^k} \cap \overline{\boldsymbol{B}_{i_2}^k} \cap \boldsymbol{B}_i^k| = |\boldsymbol{B}_i^k| - |\overline{\boldsymbol{B}_{i_1}^k} \cap \overline{\boldsymbol{B}_{i_2}^k} \cap \boldsymbol{B}_i^k|$，根据定理 3-5 有

$$|\overline{\boldsymbol{B}_{i_1}^k} \cap \overline{\boldsymbol{B}_{i_2}^k} \cap \boldsymbol{B}_i^k| = (2^{k-1} - 1) - (2^{k-2} - 1) = 2^{k-2}$$

或有

$$\left|\overline{\boldsymbol{B}_{i_1}^k \cap \boldsymbol{B}_{i_2}^k} \cap \boldsymbol{B}_i^k\right| = (2^{k-1}-1) - (2^{k-3}-1) = 2^{k-2} + 2^{k-3}$$

如果 $i = i_1$ 或 $i = i_2$，则有

$$\left|\overline{\boldsymbol{B}_{i_1}^k \cap \boldsymbol{B}_{i_2}^k} \cap \boldsymbol{B}_{i_1}^k\right| = \left|\boldsymbol{B}_{i_1}^k\right| - \left|\boldsymbol{B}_{i_1}^k \cap \boldsymbol{B}_{i_2}^k\right| = (2^{k-1}-1) - (2^{k-2}-1) = 2^{k-2}$$

因此码的最小距离为

$$d = 2^{k-1} + 2^{k-2} - 2^{k-2} - 2^{k-3} = 2^{k-2} + 2^{k-3}$$

码的重量分布为

$$w_0 = 1, w_{2^{k-2}+2^{k-3}} = 2^k - 4, w_{2^{k-1}} = 3, w = 0$$

例 3-10　当 $k = 4$，则二进制线性码是 $C(12, 4, 6)$。如果选择 $\boldsymbol{B}_1^4 \cap \boldsymbol{B}_2^4$，则可以计算集合 $\overline{\boldsymbol{B}_1^4 \cap \boldsymbol{B}_2^4} = \{1, 2, 3, 5, 6, 7, 9, 10, 11, 13, 14, 15\}$，以该集合元素的二进制展开为矩阵的列得到的码的生成矩阵为

$$\boldsymbol{G}_{4 \times 12} = \begin{bmatrix} 1 & 0 & 1 & 1 & 0 & 1 & 1 & 0 & 1 & 1 & 0 & 1 \\ 0 & 1 & 1 & 0 & 1 & 1 & 0 & 1 & 1 & 0 & 1 & 1 \\ 0 & 0 & 0 & 1 & 1 & 1 & 0 & 0 & 0 & 1 & 1 & 1 \\ 0 & 0 & 0 & 0 & 0 & 0 & 1 & 1 & 1 & 1 & 1 & 1 \end{bmatrix} \tag{3-46}$$

码的重量分布为：$w_0 = 1$，$w_6 = 12$，$w_8 = 3$，其他 $w = 0$。

当 k 很大的时候，为了构造二进制线性分组码 $C(2^{k-1} + 2^{k-2}, k, 2^{k-2} + 2^{k-3})$，可以任意选择两个基，计算它们的交集。例如选择基 $\boldsymbol{B}_1^k$ 和 $\boldsymbol{B}_2^k$，根据定理 3-3，可得 $\boldsymbol{B}_1^k \cap \boldsymbol{B}_2^k = \{4z \mid 1 \leqslant z \leqslant 2^{k-2} - 1\}$，因此很容易可以得到 $\overline{\boldsymbol{B}_1^k \cap \boldsymbol{B}_2^k}$。为了构造系统的生成矩阵，可以选择基 $\boldsymbol{B}_1^k$ 和 $\boldsymbol{B}_{(2^k-1)}^k$，$\overline{\boldsymbol{B}_1^k \cap \boldsymbol{B}_{(2^k-1)}^k}$ 的元素是属于集合 $\boldsymbol{B}_{(2^k-1)}^k$ 的偶数。根据定理 3-4，可知集合 $\overline{\boldsymbol{B}_1^k \cap \boldsymbol{B}_{(2^k-1)}^k}$ 的元素个数是奇数，或 k 元二进制表示的向量列重量是奇数。

例 3-11　当 $k = 4$ 和 $k = 5$ 时，二进制线性码 $C(12, 4, 6)$ 和 $C(24, 5, 12)$ 的生成矩阵分别表示如下：

$$\boldsymbol{G}_{4 \times 12} = \begin{bmatrix} 1 & 0 & 0 & 0 & 1 & 1 & 1 & 1 & 1 & 1 & 0 & 1 \\ 0 & 1 & 0 & 0 & 1 & 0 & 1 & 0 & 1 & 0 & 1 & 1 \\ 0 & 0 & 1 & 0 & 0 & 1 & 1 & 0 & 0 & 1 & 1 & 1 \\ 0 & 0 & 0 & 1 & 0 & 0 & 0 & 1 & 1 & 1 & 1 & 1 \end{bmatrix} \tag{3-47}$$

$$\boldsymbol{G}_{5 \times 24} = \begin{bmatrix} 1 & 0 & 0 & 0 & 0 & 1 & 0 & 1 & 1 & 1 & 1 & 0 & 1 & 1 & 1 & 1 & 0 & 1 & 1 & 0 & 1 & 0 & 1 & 1 \\ 0 & 1 & 0 & 0 & 0 & 0 & 1 & 1 & 1 & 0 & 1 & 0 & 1 & 1 & 0 & 1 & 0 & 1 & 0 & 1 & 1 & 0 & 0 & 1 \\ 0 & 0 & 1 & 0 & 0 & 0 & 1 & 1 & 0 & 0 & 1 & 1 & 0 & 0 & 1 & 1 & 1 & 0 & 0 & 0 & 0 & 1 & 1 & 1 \\ 0 & 0 & 0 & 1 & 0 & 0 & 1 & 1 & 1 & 1 & 0 & 0 & 0 & 0 & 0 & 0 & 1 & 1 & 1 & 1 & 1 & 1 & 1 & 1 \\ 0 & 0 & 0 & 0 & 1 & 0 & 0 & 0 & 0 & 0 & 0 & 0 & 1 & 1 & 1 & 1 & 1 & 1 & 1 & 1 & 1 & 1 & 1 & 1 \end{bmatrix}$$
$$\tag{3-48}$$

3.4.3 当 $\delta \geqslant 3$ 时二进制线性分组码的构造

本小节的目的主要是构造一类能够达到 GB 界的二元线性 (n, k, d) 分组好码，码的参数为：$n = 2^{k-1} + \cdots + 2^{k-\delta}$，$d = 2^{k-2} + \cdots + 2^{k-\delta-1}$ 且 $\delta \geqslant 3$。详细的构造过程如下：

对于给定的 $|\boldsymbol{B}_{i_1}^k \cap \cdots \cap \boldsymbol{B}_{i_\delta}^k| = 2^{k-\delta} - 1$，其中 $1 \leqslant i_1, \cdots, i_\delta \leqslant 2^k - 1$，根据定理 3-6 有

$$|\overline{\boldsymbol{B}_{i_1}^k \cap \cdots \cap \boldsymbol{B}_{i_\delta}^k}| = (2^k - 1) - (2^{k-\delta} - 1) = 2^{k-1} + \cdots + 2^{k-\delta}$$

所以知道码长为 $n = 2^{k-1} + \cdots + 2^{k-\delta}$。

当 $i \neq i_1, \cdots, i_\delta$ 且 $1 \leqslant i < 2^k - 1$ 时，有

$$|\overline{\boldsymbol{B}_{i_1}^k \cap \cdots \cap \boldsymbol{B}_{i_\delta}^k} \cap \boldsymbol{B}_i^k| = |\boldsymbol{B}_i^k| - |\boldsymbol{B}_{i_1}^k \cap \cdots \cap \boldsymbol{B}_{i_\delta}^k \cap \boldsymbol{B}_i^k| = 2^{k-2} + \cdots + 2^{k-\delta}$$

或

$$= 2^{k-2} + \cdots + 2^{k-\delta-1}$$

否则 i 等于 $i_1, \cdots, i_\delta$ 其中之一，有

$$|\overline{\boldsymbol{B}_{i_1}^k \cap \cdots \cap \boldsymbol{B}_{i_\delta}^k} \cap \boldsymbol{B}_i^k| = 2^{k-2} + \cdots + 2^{k-\delta}$$

根据定理 3-2，码的最小距离为

$$d = (2^{k-1} + \cdots + 2^{k-\delta}) - (2^{k-2} + \cdots + 2^{k-\delta} + 2^{k-\delta-1}) = 2^{k-2} + \cdots + 2^{k-\delta-1}$$

通过计算可以知道码的重量分布为

$$w_0 = 1, w_{2^{k-2} + \cdots + 2^{k-\delta-1}} = 2^k - 2^\delta, w_{2^{k-1}} = 2^\delta - 1 \text{ 其他 } w = 0$$

例 3-12 当取 $k = 5$ 和 $\delta = 3$ 时，可以得到二进制线性分组码 $(28, 5, 14)$，如果选择基 $\boldsymbol{B}_1^5$，$\boldsymbol{B}_2^5$ 和 $\boldsymbol{B}_{31}^5$，则可知 $|\boldsymbol{B}_1^5 \cap \boldsymbol{B}_2^5 \cap \boldsymbol{B}_{31}^5| = \{12, 20, 24\}$，所以可知：

$$|\overline{\boldsymbol{B}_1^5 \cap \boldsymbol{B}_2^5 \cap \boldsymbol{B}_{31}^5}| = \{1,2,3,4,5,6,7,8,9,10,11,13,14,15,16,17,18,$$
$$19,21,22,23,25,26,27,28,29,30,31\}$$

所以码的生成矩阵为

$$G = \begin{bmatrix} 1 & 0 & 0 & 0 & 0 & 1 & 1 & 0 & 1 & 1 & 0 & 1 & 1 & 0 & 1 & 1 & 0 & 1 & 1 & 0 & 1 & 1 & 0 & 1 & 0 & 1 & 0 & 1 \\ 0 & 1 & 0 & 0 & 0 & 1 & 0 & 1 & 1 & 0 & 1 & 1 & 0 & 1 & 1 & 0 & 1 & 1 & 0 & 1 & 1 & 0 & 1 & 1 & 0 & 0 & 1 & 1 \\ 0 & 0 & 1 & 0 & 0 & 0 & 1 & 1 & 0 & 0 & 1 & 1 & 0 & 0 & 1 & 1 & 0 & 0 & 1 & 1 & 0 & 0 & 1 & 1 & 0 & 0 & 1 & 1 \\ 0 & 0 & 0 & 1 & 0 & 0 & 0 & 0 & 1 & 1 & 1 & 1 & 0 & 0 & 0 & 0 & 1 & 1 & 1 & 1 & 0 & 0 & 0 & 0 & 1 & 1 & 1 & 1 \\ 0 & 0 & 0 & 0 & 1 & 0 & 0 & 0 & 0 & 0 & 0 & 0 & 1 & 1 & 1 & 1 & 1 & 1 & 1 & 1 & 1 & 1 & 1 & 1 & 1 & 1 & 1 & 1 \end{bmatrix}$$

$$(3-49)$$

二进制线性分组码 $(28, 5, 14)$ 的码重量分布为：$w_0 = 1$，$w_{14} = 24$，$w_{16} = 7$，其他 $w = 0$，并且为了构造系统码的生成矩阵，一定要选择基 $B_{(2^k-1)}^k$。

3.5 一类新的二进制系统线性分组码的构造

本节构造了一类新的二进制线性系统 $C(n, k, d)$ 分组码，其中参数分别

为：$n = 2^{k-1} + \cdots + 2^{k-\delta} - 3u$，$d = 2^{k-2} + \cdots + 2^{k-\delta-1} - 2u$，$2 \leqslant u \leqslant 4$，$1 \leqslant \delta < k$，$k \geqslant 6$。

在上节构造了一类最优的线性分组码 $(2^{k-1} + 2^{k-2}, k, 2^{k-2} + 2^{k-3})$，当参数 $k = 6$ 时。选择基 $\boldsymbol{B}_1^6$ 和 $\boldsymbol{B}_{63}^6$。我们可以选择 $|\overline{\boldsymbol{B}_1^6 \cap \boldsymbol{B}_{63}^6}|$ 的一些子集 S_1，$\cdots$，S_u 满足下列三个条件：

（1）$|S_i| = 3$，$i = 1$，$\cdots$，v；

（2）$|S_i \cap S_j| = 0$，$i \neq j$；

（3）$\min\limits_{j \in E^6} |S_i \cap \boldsymbol{B}_j^6| = 1$，$i = 1$，$\cdots$，$v$。

通过计算机搜索，可以找到这样的子集 S_i，其中 $1 \leqslant i \leqslant v$，满足上面三个条件。

例 3-13　$S_1 = \{3, 13, 14\}$，$S_2 = \{5, 19, 22\}$，$S_3 = \{7, 26, 29\}$，$S_4 = \{9, 21, 28\}$，$S_5 = \{11, 33, 42\}$，$S_6 = \{15, 35, 44\}$，$S_7 = \{17, 37, 52\}$，$S_8 = \{31, 45, 50\}$。这里 $v = 8$，当然 v 也可能大于 8 的。

设 $\boldsymbol{B} = |\overline{\boldsymbol{B}_1^6 \cap \boldsymbol{B}_{63}^6}| - \bigcup\limits_{j=1}^{u} \boldsymbol{S}_j$，而 $u = 1$，$\cdots$，v。根据定理 3-2，由集合 $\boldsymbol{B}$ 中的元素的 6 元组表示构成的矩阵可得到 $(n, 6, d)$ 线性分组码，其中码的参数为 $n = 48 - 3u$，$d = 24 - 2u$。但是，随着 u 的增加得到的码可能不是最优的。为了保证得到的是一个好码，u 必需小于 $2^{k-\delta-1}$。

例 3-14　对 $k = 6$，$\delta = 2$，当 $u = 1$，2，3，4 时仍然是好码。有关线性分组码的具体信息如下：

（1）当 $u = 1$，二进制线性分组码 $(45, 6, 22)$ 的码重量分布为：
$$w_0 = 1, \ w_{22} = 45, w_{24} = 15, w_{30} = 3, \text{其他 } w = 0$$

（2）当 $u = 2$，二进制线性分组码 $(42, 6, 20)$ 的码重量分布为：
$$w_0 = 1, \ w_{20} = 33, \ w_{22} = 24, \ w_{24} = 3, \ w_{28} = 3, \text{其他 } w = 0$$

（3）当 $u = 3$，二进制线性分组码 $(39, 6, 18)$ 的码重量分布为：
$$w_0 = 1, \ w_{18} = 23, w_{20} = 30, w_{22} = 6, \ w_{24} = 1, w_{26} = 3, \text{其他 } w = 0$$

（4）当 $u = 4$，二进制线性分组码 $(36, 6, 16)$ 的码重量分布为：
$$w_0 = 1, w_{16} = 15, \ w_{18} = 32, w_{20} = 12, \ w_{24} = 4, \text{其他 } w = 0$$

当改变 S_i 时，码的重量分布可能不同，即可能得到不同的最优码。

当 $k \geqslant 6$ 时，根据推论 3-1，上面的子集合仍然是集合 $|\overline{\boldsymbol{B}_{i_1}^k \cap \cdots \cap \boldsymbol{B}_{i_\delta}^k}|$ 的子集，以及 $|\overline{\boldsymbol{B}_{i_1}^k \cap \cdots \cap \boldsymbol{B}_{i_\delta}^k}| = 2^{k-\delta} - 1$，其中 $i_1 = 1$，$i_\delta = 2^k - 1$。同时这些子集也满足下面三个条件：

（1）$|S_i| = 3$，$i = 1$，$\cdots$，v；

（2）$|S_i \cap S_j| = 0$，$i \neq j$；

（3）$\min\limits_{j \in E^k} |S_i \cap B_j^k| = 1$，$i = 1, \cdots, v$。

设 $B = \overline{|B_{i_1}^k \cap \cdots \cap B_{i_\delta}^k|} - \bigcup\limits_{j=1}^{u} S_j$，$1 \leq u \leq 4$。为了构造 (n, k, d) 线性码，其中参数 $n = 2^{k-1} + \cdots + 2^{k-\delta} - 3u$，$d = 2^{k-2} + \cdots + 2^{k-\delta-1} - 2u$。根据定理 3-2，码的生成矩阵是集合 B 的 k 元组表示。

（1）当 $u = 1$，二进制线性码 $(2^{k-1} + \cdots + 2^{k-\delta} - 3, k, 2^{k-2} + \cdots + 2^{k-\delta-1} - 2)$ 的码重分布为：

$$w_0 = 1, w_{2^{k-2} + \cdots + 2^{k-\delta-1} - 2} = 2^{k-1} + 2^{k-2} - 2^\delta + 1,$$
$$w_{2^{k-2} + \cdots + 2^{k-\delta-1}} = 2^{k-2} - 1, w_{2^{k-1}} = 2^\delta - 1, \text{其他 } w = 0$$

（2）当 $u = 2$，二进制线性码 $(2^{k-1} + \cdots + 2^{k-\delta} - 6, k, 2^{k-2} + \cdots + 2^{k-\delta-1} - 4)$ 的码重分布为：

$$w_0 = 1, w_{2^{k-2} + \cdots + 2^{k-\delta-1} - 4} = 2^{k-1} + 2^{k-4} - 2^\delta + 1,$$
$$w_{2^{k-2} + \cdots + 2^{k-\delta-1} - 2} = 2^{k-2} + 2^{k-3}, w_{2^{k-2} + \cdots + 2^{k-\delta-1}} = 2^{k-4} - 1,$$
$$w_{2^{k-1}} = 2^\delta - 1, \text{其他 } w = 0$$

（3）当 $u = 3$，二进制线性码 $(2^{k-1} + \cdots + 2^{k-\delta} - 9, k, 2^{k-2} + \cdots + 2^{k-\delta-1} - 6)$ 的码重分布为：

$$w_0 = 1, w_{2^{k-2} + \cdots + 2^{k-\delta-1} - 6} = 2^{k-2} + 2^{k-3} + 2^{k-5} - 2^\delta + 1,$$
$$w_{2^{k-2} + \cdots + 2^{k-\delta-1} - 2} = 2^{k-4} + 2^{k-5}, w_{2^{k-2} + \cdots + 2^{k-\delta-1} - 4} = 2^{k-1} - 2^{k-5},$$
$$w_{2^{k-2} + \cdots + 2^{k-\delta-1}} = 2^{k-5} - 1, w_{2^{k-1} - 6} = 2^\delta - 1, \text{其他 } w = 0$$

（4）当 $u = 4$，二进制线性码 $(2^{k-1} + \cdots + 2^{k-\delta} - 12, k, 2^{k-2} + \cdots + 2^{k-\delta-1} - 9)$ 的码重分布为：

$$w_0 = 1, w_{2^{k-2} + \cdots + 2^{k-\delta-1} - 8} = 2^{k-2} + 2^{k-5} - 2^\delta + 1, w_{2^{k-2} + \cdots + 2^{k-\delta-1} - 6} = 2^{k-1},$$
$$w_{2^{k-2} + \cdots + 2^{k-\delta-1} - 4} = 2^{k-3} + 2^{k-4}, w_{2^{k-2} + \cdots + 2^{k-\delta-1}} = 2^{k-5} - 1,$$
$$w_{2^{k-1} - 8} = 2^\delta - 1, \text{其他 } w = 0$$

例 3-15 当 $\delta = 2$，$k \geq 6$ 时，上面得到的码和码重量分布如下：

（1）当 $u = 1$，二进制线性码 $(2^{k-1} + 2^{k-2} - 3, k, 2^{k-2} + 2^{k-3} - 2)$ 的码重量分布为：

$$w_0 = 1, w_{2^{k-2} + 2^{k-3} - 2} = 2^{k-1} + 2^{k-2} - 3, w_{2^{k-2} + 2^{k-3}} = 2^{k-2} - 1,$$

$w_{2^{k-1} - 2} = 3$，其他 $w = 0$。文献 [75] 也得到同样的码重量分布。

（2）当 $u = 2$，二进制线性码 $(2^{k-1} + 2^{k-2} - 6, k, 2^{k-2} + 2^{k-3} - 4)$ 的码重量分布为：

$$w_0 = 1, w_{2k-2+2k-3-4} = 2^{k-1} + 2^{k-4} - 3, w_{2k-2+2k-3-2} = 2^{k-2} + 2^{k-3},$$

$$w_{2k-2+2k-3} = 2^{k-4} - 1, w_{2k-1-4} = 3, 其他 w = 0$$

（3）当 $u = 3$，二进制线性码 $(2^{k-1} + 2^{k-2} - 9, k, 2^{k-2} + 2^{k-3} - 6)$ 的码重量分布为：

$$w_0 = 1, w_{2k-2+2k-3-6} = 2^{k-2} + 2^{k-3} + 2^{k-5} - 3, w_{2k-2+2k-3-4} = 2^{k-1} - 2^{k-5},$$

$$w_{2k-2+2k-3-2} = 2^{k-4} + 2^{k-5}, w_{2k-2+2k-3} = 2^{k-5} - 1, w_{2k-1-6} = 3, 其他 w = 0$$

（4）当 $u = 4$，二进制线性码 $(2^{k-1} + 2^{k-2} - 12, k, 2^{k-2} + 2^{k-3} - 9)$ 的码重量分布为：

$$w_0 = 1, w_{2k-2+2k-3-8} = 2^{k-2} + 2^{k-5} - 3, w_{2k-2+2k-3-6} = 2^{k-1},$$

$$w_{2k-2+2k-3-4} = 2^{k-3} + 2^{k-4}, w_{2k-2+2k-3} = 2^{k-5} - 1, w_{2k-1-8} = 3, 其他 w = 0$$

例 3-16　当 $k = 7$ 和 8 时，可以得到 (93, 7, 46)，(90, 7, 44)，(87, 7, 42)，(84, 7, 40)，(189, 8, 94)，(186, 8, 92)，(183, 8, 90)，(181, 8, 88) 共 8 个好码。

它们的码重量分布分别如下：

（1）线性码 (93, 7, 46) 的重量分布为

$$w_0 = 1, w_{46} = 93, w_{48} = 31, w_{62} = 3, 其他 w = 0$$

（2）线性码 (90, 7, 44) 的重量分布为

$$w_0 = 1, w_{44} = 69, w_{46} = 48, w_{48} = 7, w_{60} = 3, 其他 w = 0$$

（3）线性码 (87, 7, 42) 的重量分布为

$$w_0 = 1, w_{42} = 49, w_{44} = 60, w_{46} = 12, w_{48} = 3, w_{58} = 3, 其他 w = 0$$

（4）线性码 (84, 7, 40) 的重量分布为

$$w_0 = 1, w_{40} = 33, w_{42} = 64, w_{44} = 24, w_{48} = 3, w_{56} = 3, 其他 w = 0$$

（5）线性码 (189, 8, 94) 的重量分布为

$$w_0 = 1, w_{94} = 189, w_{96} = 63, w_{126} = 3, 其他 w = 0$$

（6）线性码 (186, 8, 92) 的重量分布为

$$w_0 = 1, w_{92} = 141, w_{94} = 96, w_{96} = 15, w_{124} = 3, 其他 w = 0$$

（7）线性码 (183, 8, 90) 的重量分布为

$$w_0 = 1, w_{90} = 101, w_{92} = 120, w_{94} = 24, w_{96} = 7, w_{122} = 3, 其他 w = 0$$

（8）线性码 (180, 8, 88) 的重量分布为

$$w_0 = 1, w_{88} = 69, w_{90} = 128, w_{92} = 48, w_{96} = 7, w_{120} = 3, 其他 w = 0$$

3.6　二进制线性分组码 $C(n, k, d)$ 的对偶码构造

二进制线性 $C(n, k)$ 码的对偶码 $C^\perp$ 为 $(n, n-k)$ 码。如果二进制线性

$C(n, k)$码的生成矩阵具有的 $(I_{k \times k} \mid G_{k \times (n-k)})$ 形式，其中 $I_{k \times k}$ 为单位矩阵，则它的对偶码 $C^{\perp}$ 的生成矩阵为 $(G^{\mathrm{T}}_{(n-k) \times k} \mid I_{(n-k) \times (n-k)})$，$G^{\mathrm{T}}_{(n-k) \times k}$ 表示矩阵的转置。若已知码 C 的一般生成矩阵，想要得到其对偶码 $C^{\perp}$ 的生成矩阵，则要把码 C 的生成矩阵转换为系统形式，或构造系统形式的生成矩阵。

为了构造二进制线性码 $C(2^{k-1} + \cdots + 2^{k-\delta}, k, 2^{k-2} + \cdots + 2^{k-\delta-1})$ 的对偶码，先构造它的系统生成矩阵。当 $\delta = 1$ 时，二进制线性码 $C(2^{k-1}, k, 2^{k-2})$。选择基 $\overline{B^k_{(2^k-1)}}$，可以计算 $B^k_{(2^k-1)}$，通过改变矩阵的列就可以得到系统的生成矩阵。也就可以得到它的对偶码。根据 MacWilliam 等式，可知对偶码的最小距离为 4。

例 3-17 当 $k = 5$，二进制线性码为 $(16, 5, 8)$，它的对偶码为 $(16, 11, 4)$。对偶码的生成矩阵为 （3-50）。

对偶码的重量分布为 $w_0 = 1$, $w_4 = 140$, $w_6 = 448$, $w_8 = 870$, $w_{10} = 448$, $w_{12} = 140$, $w_{16} = 1$, 其他 $w = 0$。

$$G^{\perp}_{11 \times 16} = \begin{bmatrix} 1 & 1 & 1 & 0 & 0 & 1 & 0 & 0 & 0 & 0 & 0 & 0 & 0 & 0 & 0 & 0 \\ 1 & 1 & 0 & 1 & 0 & 0 & 1 & 0 & 0 & 0 & 0 & 0 & 0 & 0 & 0 & 0 \\ 1 & 0 & 1 & 1 & 0 & 0 & 0 & 1 & 0 & 0 & 0 & 0 & 0 & 0 & 0 & 0 \\ 0 & 1 & 1 & 1 & 0 & 0 & 0 & 0 & 1 & 0 & 0 & 0 & 0 & 0 & 0 & 0 \\ 1 & 1 & 0 & 0 & 1 & 0 & 0 & 0 & 0 & 1 & 0 & 0 & 0 & 0 & 0 & 0 \\ 1 & 0 & 1 & 0 & 1 & 0 & 0 & 0 & 0 & 0 & 1 & 0 & 0 & 0 & 0 & 0 \\ 0 & 1 & 1 & 0 & 1 & 0 & 0 & 0 & 0 & 0 & 0 & 1 & 0 & 0 & 0 & 0 \\ 1 & 0 & 0 & 1 & 1 & 0 & 0 & 0 & 0 & 0 & 0 & 0 & 1 & 0 & 0 & 0 \\ 0 & 1 & 0 & 1 & 1 & 0 & 0 & 0 & 0 & 0 & 0 & 0 & 0 & 1 & 0 & 0 \\ 0 & 0 & 1 & 1 & 1 & 0 & 0 & 0 & 0 & 0 & 0 & 0 & 0 & 0 & 1 & 0 \\ 1 & 1 & 1 & 1 & 1 & 0 & 0 & 0 & 0 & 0 & 0 & 0 & 0 & 0 & 0 & 1 \end{bmatrix} \quad (3\text{-}50)$$

当 $\delta = 2$ 时，二进制线性码是 $(2^{k-1} + 2^{k-2}, k, 2^{k-2} + 2^{k-3})$。选择基 B^k_1 和 $B^k_{(2^k-1)}$ 就可以构造系统的生成矩阵。它的对偶码是二进制线性码 $(24, 19, 3)$。生成矩阵为式 （3-51）。它的对偶码的重量分布为 $w_0 = 1$, $w_3 = 67$, $w_4 = 371$, $w_5 = 1324$, $w_6 = 4088$, $w_7 = 10805$, $w_8 = 23242$, $w_9 = 40896$, $w_{10} = 60880$, $w_{11} = 77966$, $w_{12} = 84966$, $w_{13} = 78008$, $w_{14} = 60928$, $w_{15} = 40890$, $w_{16} = 23173$, $w_{17} = 10784$, $w_{18} = 4144$, $w_{19} = 1343$, $w_{20} = 343$, $w_{21} = 60$, $w_{22} = 8$, $w_{23} = 1$, 其他 $w = 0$。

根据 MacWilliam 等式，二进制线性码 (n, k, d) 的对偶码的最小距离为 3，因此它们都是最优码，其中参数

$$n = 2^{k-1} + \cdots + 2^{k-\delta}, d = 2^{k-2} + \cdots + 2^{k-\delta-1}, k \geq 4, 2 \leq \delta < k$$
$$n = 2^{k-1} + \cdots + 2^{k-\delta} - 3u, d = 2^{k-2} + \cdots + 2^{k-\delta-1} - 2u, 2 \leq u < 2^{k-\delta-2}, 1 \leq \delta < k, k \geq 6$$

$$G_{19\times24}^{\perp}=\begin{bmatrix}
1&1&0&0&0&1&0&0&0&0&0&0&0&0&0&0&0&0&0&0&0&0&0&0\\
0&1&1&0&0&0&1&0&0&0&0&0&0&0&0&0&0&0&0&0&0&0&0&0\\
1&1&1&0&0&0&0&1&0&0&0&0&0&0&0&0&0&0&0&0&0&0&0&0\\
1&0&0&1&0&0&0&0&1&0&0&0&0&0&0&0&0&0&0&0&0&0&0&0\\
1&1&0&1&0&0&0&0&0&1&0&0&0&0&0&0&0&0&0&0&0&0&0&0\\
1&0&1&1&0&0&0&0&0&0&1&0&0&0&0&0&0&0&0&0&0&0&0&0\\
0&1&1&1&0&0&0&0&0&0&0&1&0&0&0&0&0&0&0&0&0&0&0&0\\
1&0&0&0&1&0&0&0&0&0&0&0&1&0&0&0&0&0&0&0&0&0&0&0\\
1&1&0&0&1&0&0&0&0&0&0&0&0&1&0&0&0&0&0&0&0&0&0&0\\
1&0&1&0&1&0&0&0&0&0&0&0&0&0&1&0&0&0&0&0&0&0&0&0\\
0&1&1&0&1&0&0&0&0&0&0&0&0&0&0&1&0&0&0&0&0&0&0&0\\
1&1&1&0&1&0&0&0&0&0&0&0&0&0&0&0&1&0&0&0&0&0&0&0\\
1&0&0&1&1&0&0&0&0&0&0&0&0&0&0&0&0&1&0&0&0&0&0&0\\
0&1&0&1&1&0&0&0&0&0&0&0&0&0&0&0&0&0&1&0&0&0&0&0\\
1&1&0&1&1&0&0&0&0&0&0&0&0&0&0&0&0&0&0&1&0&0&0&0\\
0&0&1&1&1&0&0&0&0&0&0&0&0&0&0&0&0&0&0&0&1&0&0&0\\
1&0&1&1&1&0&0&0&0&0&0&0&0&0&0&0&0&0&0&0&0&1&0&0\\
0&1&1&1&1&0&0&0&0&0&0&0&0&0&0&0&0&0&0&0&0&0&1&0\\
1&1&1&1&1&0&0&0&0&0&0&0&0&0&0&0&0&0&0&0&0&0&0&1
\end{bmatrix}$$

$$(3\text{-}51)$$

3.7　本章小结

当任意给定二进制线性分组码的参数 (n,k,d)，要构造好的线性分组码是比较困难的，本章设计了一类特殊参数的最优二进制线性分组码。先以设计好的二进制线性分组码的标准为目的，定义了什么样的二进制线性分组码是好码。第 3.2 节介绍了 14 种由一个或数个码构造新码的方法，当然还可以把上面介绍的十几种构造方法组合起来应用，就可由已知码构造出新的二进制线性分组好码。第 3.3 节提出了拟阵理论与编码理论的新关系，推导出了一些有用的性质定理以及相关推论，为构造好的二进制线性分组码提供了理论依据。第 3.4 节利用得到的拟阵理论与编码理论的新关系设计了一类达到 GB 界的二进制线性分组码 (n,k,d)。第 3.5 节利用拟阵理论提出了删除生成矩阵的方法构造二进制线性好码。第 3.6 节介绍了对偶码，证明了它们的对偶码也是最优码，并给出了一些具体的实例。

4 基于拟阵理论构造码率为 $1/p$ 系统的二进制 QC 码

本章介绍在 T. Verhoeff[85] 和 T. A. Gulliver[86] 的研究基础上形成的最新研究成果。1987 年，T. Verhoeff 列了一张码的最小距离尽可能最大的二进制线性分组码表，1989 年 T. A. Gulliver 设计了码率为 $1/p$ 系统的码的最小距离尽可能大的 QC 码表。他们设计的 QC 码是基于多项式域理论得到的，并没有得到 QC 码的生成矩阵与它的最小距离的一种函数关系式。第 3 章基于拟阵理论得到了关于码的生成矩阵与最小距离的一种函数关系式，本章进一步对拟阵的基本元素集合进行依据分割集分解，进而得到 QC 码的生成矩阵与它的最小距离的一种函数关系式，利用该关系式提出一种有效的拟阵搜索方法，以此来寻找好的码率为 $1/p$ 的 QC 码。由于设计的码是系统码，所以可以很容易构造它的码率为 $(p-1)/p$ 的对偶码的生成矩阵，进而得到其对偶码。下面首先简单介绍 QC 码的基本理论与性质。

4.1 QC 码的基本定义

为了理论的完整性，下面简要介绍 QC 码的相关定义。在一般的关于编码理论的书集或论文中也可以找到 QC 码的定义。

定义 4-1 对于一个 $C(n,k)$ 线性分组码，其中 $n=mn_0$，$k=mk_0$。如果线性分组码中的任意一个码字经过循环移位 n_0 位之后还是该线性码的一个码字，则称该线性码为 QC 码。

例 4-1 如果二进制线性（8，4）码的生成矩阵为

$$G = \begin{bmatrix} 1 & 0 & 0 & 1 & 0 & 1 & 0 & 1 \\ 0 & 1 & 1 & 0 & 0 & 1 & 0 & 1 \\ 0 & 1 & 0 & 1 & 1 & 0 & 0 & 1 \\ 0 & 1 & 0 & 1 & 0 & 1 & 1 & 0 \end{bmatrix} \tag{4-1}$$

则任意一个码字循环移位 2 位之后还是（8，4）码的一个码字，因此生成矩阵构造的码是一个 QC 码。这里 $n_0=2$，$m=4$，$k=4$，$k_0=1$。如果把生成矩阵的列，根据序列 1，$k+1$，2，$k+2$，3，$k+3$，…，重新排序，就可以得到两个 4×4 的循环矩阵

$$G = \begin{bmatrix} 1 & 0 & 0 & 0 & 0 & 1 & 1 & 1 \\ 0 & 1 & 0 & 0 & 1 & 0 & 1 & 1 \\ 0 & 0 & 1 & 0 & 1 & 1 & 0 & 1 \\ 0 & 0 & 0 & 1 & 1 & 1 & 1 & 0 \end{bmatrix} \qquad (4\text{-}2)$$

定义 4-2 对于一个 $C(n, k)$ 线性码，其中 $n = mn_0$，$k = mk_0$，如果是 (n, k) QC 码，则它的生成矩阵可以转化为如下形式：

$$G = \begin{bmatrix} G_{1,1} & G_{1,2} & G_{1,3} & \cdots & G_{1,n_0} \\ G_{2,1} & G_{2,2} & G_{2,3} & \cdots & G_{2,n_0} \\ \vdots & \vdots & \vdots & \ddots & \vdots \\ G_{k_0,1} & G_{k_0,2} & G_{k_0,3} & \cdots & G_{k_0,n_0} \end{bmatrix} \qquad (4\text{-}3)$$

其中 $G_{i,j}$ 为 $m \times m$ 的循环矩阵。

当 $k_0 = 1$ 时可以得到如下的定义：

定义 4-3 如果一个线性分组码的 $k \times kp$ 的生成矩阵具有形式 $G = [G_0, G_1, \cdots, G_{p-1}]$，其中 G_i 为 $k \times k$ 二进制循环矩阵，即

$$G_i = \begin{bmatrix} g_0 & g_1 & g_2 & \cdots & g_{k-1} \\ g_{k-1} & g_0 & g_1 & \cdots & g_{k-2} \\ \vdots & \vdots & \vdots & \ddots & \vdots \\ g_1 & g_2 & g_3 & \cdots & g_0 \end{bmatrix} \qquad (4\text{-}4)$$

且矩阵 G 的维数为 k，则称该线性分组码为码率为 $1/p$ 的 QC 码。为了构造系统的 QC 码，假定 $G_0 = I_k$，其中 I_k 是 $k \times k$ 的单位矩阵。本章主要研究定义 4-3 形式的 QC 码。

由于每个循环矩阵 G_i 可以被一个多项式唯一确定，即 $g(x) = g_0 + g_1 x + g_2 x^2 + \cdots + g_{k-1} x^{k-1}$。矩阵的第一行对应于多项式的系数，因此有以下一些基本性质。

性质 4-1 在二元域上的 $m \times m$ 的循环矩阵与代数多项式环 $F[x]/(x^m - 1)$ 同构。

性质 4-2 两个循环矩阵的和是一个循环矩阵，两个循环矩阵的积是一个循环矩阵，如果 A 和 B 分别是两个 $m \times m$ 循环矩阵，它们对应的多项式为 $a(x)$ 和 $b(x)$，则乘积 $m \times m$ 循环矩阵 AB 对应的多项式为 $c(x) = a(x)b(x)$ 模 $(x^m - 1)$。

性质 4-3 一个 $m \times m$ 循环矩阵 C 存在逆矩阵 C^{-1} 当且仅当它对应的多项式 $c(x)$ 与 $(x^m - 1)$ 是互素的，对逆多项式 $c^{-1}(x)$ 有 $c^{-1}(x)c(x) = (x^m - 1)$。

性质 4-4 若一个 $m \times m$ 循环矩阵 C 对应的多项式为

$$c(x) = c_0 + c_1 x + c_2 x^2 + \cdots + c_{m-1} x^{m-1}$$

则它的转置矩阵 C^T 对应的多项式为

$$c(x) = c_0 + c_{m-1}x + \cdots + c_2 x^{m-2} + c_1 x^{m-1}$$

定义 4-4　多项式 $c(x) = c_0 + c_1 x + c_2 x^2 + \cdots + c_{m-1}x^{m-1}$ 的互为倒数的多项式 $c^*(x)$ 定义为 $c^*(x) = c_{m-1} + c_{m-2}x + \cdots + c_1 x^{m-2} + c_0 x^{m-1}$

定义 4-5　多项式 $c(x) = c_0 + c_1 x + c_2 x^2 + \cdots + c_{m-1}x^{m-1}$ 的互补的多项式 $\overline{c(x)}$ 定义为 $\overline{c(x)} = I - c(x)$，其中 I 表示系数全为 1 的多项式。

当二进制线性分组码的码率为 1/2 时，假设 $G_1 = [IC_1]$，$G_2 = [IC_2]$，其中 I 为 $m \times m$ 的单位矩阵，C_1 和 C_2 为 $m \times m$ 循环矩阵，则对应的多项式分别为 $c_1(x)$ 和 $c_2(x)$。相同的，当满足下列条件之一时，G_1 和 G_2 构造的码是相同的。

(1) $C_1 = C_2^{\mathrm{T}}$；

(2) $c_2(x) = c_1^*(x)$；

(3) $C_1 = C_2^{-1}$；

(4) $c_2(x) = c_1(x)^2$，且 m 为奇数；

(5) $c_2(x) = c_1(x^u)$，且 $(u, m) = 1$，即 u 和 m 是互素的。

以上性质的详细证明可以参考文献 [14]。总的来说，上面的这些性质对于确定相同的码是非常有用，这样不仅可以减少码的总数，还可以减少搜索好的 QC 码的时间复杂度。

系统的 QC 码的生成矩阵，一般用如下形式表示：

$$G = \begin{bmatrix} & G_{1,1} & G_{1,2} & G_{1,3} & \cdots & G_{1,n_0-k_0} \\ & G_{2,1} & G_{2,2} & G_{2,3} & \cdots & G_{2,n_0-k_0} \\ I_{k_0 m} & \vdots & \vdots & \vdots & \ddots & \vdots \\ & G_{k_0,1} & G_{k_0,2} & G_{k_0,3} & \cdots & G_{k_0,n_0-k_0} \end{bmatrix} \tag{4-5}$$

式中，$I_{k_0 m}$ 为 $k_0 m \times k_0 m$ 单位矩阵，$G_{i,j}$ 为 $m \times m$ 的循环矩阵。由于是系统形式的，所以它的对偶码的生成矩阵为 H，有如下的形式：

$$H = \begin{bmatrix} & G_{1,1}^{\mathrm{T}} & G_{2,1}^{\mathrm{T}} & \cdots & G_{k_0,1}^{\mathrm{T}} \\ & G_{1,2}^{\mathrm{T}} & G_{2,2}^{\mathrm{T}} & \cdots & G_{k_0,2}^{\mathrm{T}} \\ I_{(n-k_0)m} & G_{1,3}^{\mathrm{T}} & G_{2,3}^{\mathrm{T}} & \cdots & G_{k_0,3}^{\mathrm{T}} \\ & \vdots & \vdots & \ddots & \vdots \\ & G_{1,n_0-k_0}^{\mathrm{T}} & G_{2,n_0-k_0}^{\mathrm{T}} & \cdots & G_{k_0,n_0-k_0}^{\mathrm{T}} \end{bmatrix} \tag{4-6}$$

4.2　QC 码与拟阵理论的基本关系

第 3 章通过拟阵理论得到了码的最小距离和码的生成矩阵存在一种函数关系式，即定理 3-2 二进制线性分组码的最小距离定理。对于二进制线性 QC 码的最小距离与它的生成矩阵之间存在更简单的函数关系式，下面详细介绍一些有用的定义与相关的定理。

定义 4-6　假设 $E^k = \{1,2,\cdots,(2^k-1)\}$，则 E^k 可以被分解为分割集的并，即 $A_j^k = \{j \cdot 2^i \bmod(2^k-1), i=0,1,\cdots,k-1\}$，以及集合 $A_{(2^k-1)}^k = \{2^k-1\}$，其中 j 是小于 2^{k-1} 的奇数。下标集合记为 J，也可以看成是一个向量。记 $L^k = (|A_j^k|)$，是一个 $1 \times |J|$ 的向量。

例 4-2　假如 $k=4$，则有 $E^4 = \{1,2,3,4,5,6,7,8,9,10,11,12,13,14,15\}$，$A_1^4 = \{1,2,4,8\}$，$A_3^4 = \{3,6,12,9\}$，$A_5^4 = \{5,10\}$，$A_7^4 = \{7,14,13,11\}$，$A_{15}^4 = \{15\}$。因此有：

$E^4 = A_1^4 \cup A_3^4 \cup A_5^4 \cup A_7^4 \cup A_{15}^4$，$L^4 = (4,4,2,4,1)$，$J = (1,3,5,7,15)$ 以及 $|J| = 5$。

定理 4-1（不变定理）　对于给定参数 k，$m \in J$，及 $i \in J$，则有对于所有的 $j \in A_m^k$，数值 $|A_i^k \cap B_j^k|$ 为不变值。

证明：因为二进制 k 元组表示 $j \in A_m^k$ 是循环移位二进制 k 元组表示整数 m。二进制 k 元组表示 $a \in A_i^k$ 是循环移位二进制 k 元组表示整数 i。根据 B_j^k 的定义，因此有对于任意 $j \in A_m^k$，数值 $|A_i^k \cap B_j^k|$ 不变。

定义 4-7（码的生成矩阵与它最小距离的关系矩阵）　定义矩阵 $R_k = (r_{i,j})$，$r_{i,j} = |A_{J(i)}^k \cap B_{J(j)}^k|$ 而 $J(i)$，$J(j) \in J$，$1 \leqslant i \leqslant |J|$，$1 \leqslant j \leqslant |J|$，$J(i)$ 和 $J(j)$ 分别表示 J 的第 i 个和第 j 个分量。

定义 4-8（QC 码的生成矩阵与它的最小距离的关系矩阵）　设 $r = |\{i \mid |A_{J(i)}^k| = k, 1 \leqslant i \leqslant |J|\}|$。$r_{i,j}^*$ 定义为选取 $|A_{J(i)}^k| = k$，$1 \leqslant i \leqslant |J|$ 所对应矩阵 R_k 的行组成新的 $r \times |J|$ 子矩阵 $R_k^* = (r_{i,j}^*)$。

例 4-3　若 $k=4$，我们有

$$R_4 = \begin{bmatrix} 3 & 2 & 2 & 1 & 0 \\ 2 & 2 & 0 & 2 & 4 \\ 2 & 0 & 2 & 1 & 2 \\ 1 & 2 & 2 & 3 & 0 \\ 0 & 1 & 1 & 0 & 1 \end{bmatrix} \tag{4-7}$$

$$R_4^* = \begin{bmatrix} 3 & 2 & 2 & 1 & 0 \\ 2 & 2 & 0 & 2 & 4 \\ 1 & 2 & 2 & 3 & 0 \end{bmatrix} \tag{4-8}$$

定理 4-2（QC 码的最小距离定理）　如果存在向量 $X = (x_1, x_2, \cdots, x_{|J|})$，$x_i \in \{0,1\}$，$1 \leqslant i \leqslant |J|$，以及向量 $Y = (y_1, y_2, \cdots, y_{|J|})$ 满足

$$X \cdot R_k = Y \tag{4-9}$$

$$L^k \cdot X^{\mathrm{T}} = n \tag{4-10}$$

则存在二进制线性分组码 (n, k, d)，其最小距离为 $n - \max\{y_1, y_2, \cdots, y_{|J|}\}$。

证明：设集合 $I = \{i \mid x_i \neq 0, 1 \leq i \leq |J|\}$，$B = \bigcup_{i \in I} A_{j(i)}^k$。让码的生成矩阵 G 的列是集合 B 元素的二进制 k 元表示，根据条件（4-10）有 $|B| = n$，也就是码的长度为 n。又由于条件（4-9）成立，故根据定理 3-2 有：

$$\max_{1 \leq j \leq 2^k - 1} |B \cap B_j^k| = \max\{y_1, y_2, \cdots, y_{|J|}\}$$

所以该二进制线性码的最小距离为 $n - \max\{y_1, y_2, \cdots, y_{|J|}\}$。

从定理 4-2 可以看出，要构造 $G = [G_0, G_1, \cdots, G_{p-1}]$ 形式的 QC 码，则必须选择一系列满足 $|A_j^k| = k$ 的集合 A_j^k。如果要构造系统的 QC 码，就一定要选择集合 A_1^k，因为该集合表示的是一个单位矩阵。

例 4-4 当 $k = 4$ 时，显然有 $A_1^4 = \{1, 2, 4, 8\}$，$A_3^4 = \{3, 6, 12, 9\}$，$A_5^4 = \{5, 10\}$，$A_7^4 = \{7, 14, 13, 11\}$，$A_{15}^4 = \{15\}$。$|A_1^4| = |A_3^4| = |A_7^4| = 4$，$|A_5^4| = 2$ 和 $|A_{15}^4| = 1$。在例 4-4 中只选择 A_1^4，A_3^4 和 A_7^4。因此 $L^{*4} = (4, 4, 4)$，$X = (1, 1, 0)$ 或 $(1, 0, 1)$。

由 $A_{i_1}^k \cup A_{i_2}^k \cup \cdots \cup A_{i_p}^k$ 产生的生成矩阵可以表示为 $G^k(i_1, i_2, \cdots, i_p)$。如果选择 A_1^4 和 A_3^4 则产生（8，4，3）的 QC 码。类似地，如果选择 A_1^4 和 A_7^4 则可以得到（8，4，4）的 QC 码。下面分别给出它们的具体生成矩阵：

$$G^4(1,3) = [A_1^4, A_3^4] = \begin{bmatrix} 1 & 0 & 0 & 0 & 1 & 0 & 0 & 1 \\ 0 & 1 & 0 & 0 & 1 & 1 & 0 & 0 \\ 0 & 0 & 1 & 0 & 0 & 1 & 1 & 0 \\ 0 & 0 & 0 & 1 & 0 & 0 & 1 & 1 \end{bmatrix} \tag{4-11}$$

$$G^4(1,7) = [A_1^4, A_7^4] = \begin{bmatrix} 1 & 0 & 0 & 0 & 1 & 0 & 1 & 1 \\ 0 & 1 & 0 & 0 & 1 & 1 & 0 & 1 \\ 0 & 0 & 1 & 0 & 1 & 1 & 1 & 0 \\ 0 & 0 & 0 & 1 & 0 & 1 & 1 & 1 \end{bmatrix} \tag{4-12}$$

从定理 4-2 很容易可以计算它们的最小距离，显然矩阵 $G^4(1,7)$ 产生的 QC 码要比其他的码更好。当 $k = 4$ 固定时，我们知道了 1，3 就可以写出生成矩阵 $G^4(1,3)$，所以（8，4，3）QC 码的生成矩阵可表示为 1，3。同样（8，4，4）码的生成矩阵可表示为 1，7。表 4-3 和 4-4 给出了对应 QC 码的生成矩阵表示。

4.3 拟阵搜索算法寻找系统的 QC 码

本小节提出了一种基于拟阵理论的搜索算法。为了得到拟阵理论的搜索算法需要一些有用的记号，用 V^L 和 V^T 分别表示向量 V 的非 0 分量的位置和向量 V 的转置，$|S|$ 表示集合 S 元素的个数，n_k^* 表示整数 n 的二进制 k 元组表示。

为了设计最优的码率为 $1/p$ 的系统的 QC 码，根据定理 3-3，码的生成矩阵

是由 $A_{i_1}^k \cup A_{i_2}^k \cup \cdots \cup A_{i_p}^k$ 得到的码的最小距离与相关矩阵 R_k^* 对应的行之和向量的最大分量有关。由于 $n = kp$，且所设计的是系统的 QC 码，所以一定要选择 A_1^k，同时这样也可以减少算法的搜索复杂度。

设 $X^* = \{x_r^* \mid |x_r^{*L}| = p, x_r^{*L} \cap 1_r^{*L} = \{1\}, 1 \leqslant x \leqslant 2^r - 1\}$，其中 $|X^*| = \binom{r-1}{p-1}$。

拟阵搜索算法：

步骤 1　给定参数 k 和 p，产生矩阵 R_k^* 和 L^{*k} 以及对应的向量 X^*；

步骤 2　根据定理 3 计算 $y_i = \max\{x_r^* \cdot R_k^*\}$，其中 $x_r^* \in X^*$，$i = 1, \cdots, |X^*|$；

步骤 3　为了构造最大的最小距离，根据定理 1 选取 $d_0 = \min\{y_1, y_2, \cdots, y_{|X^*|}\}$；

步骤 4　计算 $kp - d_0$。

根据定理 3-2，构造的码的最小距离为 $kp - d_0$。

对于给定参数 k 和 p，拟阵搜索算法不仅可以找到所有的系统 QC 码，而且该算法可以分解为并行计算。通过计算机仿真表明可以得到很多好的 QC 码，本章中找到 70 多个 Zhi Chen[99] 的 QC 码的数据库中没有包含的系统的 QC 码。构造的这些码（78，13，31），（130，13，55），（156，13，67），（182，13，80），（126，14，52），（140，14，58），（210，14，90），（238，14，104）和（252，14，110）它们的最小距离比 T. A. Gulliver[24] 构造的（78，13，30），（130，13，54），（156，13，66），（182，13，78），（126，14，50），（140，14，57），（210，14，89），（238，14，102）和（252，14，108）码的最小距离还要大。表 4-1 是用拟阵搜索得到的系统的 QC 码，表中的粗体表示得到的新的最好结果，根据 M. Grass[72] 在网上给出的码的最小距离上界，表 4-2 列出了最优的 QC 码。给出生成矩阵可以消除系统 QC 码的最小距离的不确定性。表 4-3 给出了最小距离比 T. A. Gulliver[27] 大的系统的 QC 码，表 4-4 列出了用全面搜索到的系统 QC 码的数量。

拟阵搜索算法的复杂度分析：为了分析拟阵搜索算法的复杂度，首先要计算分割集 $A_j^k = \{j \cdot 2^i \bmod (2^k - 1), i = 0, 1, \cdots, k - 1\}$，以及集合 $A_{(2^k-1)}^k = \{2^k - 1\}$ 的个数。计算分割集的个数需要用到下面的 Möbius 函数。设 $\mu(k)$ 为 Möbius 函数，

$$\mu(k) = \begin{cases} 1, & \text{若 } k = 1, \\ 0, & \text{若 } k \text{ 是一个平方数}, \\ (-1)^m, & \text{若 } k \text{ 是 } m \text{ 个不同素数的积}。 \end{cases}$$

则分割集的个数 N_k 等于 $\sum\limits_{j \mid k} \left(\dfrac{1}{j} \sum\limits_{m \mid j} 2^m \mu\left(\dfrac{j}{m}\right) \right) - 1$，其中 $j \mid k$ 和 $m \mid j$ 分别表示 k 被 j 整除，j 被 m 整除。

表 4-1 具有最大的最小距离 (pk, k) 系统的 QC 码

k	p											
	19	20	21	22	23	24	25	26	27	28	29	30
9	81	87	92	96	100	104	110	**112**	**118**	**122**	**126**	**130**
10	88	94	97	104	108	112	**118**	**122**	**128**	**132**	**138**	**142**
11	**96**	**100**	106	112	116	123	128	132	138	144	148	155
12	**102**	**108**	114	120	126	132	138	144	148	156	160	166
13	**110**	**116**	122	128	135	140	148	152	160	167	172	180
14	**116**	**124**	130	136	144	150	156	164	170	176	184	192

例如当 $k = 11$ 时，$N_k = 187$。除了集合 $A_{(2^k - 1)}^k = \{2^k - 1\}$ 只有一个元素，其他集合都有 11 个元素，为了构造码率为 $1/p$ 的系统码，为了找到最好的 QC 码提出的拟阵搜索算法需要从 185 个集合中任选 $p - 1$ 集合数分别计算它们的最小距离。当 $p = 5$ 时候选的组合数为 47239010，计算数量非常大，不太可能全部搜索或全部搜索很需要很长的时间，因此提出了执行部分搜索的算法。表 4-1 中码的数量比较多且码长比较长，所以具体的生成矩阵表示和码的重量分布放置于附录 A 中。

表 4-2 最优系统码的生成矩阵表示

QC 码	d_{min}	生成矩阵的表示
(176, 8)	86	1, 13, 15, 19, 21, 23, 25, 27, 29, 37, 43, 45, 53, 55, 59, 61, 63, 87, 91, 95, 111, 127
(184, 8)	90	1, 3, 5, 7, 11, 13, 15, 19, 21, 23, 25, 31, 37, 39, 47, 53, 55, 59, 61, 87, 91, 111, 127
(192, 8)	96	1, 3, 7, 9, 11, 13, 19, 21, 23, 25, 29, 31, 37, 43, 47, 53, 55, 59, 61, 63, 87, 91, 111, 127
(200, 8)	98	1, 3, 5, 7, 9, 11, 13, 15, 19, 21, 23, 25, 31, 37, 43, 47, 53, 55, 59, 61, 63, 87, 91, 111, 127
(208, 8)	102	1, 7, 11, 13, 15, 19, 21, 23, 25, 27, 29, 31, 37, 43, 45, 47, 53, 55, 59, 61, 63, 87, 91, 95, 111, 127
(224, 8)	112	1, 3, 5, 7, 9, 11, 13, 19, 21, 23, 25, 27, 29, 31, 37, 39, 43, 47, 53, 55, 59, 61, 63, 87, 91, 95, 111, 127
(198, 9)	96	1, 5, 11, 13, 15, 23, 25, 35, 41, 47, 53, 59, 61, 77, 79, 91, 109, 117, 127, 187, 191, 239
(216, 9)	104	1, 3, 7, 13, 17, 21, 23, 29, 31, 43, 51, 53, 55, 57, 79, 85, 93, 95, 103, 111, 123, 171, 191, 239

表 4-3　最有较大距离的系统码的生成矩阵表示

QC 码	d_{min}	生成矩阵的表示
(78, 13)	31	1, 219, 279, 685, 691, 1491
(130, 13)	55	1, 173, 571, 613, 829, 845, 875, 1267, 1661, 1877
(156, 13)	67	1, 127, 241, 301, 433, 463, 1237, 1367, 1755, 1771, 1919, 3007
(182, 13)	80	1, 145, 171, 231, 295, 319, 731, 851, 1323, 1525, 1783, 1851, 2027, 2747
(126, 14)	52	1, 25, 319, 753, 885, 1235, 1383, 1405, 1881
(140, 14)	58	1, 57, 933, 1359, 1383, 1693, 1915, 2011, 2429, 6071
(210, 14)	90	1, 31, 115, 117, 125, 349, 485, 727, 783, 1391, 1395, 2381, 1551, 3029, 3323
(238, 14)	104	1, 245, 411, 719, 887, 1099, 1305, 1533, 1639, 1999, 2655, 2783, 3071, 3563, 4091, 5819, 7935
(252, 14)	110	1, 115, 283, 339, 395, 451, 591, 787, 817, 1403, 1493, 1593, 1839, 2003, 2023, 2397, 2715, 3387

表 4-4　具有最大的最小距离为 d 的 QC 码的数量

(pk, k) 码	d	d 的个数	(pk, k) 码	d	d 的个数
(14, 7)	4	12	(16, 8)	5	4
(21, 7)	8	23	(24, 8)	8	204
(28, 7)	12	14	(32, 8)	12	802
(35, 7)	16	10	(40, 8)	16	2798
(42, 7)	19	11	(48, 8)	22	8
(49, 7)	22	140	(56, 8)	24	13938
(56, 7)	26	6	(64, 8)	28	24896
(63, 7)	31	1	(72, 8)	32	58122
(70, 7)	33	7	(80, 8)	37	14
(77, 7)	36	723	(88, 8)	40	123874
(84, 7)	40	251	(96, 8)	46	16
(91, 7)	44	64	(104, 8)	48	271574
(98, 7)	48	7	(112, 8)	54	24
(105, 7)	52	2	(120, 8)	57	15
(112, 7)	56	2	(128, 8)	64	1
(119, 7)	59	1	(136, 8)	66	8
(126, 7)	63	1	(144, 8)	70	48

(pk, k) 码	d	d 的个数	(pk, k) 码	d	d 的个数
(152, 8)	74	8	(72, 9)	32	9147
(160, 8)	78	16	(81, 9)	36	185916
(168, 8)	81	52	(90, 9)	40	628470
(176, 8)	86	64	(99, 9)	46	540
(184, 8)	90	32	(423, 9)	208	31221
(192, 8)	96	1	(432, 9)	213	33
(200, 8)	98	50	(441, 9)	218	22
(208, 8)	102	74	(450, 9)	222	517
(216, 8)	106	59	(459, 9)	228	21
(224, 8)	112	1	(468, 9)	232	74
(232, 8)	114	14	(477, 9)	236	91
(240, 8)	120	1	(486, 9)	241	20
(18, 9)	6	3	(495, 9)	246	7
(27, 9)	10	39	(504, 9)	252	1
(36, 9)	14	177	(20, 10)	6	17
(45, 9)	18	4776	(30, 10)	10	614
(54, 9)	23	465	(40, 10)	16	171
(63, 9)	28	201	(50, 10)	20	8237

下面先给出表 4-2 和表 4-3 中码的重量分布。码的重量分布可用简写的形式，例如 $(176,8,86)$ QC 码的重量分布为：

$w_0 = 1$，$w_{86} = 144$，$w_{88} = 56$，$w_{94} = 48$，$w_{96} = 3$，$w_{104} = 4$。其他 $w = 0$。表示重量为 0 的码字个数为 1，重量为 86 的码字个数为 144，重量为 88 的码字个数为 56，重量为 94 的码字个数为 48，重量为 96 的码字个数为 3，重量为 104 的码字个数为 4。其他重量的码字个数都为 0。

表 4-2 和表 4-3 中的 17 个好码的码重量具体分布如下：

(1) $(176, 8, 86)$ QC 码的重量分布为：

$$w_0 = 1, w_{86} = 144, w_{88} = 56, w_{94} = 48, w_{96} = 3, w_{104} = 4。其他 w = 0$$

(2) $(184, 8, 90)$ QC 码的重量分布为：

$$w_0 = 1, w_{90} = 128, w_{92} = 48, w_{94} = 32, w_{96} = 14, w_{98} = 32, w_{128} = 1$$

(3) $(192, 8, 96)$ QC 码的重量分布为：

$$w_0 = 1, w_{96} = 252, w_{128} = 3$$

(4) $(200, 8, 98)$ QC 码的重量分布为：

$$w_0 = 1, w_{98} = 104, w_{100} = 68, w_{102} = 40, w_{104} = 40, w_{120} = 2, w_{128} = 1$$

（5）（208，8，102）QC 码的重量分布为：

$$w_0 = 1, w_{102} = 112, w_{104} = 52, w_{106} = 64, w_{110} = 16, w_{112} = 10, w_{128} = 1$$

（6）（224，8，112）QC 码的重量分布为：

$$w_0 = 1, w_{112} = 248, w_{128} = 7$$

（7）（198，9，96）QC 码的重量分布为：

$$w_0 = 1, w_{96} = 345, w_{104} = 144, w_{120} = 12, w_{144} = 1$$

（8）（216，9，104）QC 码的重量分布为：

$$w_0 = 1, w_{104} = 252, w_{108} = 100, w_{112} = 108, w_{120} = 30, w_{128} = 9, w_{132} = 3$$

（9）（78，13，31）QC 码的重量分布为：

$$w_0 = 1, w_{31} = 377, w_{32} = 585, w_{35} = 1001, w_{36} = 1066, w_{39} = 1314, w_{40} = 1456,$$
$$w_{43} = 1066, w_{44} = 780, w_{47} = 325, w_{48} = 182, w_{51} = 13, w_{52} = 26$$

（10）（130，13，55）QC 码的重量分布为：

$$w_0 = 1, w_{55} = 351, w_{56} = 494, w_{59} = 676, w_{60} = 780, w_{63} = 1079, w_{64} = 1066,$$
$$w_{67} = 962, w_{68} = 988, w_{71} = 689, w_{72} = 520, w_{75} = 273, w_{76} = 208, w_{79} = 65,$$
$$w_{80} = 39, w_{91} = 1$$

（11）（156，13，67）QC 码的重量分布为：

$$w_0 = 1, w_{67} = 247, w_{68} = 429, w_{71} = 767, w_{72} = 741, w_{75} = 871, w_{76} = 858,$$
$$w_{79} = 871, w_{80} = 988, w_{83} = 741, w_{84} = 689, w_{87} = 429, w_{88} = 273, w_{91} = 157,$$
$$w_{92} = 104, w_{95} = 13, w_{96} = 13$$

（12）（182，13，80）QC 码的重量分布为：

$$w_0 = 1, w_{79} = 338, w_{80} = 299, w_{83} = 533, w_{84} = 806, w_{87} = 741, w_{88} = 715,$$
$$w_{91} = 755, w_{92} = 949, w_{95} = 936, w_{96} = 728, w_{99} = 559, w_{100} = 364, w_{103} = 169,$$
$$w_{104} = 169, w_{107} = 65, w_{108} = 65$$

（13）（126，14，52）QC 码的重量分布为：

$$w_0 = 1, w_{52} = 896, w_{56} = 2256, w_{60} = 3843, w_{64} = 4487, w_{68} = 3283, w_{72} = 1232,$$
$$w_{76} = 329, w_{80} = 56, w_{84} = 1$$

（14）（140，14，58）QC 码的重量分布为：

$$w_0 = 1, w_{58} = 406, w_{60} = 693, w_{62} = 994, w_{64} = 1470, w_{66} = 1610, w_{68} = 1967,$$
$$w_{70} = 2046, w_{72} = 2058, w_{74} = 1918, w_{76} = 1239, w_{78} = 826, w_{80} = 623,$$
$$w_{82} = 322, w_{84} = 141, w_{86} = 70$$

（15）（210，14，90）QC 码的重量分布为：

$$w_0 = 1, w_{80} = 793, w_{84} = 1261, w_{88} = 1573, w_{92} = 1937, w_{96} = 1352, w_{100} = 871,$$
$$w_{104} = 287, w_{108} = 91, w_{112} = 26$$

（16）（238，14，104）QC 码的重量分布为：

$w_0 = 1, w_{104} = 665, w_{108} = 1400, w_{112} = 2452, w_{116} = 2968, w_{120} = 3024, w_{124} = 2828,$

$w_{128} = 1827, w_{132} = 784, w_{136} = 350, w_{140} = 84, w_{168} = 1$

（17）（252，14，110）QC 码的重量分布为：

$w_0 = 1, w_{110} = 364, w_{112} = 364, w_{114} = 658, w_{116} = 910, w_{118} = 896, w_{120} = 1302,$

$w_{122} = 1274, w_{124} = 1610, w_{126} = 1778, w_{128} = 1652, w_{130} = 1386, w_{132} = 1176,$

$w_{134} = 910, w_{136} = 693, w_{138} = 462, w_{140} = 380, w_{142} = 266, w_{144} = 189, w_{146} = 28,$

$w_{148} = 14, w_{150} = 42, w_{152} = 14, w_{156} = 14, w_{168} = 1$

当 k 增大的时候拟阵搜索算法复杂度随着指数增加，因此上面搜索到的码的 k 值都小于 15，当 $k > 14$ 时，为了解决复杂度问题，本节提出随机拟阵搜索算法。

4.4 随机拟阵搜索算法寻找系统的 QC 码

随机拟阵搜索算法

步骤 1　给定参数 k 和 p，h 产生矩阵 $\boldsymbol{R}_k^*$ 和 $\boldsymbol{L}^{*k}$ 以及对应的向量 $\boldsymbol{X}^*$；

步骤 2　随机选取 $\boldsymbol{a}_u^* \in \boldsymbol{X}^*$，计算向量 $\boldsymbol{X}_a^*$ 和 $d_0 = y_0 = \max\{\boldsymbol{a}_u^* \cdot \boldsymbol{R}_k^*\}$；

步骤 3　对于 $i = 1, \cdots, |\boldsymbol{X}_a^*|$

计算 $y_i = \max\{\boldsymbol{X}_u^* \cdot \boldsymbol{R}_k^*\}$

If　$y_i < d_0$，则 $d_0 = y_i$

返回 d_0

步骤 4　计算最小距离 $kp - d_0$。

利用随机拟阵搜索算法对 $k = 15 \sim 18$ 进行了搜索，得到表 4-5 和表 4-6 的结果。

对于给定的 k 和 p，随机拟阵搜索算法不能确保找到所有的最优码。下面列出了与 [72] 不是同构的（75，15，28）、（85，17，30）、（187，17，75）码的重量分布。

（1）（75，15，28）QC 码的重分布为：

$w_0 = 1, w_{28} = 1245, w_{32} = 5580, w_{36} = 10825, w_{40} = 10566, w_{44} = 3900, w_{48} = 605,$

$w_{52} = 45, w_{60} = 1$

（2）（85，17，30）QC 码的重分布为：

$w_0 = 1, w_{30} = 850, w_{32} = 1734, w_{34} = 3859, w_{36} = 9129, w_{38} = 13804, w_{40} = 18972,$

$w_{42} = 22848, w_{44} = 21182, w_{46} = 17238, w_{48} = 11543, w_{50} = 5695, w_{52} = 2958,$

$w_{54} = 884, w_{56} = 238, w_{58} = 102, w_{60} = 34, w_{68} = 1$

（3）（187，17，75）QC 码的重分布为：

$w_0 = 1, w_{75} = 459, w_{76} = 612, w_{79} = 1802, w_{80} = 2380, w_{83} = 4641, w_{84} = 5865,$

$w_{87} = 9537, w_{88} = 10982, w_{91} = 14110, w_{92} = 14926, w_{95} = 15368, w_{96} = 13821,$

$w_{99} = 11050, w_{100} = 10540, w_{103} = 5542, w_{104} = 4216, w_{107} = 2295, w_{108} = 1734,$

$w_{111} = 646, w_{112} = 374, w_{115} = 85, w_{116} = 51, w_{119} = 1, w_{120} = 34$

下面介绍一个在编码理论中至今还未解决的具有挑战性的开放性难题。

二进制线性码中一个还未解决的难题：我们知道当一个二进制线性码的对偶码等于它本身的时候，就称这种二进制线性码称为自对偶码，根据对偶码的定义可知自对偶码的码长为偶数，码率为 $1/2$。那么究竟是否存在二进制线性 (72, 36, 16) 的自对偶码呢？这个问题首先由 N. J. A. Sloane[87] 在 1973 年提出，并提供 10 美元的奖励。最近，S. T. Dougherty 提供 100 美元奖励能够证明存在 (72, 36, 16) 自对偶码的研究者，而 M. Harada 则提出奖励 200 美元证明不存在二进制线性 (72, 36, 16) 的自对偶码。有关自对偶码的基础知识可以参阅文献[88-90]，也有很多关于对偶码的研究文献[91-97]，P. Gaborit[98] 还专门建立了一个关于对偶码的网站，便于学习有关对偶码的最新研究结论。到目前为止，还不知道是否存在二进制线性 (72, 36, 16) 码，自然也不知道是否存在 (72, 36, 16) 自对偶码。

表 4-5 $k = 15$ 到 17 的好码

QC 码	生成矩阵的表示
(75, 15, 28)	1, 493, 1765, 7869, 3839
(150, 15, 61*)	1, 351, 539, 841, 1661, 1763, 2263, 3403, 3413, 5459
(180, 15, 76*)	1, 421, 557, 1181, 1203, 1431, 1957, 2213, 2965, 3901, 4911, 7863
(195, 15, 82)	1, 39, 91, 1131, 1455, 2807, 3477, 4767, 6015, 6573, 6893, 7423, 7675
(225, 15, 96)	1, 147, 233, 1211, 1355, 1415, 1971, 2653, 2663, 3659, 3581, 4691, 6839, 6895, 1205
(240, 15, 104)	1, 25, 113, 263, 681, 853, 1253, 1915, 2357, 2535, 2931, 3251, 3673, 4055, 5565, 11711
(255, 15, 110)	1, 109, 541, 1073, 1445, 1451, 1523, 2939, 3263, 3703, 4693, 5471, 5527, 5563, 6773, 8063, 10967
(285, 15, 124)	1, 211, 569, 613, 923, 1151, 1743, 1791, 1935, 1941, 2507, 3189, 3565, 5043, 7165, 7917, 8149, 10971, 11099
(300, 15, 132)	1, 5, 13, 263, 541, 667, 2251, 2531, 2701, 2889, 3199, 3315, 3429, 5051, 5311, 5613, 5855, 6003, 8111, 8021
(64, 16, 22)	1, 1255, 11701, 13163
(304, 16, 130)	1, 159, 1313, 2425, 2543, 2717, 3125, 3385, 3935, 4013, 4423, 5085, 9931, 10167, 11101, 11197, 11755, 13995, 16087

续表 4-5

QC 码	生成矩阵的表示
(320, 16, 138)	1, 5115, 6103, 7135, 7671, 7973, 9829, 11221, 11763, 12203, 13309, 15735, 15839, 16053, 16219, 22267, 23407, 23479, 24447, 32511
(85, 17, 30)	1, 8943, 14963, 15805, 29691
(102, 17, 37)	1, 597, 3043, 3225, 3505, 26357
(170, 17, <u>68</u>)	1, 1489, 2557, 5347, 9293, 11047, 11869, 19349, 19967, 23469
(187, 17, 75)	1, 3767, 7471, 9459, 21235, 21715, 22495, 23207, 27613, 29949, 44415
(204, 17, 83 *)	1, 517, 3253, 5287, 5733, 10933, 11877, 16181, 23157, 27995, 44767, 47099
(255, 17, 106)	1, 4335, 4541, 8143, 11929, 11989, 23995, 24271, 28271, 28575, 32239, 32619, 43967, 56287, 61423
(272, 17, 114)	1, 19, 31, 2117, 4997, 9175, 13945, 14027, 16023, 18735, 27253, 27291, 29687, 31743, 46591, 57207
(289, 17, 122)	1, 137, 719, 2127, 3127, 5161, 5195, 5481, 9929, 10013, 14829, 19751, 22119, 24575, 28607, 30367, 31613
(306, 17, 130)	1, 1963, 3293, 3487, 6843, 7147, 9799, 12061, 12947, 19383, 22429, 22997, 27391, 28317, 43759, 43883, 44379, 61375
(323, 17, 138)	1, 31, 1435, 4401, 7373, 9517, 14679, 14997, 19947, 21839, 22199, 24187, 27611, 28395, 28663, 30573, 30635, 31615, 43755
(340, 17, 145)	1, 583, 903, 987, 1049, 2421, 7151, 9399, 10005, 11929, 16019, 20339, 20399, 23293, 26239, 28277, 31583, 31703, 48055, 61311

注：表中有下划线的表示达到下界的最优码；黑体表示找到比之前更好的码。

表 4-6　*k* =18 的好码

QC Codes	Generator matrix representation
(72, 18, <u>24</u>)	1, 5221, 6097, 7797
(90, 18, <u>32</u>)	1, 8909, 39325, 46909, 56127
(108, 18, <u>40</u>)	1, 5197, 31717, 37495, 87743, 112375
(126, 18, <u>48</u>)	1, 24559, 25415, 27603, 29915, 43675, 89023
(144, 18, <u>56</u> *)	1, 8553, 11039, 15039, 15189, 18813, 31485, 54119
(162, 18, <u>64</u> *)	1, 7365, 10581, 14749, 32341, 8613, 40431, 56695, 63391
(180, 18, <u>72</u>)	1, 825, 18253, 21715, 45779, 48437, 48885, 57183, 61357, 63995
(198, 18, <u>80</u> *)	1, 5809, 7601, 11985, 21461, 28071, 31871, 48085, 56557, 60351, 65525
(216, 18, <u>88</u> *)	1, 1405, 1595, 3617, 8059, 10533, 19687, 25803, 26343, 29587, 31415, 60331

QC Codes	Generator matrix representation
$(234, 18, 96^{*})$	1, 15947, 18717, 22345, 32109, 39551, 42797, 43693, 47539, 48463, 60279, 87983, 96127
$(252, 18, 104^{*})$	1, 8797, 10875, 14733, 19579, 20455, 31915, 44391, 46043, 48877, 52535, 61375, 63325, 87903
$(270, 18, 112)$	1, 6515, 12095, 19877, 27595, 46005, 48045, 54119, 59903, 62459, 64943, 87799, 88939, 89599, 122815
$(288, 18, 120)$	1, 3677, 6569, 14929, 22317, 22395, 31679, 31989, 48543, 54205, 61111, 61355, 62935, 64343, 89535, 97243
$(306, 18, 128)$	1, 12147, 18319, 30361, 39525, 42751, 44399, 54655, 60923, 62909, 88023, 88811, 97271, 98267, 112375, 112503, 113647
$(324, 18, 136)$	1, 6229, 10659, 13233, 15793, 20283, 21707, 22745, 24047, 25725, 26233, 28533, 32507, 45775, 46333, 55039, 55789, 64175
$(342, 18, 144)$	1, 1253, 7819, 9353, 13147, 15147, 24503, 28313, 37837, 37847, 39573, 43389, 44279, 47575, 53231, 54749, 57047, 60223, 64235
$(360, 18, 153)$	1, 4061, 12233, 13585, 14647, 16167, 21403, 23423, 23495, 28605, 29897, 30667, 39909, 49085, 59863, 63357, 64347, 65391, 113527, 122335

注：表中有下划线的表示达到下界的最优码；黑体表示找到比之前更好的码。

　　研究问题：构造出二进制线性（72，36，16）码，或证明不存在二进制线性（72，36，16）码。

　　对于这个未解决的难题，应用本章提出的拟阵搜索算法理论上是有可能找到二进制线性（72，36，16）码的，从而解决这个近40年的编码难题。本节提出的拟阵搜索算法是一种全面搜索算法，复杂度过高，需要有新的部分搜索算法，这样会更容易找到二进制线性（72，36，16）码，这也是未来可以研究的工作内容。通过近几年的研究，我们得出了不存在二进制线性（72，36，16）QC 码，我们得到了二进制线性（72，36，14）QC 码。

4.5　本章小结

　　本章主要介绍了 QC 码的基本定义和拟阵与编码的基本关系。第一和第二小节在研究拟阵与编码的关系过程中，提出了拟阵与编码的一种新的关系，提出了拟阵联接度的定义，定义了新的独立性，在此基础上给出了码的生成矩阵与最小距离的一种函数关系式，也就是码的最小距离定理。第三小节利用 QC 码的最小距离定理构造了一类码率为 $1/p$ 的系统的 QC 码。第四小节提出了用拟阵搜索算法来寻找码率为$1/p$的系统的 QC 好码。最后利用计算机搜索得到了 70 多个新的 QC 好码。但是当k大于 14 时，由于搜索复杂度过高，拟阵搜索计算方法耗时过长，要实现拟阵搜索算法比较困难，所以建议换用并行计算方法以节省搜索时间，或是采用部分搜索方法以减少计算机的搜索时间。最后，本章还介绍了二进制线性码近 40 年来仍未解决的著名难题，我们只知道不存在二进制线性$(72，36，16)$QC 码，对于一般的线性分组码是否存在还未知。

5 基于拟阵理论构造码率可变的 二进制 QC 码

由于二进制系统 QC 码具有循环结构、电路实现简单和良好的纠错能力，在数字通信系统中得到广泛的应用。基于拟阵理论构造码率为 $1/p$ 的二进制系统 QC 码已取得了显著成果，得到了比现有数据库更好的码字，但是存在复杂度高以及非全局搜索的局限性，难以保证最优码。为了减少搜索复杂度，本章提出了基于码率的可变拟阵搜索算法，构造了一类特殊的码率可变的 $1/p$ 的二进制系统 QC 码，它具有码率可变性，伴随着整数 p 的变化，生成矩阵 G 减少或者增加一个循环矩阵，得到的都是码率为 $1/p$ 的最优码。通过计算机搜索，找到了两个最小距离比之前更好、结果更大的 QC 码，证实了该算法的有效性、可行性和优越性。

5.1 码率可变拟阵搜索算法

提高信道编码的纠错能力一直都是编码领域中的一个重要课题。码的最小距离 d 与其纠错能力直接相关，对于码长较大的码，求解码的最小距离是一件很耗时的事情。在第 3 章用拟阵理论证明了生成矩阵 G 和最小距离 d 存在关系，设计了存在 $n = 2^{k-1} + \cdots + 2^{k-\delta} - 3\mu, d = 2^{k-2} + \cdots + 2^{k-\delta-1} - 2\mu, 2 \leqslant \mu \leqslant 4, 2 \leqslant \delta < k$ 关系式，并用拟阵理论构造了一类二进制线性码。这种关系式的存在，降低了求解最小距离 d 的复杂度。第 4 章用拟阵理论得到关系式 $d = n - \max\{y_1, y_2, \cdots, y_{|J|}\}$，用拟阵搜索算法构造了码率为 $1/p$ 的 QC 码，这种算法是一种全局遍历算法，当 k、p 已知时，复杂度为 $C_{R_k^p}^p$，k 增加到 15 时，因数据量太大很难继续下去。为了克服数据量大的问题，采用了局部拟阵搜索算法，得到许多最优码，但是这种算法不是全局遍历的算法，难以保证得到的是最优码；搜索 k 更大的最优码时，数据量同样大。本章结合构造码的特点，利用拟阵理论，使用码率可变拟阵搜索算法搜索码率可变的 QC 码。当已知 k、p 时，复杂度为 $|G(p-1)| \times |R_k^*|$，其中 $|G(p-1)|$ 是码率为 $1/(p-1)$ 的所有 QC 码的生成矩阵，是已知数，而 $|R_k^*|$ 是一个关系式矩阵的行数。码率可变的拟阵搜索算法中，上一步的结果为下一步的输入，可节省许多搜索过程，与此同时该算法还是一个全局搜索算法，这保证了结果为满足特性的最优码。

根据拟阵理论与编码的关系，我们得到生成矩阵 G 和最小距离 d 之间的一种

函数关系式，下面利用这个关系式搜索更大的最小距离 d，寻找最优码。本书构造的都是系统码，因为 A_1^k 对应于单位矩阵，所有必须选择 A_1^k。同时为了构造 QC 码，A_j^k 必须满足 $|A_j^k| = k$。由定义 4-6，我们首先将 E^k 分解成子集 A_j^k 的集合，筛选满足条件 $|A_j^k| = k$ 的 A_j^k，$B = \{J(i) \mid |A_{J(i)}^k| = k, 1 \leq i \leq |J|\}$，然后得到与构造 QC 码有关的矩阵 R_k^*。

假设生成矩阵 $G = (A_1^k, A_{m(1)}^k, \cdots, A_{m(i)}^k)$，$i \in \{1, 2, \cdots, p-1\}$，$|m| = p-1$，$m(i) \in B$，根据定理 4-2，有 $X = (x_1, x_2, \cdots x_j, \cdots, x_{|B|})$ $(x_j \in \{0, 1\}, 1 \leq j \leq |B|)$ 因为是构造系统码，所以 $x_1 = 1$。如果 A_j^k 是生成矩阵的一部分，则 $x_j = 1$，否则 $x_j = 0$。根据生成矩阵 G 可知 $x_j = \{1 \mid A_{m(j)}^k \in G\}$。为了得到最小距离 d，根据定理 4-2 求得 $\max\{y_1, y_2, \cdots, y_{|J|}\}$，由 R_k^* 是一个 $|B| \times |J|$ 的矩阵，X 是一个 $1 \times |B|$ 的矩阵，可知 Y 是一个 $1 \times |J|$ 的矩阵。由定义 4-6 可知，A_j^k 与其他拟阵的联系度为一个行向量，因此生成矩阵 G 的 $A_{m(j)}^k$ 对应 R_k^* 中的某一行，同时决定 X 中对应位置元素的取值，根据矩阵相乘原理，G 中的 $A_{m(j)}^k$ 对应 R_k^* 中的所有行向量相加就得到 Y。码 C 的最小距离 $d = n - \max\{y_1, y_2, \cdots, y_{|J|}\}$，为了得到更大的 d，需要得到更小的 $d_1 = \max\{y_1, y_2, \cdots, y_{|J|}\}$，同时因为 $n = k*p$，因此码 C 的最小距离 $d = n - d_1$。

为了构造码率可变的二进制系统 QC 码，根据 p 的变化，生成矩阵 G 减少或者增加一个循环矩阵，可得到码率为 $1/p$ 的最优码，首先构造生成矩阵 $G(p-1) = [G_1, \cdots, G_{p-1}]$ 是码率为 $1/(p-1)$ 的生成矩阵，在 $G(p-1)$ 前 $p-1$ 个循环矩阵基础上，然后遍历所有的剩余循环矩阵，得到循环矩阵 G_p，组成生成矩阵 $G(p) = [G(p-1), G_p]$，根据拟阵理论求得最小距离 d，如果 d 是满足这一特性的最大值，则 G_p 是码率 $\frac{1}{p}$ 的生成矩阵 $G(p)$ 的第 p 个循环矩阵，且和 $G(p-1)$ 组成生成矩阵 $G(p)$。此算法是在生成矩阵 $G(p-1)$ 的基础上进行的拟阵搜索，构造码率可变的 QC 码是一个循环过程。最开始构造 $p = 2$ 的最优 QC 码，得到与之相对应的所有生成矩阵 $G(2)$；然后通过程序读取这些生成矩阵 $G(2)$，对每个生成矩阵 $G(2)$ 进行一次基于拟阵理论的拟阵搜索算法，得到 $p = 3$ 的最优 QC 码，重复上述步骤，直到构造 p 等于给定的值。

码率可变拟阵搜索算法：

（1）给定参数 k 和 p，计算矩阵 R_k^*、L_*^k、J。

（2）遍历所有 $A_m^k = \{A_{J(i)}^k \mid |A_{J(i)}^k| = k, 1 \leq i \leq |J|\}$ 生成 X，根据 $X \cdot R_k^* = Y$，得到最小的 d_1，计算最大的最小距离 $d = n - d_1$，构造码率为 1/2 的二进制系统 QC 码。

（3）读取码率为 $1/j$ 的二进制系统 QC 码的所有最小距离最大的生成矩阵 G，利用步骤（2）中的拟阵搜索算法思想计算最大的最小距离 d，构造码率为

$1/(j+1)$ 的二进制系统 QC 码。

（4）若 $j \leq p$，重复步骤（3），直到构造出 p 满足给定参数的二进制系统 QC 码。

（5）输出生成矩阵 G 和最小距离 d。

5.2　码率可变拟阵搜索算法计算结果

码率可变拟阵搜索算法构造了一类特殊的码率为 $1/p$ 的二进制系统 QC 码，它具有码率可变性，伴随着 p 的变化，生成矩阵 G 减少或者增加一个循环矩阵，得到的都是码率为 $1/p$ 的最优码。这里说的最优码，是指满足这一特性的生成矩阵所能得到的最大的最小距离 d，并非广义上的最优码，在表 5-1 中，主要跟文献［27］和两个数据库[72,99]做比较，粗体的表示最小距离和现有最好 QC 码的最小距离相同，粗体加星的最小距离比现有最好的 QC 码的最小距离大，即（182，14，77）码和（340，17，146）码。

表 5-1　　(kp, p) 码的最小距离

$p \backslash k$	12	13	14	15	16	17	18
2	**8**	7	**8**	**8**	**8**	**8**	**8**
3	**12**	**12**	13	14	14	**16**	**16**
4	16	18	20	20	**22**	22	**24**
5	22	24	25	**28**	**28**	28	30
6	**28**	**31**	31	33	**36**	36	38
7	**34**	**36**	**38**	**40**	**42**	**44**	46
8	**40**	42	**44**	46	49	**52**	54
9	44	**48**	**52**	**54**	56	**60**	62
10	**52**	54	57	60	**64**	**68**	70
11	**56**	**60**	**64**	**68**	**72**	**75**	78
12	**62**	66	**70**	75	78	82	86
13	**68**	**72**	**77**	81	**86**	**90**	94
14	73	79	**84**	**88**	**94**	**98**	102
15	79	**84**	89	**96**	101	**106**	110
16	84	90	**96**	102	108	**114**	118
17	90	97	102	109	116	**122**	126
18	**96**	103	109	**116**	124	**130**	134
19	**102**	109	**116**	**124**	**130**	**138**	142
20	**108**	114	123	131	**138**	**146** *	150

注：粗体表示最小距离和现有最好 QC 码的最小距离相同；粗体加星的最小距离比现有最好 QC 码的最小距离大，即（112，14，77）码和（340，17，146）码。

　　码的重量分布定义为：设 C 为域 F 上的 $[n, k]$ 线性码，$A_0, A_1, \cdots, A_n$ 分别为 C 中重量为 $0, 1, \cdots, n$ 码字的个数，$(A_0, A_1, \cdots, A_n)$ 为 C 的重量分布，设 X、Y 为变元，称 n 次齐次多项式 $W(X, Y) = A_0 X^n + A_1 X^{n-1} Y + \cdots + A_n Y^n$ 为 C 的重量计算子。根据线性码的最小距离 d 的定义可知 $d = A_1$，因此码的重量分布也反映了其最小距离。如由（240，12，108）码的重量分布可知最小距离 $d = 108$，而且发现其重量具有集中性，数量类似正态分布，码的性能也不错。

　　在表 5-2 中列出了码率为 1/20 即 $p = 20$ 的最优码的生成矩阵代表，根据 QC 码的定义以及算法，验证了码率可变性，随着 p 的变化，生成矩阵增加或者减少一个循环矩阵，得到的都是最优码。例如（240，12，108）码生成矩阵 $G(20) = [1, 379, 29, 311, 749, 137, 447, 989, 1371, 199, 661, 35, 53, 861, 893, 73, 83, 235, 349, 663]$，根据 QC 码的定义，其中"1"代表一个 12×12 的循环矩阵，首列为 10000000000，其他数字同样代表一个循环矩阵，首列为其二进制表示，因此 G 是由 20 个循环矩阵组成的 12×240 的生成矩阵。根据算法，是在码率为 $1/p$ 的生成矩阵 $G(p) = [G_0, G_1, \cdots, G_{p-1}]$ 上增加一个循环矩阵 G_p，组成码率为 $\dfrac{1}{p+1}$ 生成矩阵 $G(p+1)$，两个生成矩阵都产生最优码，所以减少"663"代表的循环矩阵，由 $G(19) = [1, 379, 29, 311, 749, 137, 447, 989, 1371, 199, 661, 35, 53, 861, 893, 73, 83, 235, 349]$ 产生的也是最优码，根据表 5-1 可知，它是（228，12，102）码，增加一个循环矩阵亦是如此。从表 5-2 可知 $p = 20$ 的最优 QC 码的生成矩阵，也就可知 $2 \leqslant p \leqslant 9$ 的最优 QC 码的生成矩阵，同时可以用 $p = 20$ 的最优码生成矩阵去构造 $p = 21$ 的最优码生成矩阵，以此类推，可以得到 p 更大的最优码。

表 5-2　码率可变的最优码

(n, k, d)	生成矩阵代表
（240，12，108）	1, 379, 29, 311, 749, 137, 447, 989, 1371, 199, 661, 35, 53, 861, 893, 73, 83, 235, 349, 663
（260，13，114）	1, 427, 1727, 141, 941, 83, 463, 853, 677, 151, 723, 1023, 159, 1245, 743, 2037, 3519, 1277, 1227, 5
（280，14，123）	1, 471, 2411, 905, 1335, 931, 1981, 1013, 1325, 2455, 1653, 3387, 2893, 1993, 997, 1519, 5983, 443, 2869, 665
（300，15，131）	1, 6127, 5789, 271, 1891, 1177, 2013, 5287, 3295, 6879, 189, 6775, 3903, 823, 1353, 4015, 525, 671, 2661, 3367
（320，16，138）	1, 695, 4007, 4393, 1711, 4029, 3273, 1871, 333, 2029, 1405, 1689, 3951, 1215, 15997, 1783, 11053, 5939, 743, 4775

(n, k, d)	生成矩阵代表
$(340, 17, 146)$	1, 1911, 10815, 179, 77, 3915, 5861, 24503, 30701, 11237, 1599, 91, 1241, 13469, 1423, 7053, 4667, 1733, 5405, 3215
$(360, 18, 150)$	1, 379, 11595, 1823, 933, 32205, 1075, 1403, 5437, 3687, 57211, 837, 1205, 3045, 38367, 211, 1847, 2671, 2415, 6099

上标代表重量，下标代表数量，由表 5-2 中生成矩阵生成的最优码重量分布如下：

（1）（240, 12, 108）码的重量分布为：

$w_0 = 1$，$w_{108} = 276$，$w_{110} = 108$，$w_{112} = 468$，$w_{114} = 352$，$w_{116} = 432$，$w_{118} = 360$，$w_{120} = 322$，$w_{122} = 396$，$w_{124} = 396$，$w_{126} = 124$，$w_{128} = 273$，$w_{130} = 120$，$w_{132} = 312$，$w_{134} = 48$，$w_{136} = 54$，$w_{138} = 28$，$w_{140} = 24$，$w_{144} = 2$

（2）（260, 13, 114）码的重量分布为：

$w_0 = 1$，$w_{114} = 65$，$w_{115} = 91$，$w_{116} = 91$，$w_{117} = 144$，$w_{118} = 143$，$w_{119} = 208$，$w_{120} = 273$，$w_{121} = 312$，$w_{122} = 273$，$w_{123} = 325$，$w_{124} = 299$，$w_{125} = 351$，$w_{126} = 325$，$w_{127} = 325$，$w_{128} = 416$，$w_{129} = 351$，$w_{130} = 455$，$w_{131} = 338$，$w_{132} = 312$，$w_{133} = 416$，$w_{134} = 377$，$w_{135} = 221$，$w_{136} = 234$，$w_{137} = 247$，$w_{138} = 208$，$w_{139} = 299$，$w_{140} = 247$，$w_{141} = 130$，$w_{142} = 182$，$w_{143} = 195$，$w_{144} = 91$，$w_{145} = 26$，$w_{146} = 39$，$w_{147} = 39$，$w_{148} = 39$，$w_{149} = 39$，$w_{150} = 39$，$w_{151} = 39$，$w_{152} = 13$

（3）（280, 14, 123）码的重量分布为：

$w_0 = 1^0$，$w_{123} = 126$，$w_{124} = 210$，$w_{125} = 224$，$w_{126} = 280$，$w_{127} = 322$，$w_{128} = 392$，$w_{129} = 420$，$w_{130} = 378$，$w_{131} = 504$，$w_{132} = 553$，$w_{133} = 576$，$w_{134} = 525$，$w_{135} = 532$，$w_{136} = 714$，$w_{137} = 644$，$w_{138} = 665$，$w_{139} = 644$，$w_{140} = 665$，$w_{141} = 658$，$w_{142} = 805$，$w_{143} = 826$，$w_{144} = 560$，$w_{145} = 812$，$w_{146} = 672$，$w_{147} = 574$，$w_{148} = 616$，$w_{149} = 462$，$w_{150} = 476$，$w_{151} = 224$，$w_{152} = 259$，$w_{153} = 210$，$w_{154} = 154$，$w_{155} = 210$，$w_{156} = 112$，$w_{157} = 112$，$w_{158} = 112$，$w_{159} = 112$，$w_{160} = 14$，$w_{161} = 42$，$w_{162} = 14$，$w_{163} = 14$，$w_{166} = 14$，$w_{167} = 28$，$w_{210} = 1$

（4）（300, 15, 131）码的重量分布为：

$w_0 = 1$，$w_{131} = 300$，$w_{132} = 450$，$w_{135} = 810$，$w_{136} = 870$，$w_{139} = 1470$，$w_{140} = 1650$，$w_{143} = 2160$，$w_{144} = 2565$，$w_{147} = 2730$，$w_{148} = 2835$，$w_{151} = 2955$，$w_{152} = 2520$，$w_{155} = 2418$，$w_{156} = 2500$，$w_{159} = 1905$，$w_{160} = 1683$，$w_{163} = 1065$，$w_{164} = 780$，$w_{167} = 315$，$w_{168} = 410$，$w_{171} = 180$，$w_{172} = 90$，$w_{175} = 15$，$w_{176} = 15$，$w_{179} = 60$，$w_{180} = 15$，$w_{195} = 1$

（5）（320，16，138）码的重量分布为：

$w_0 = 1^0$，$w_{138} = 304$，$w_{140} = 656$，$w_{142} = 704$，$w_{144} = 1332$，$w_{146} = 1936$，$w_{148} = 2648$，$w_{150} = 3104$，$w_{152} = 4308$，$w_{154} = 4208$，$w_{156} = 4848$，$w_{158} = 5520$，$w_{160} = 5721$，$w_{162} = 5920$，$w_{164} = 5936$，$w_{166} = 4176$，$w_{168} = 3972$，$w_{170} = 3072$，$w_{172} = 2320$，$w_{174} = 1664$，$w_{176} = 1288$，$w_{178} = 624$，$w_{180} = 536$，$w_{182} = 432$，$w_{184} = 208$，$w_{186} = 64$，$w_{188} = 16$，$w_{190} = 16$，$w_{208} = 2$

（6）QC 码（340，17，146）的重量分布为：

$w_0 = 1^0$，$w_{146} = 272$，$w_{148} = 867$，$w_{150} = 1258$，$w_{152} = 2091$；$w_{154} = 2941$，$w_{156} = 3723$，$w_{158} = 4743$，$w_{160} = 6171$，$w_{162} = 7259$，$w_{164} = 8942$，$w_{166} = 10370$，$w_{168} = 10421$，$w_{170} = 11408$，$w_{172} = 11526$，$w_{174} = 10778$，$w_{176} = 9367$，$w_{178} = 8007$，$w_{180} = 6290$，$w_{182} = 4335$，$w_{184} = 3485$，$w_{186} = 2380$，$w_{188} = 1530$，$w_{190} = 1377$，$w_{192} = 748$，$w_{194} = 323$，$w_{196} = 289$，$w_{198} = 51$，$w_{200} = 51$，$w_{202} = 17$，$w_{204} = 17$，$w_{208} = 17$，$w_{210} = 17$

（7）（360，18，150）码的重量分布为：

$w_0 = 1$，$w_{150} = 54$，$w_{151} = 144$，$w_{152} = 126$，$w_{153} = 252$，$w_{154} = 297$，$w_{155} = 306$，$w_{156} = 405$，$w_{157} = 666$，$w_{158} = 945$，$w_{159} = 918$，$w_{160} = 1449$，$w_{161} = 1386$，$w_{162} = 1810$，$w_{163} = 2502$，$w_{164} = 2925$，$w_{165} = 3258$，$w_{166} = 3618$，$w_{167} = 4194$，$w_{168} = 4602$，$w_{169} = 5652$，$w_{170} = 5976$，$w_{171} = 10758$，$w_{172} = 7362$，$w_{173} = 8424$，$w_{174} = 9261$，$w_{175} = 9738$，$w_{176} = 9441$，$w_{177} = 10758$，$w_{178} = 11052$，$w_{179} = 10800$，$w_{180} = 11619$，$w_{181} = 10818$，$w_{182} = 10809$，$w_{183} = 10662$，$w_{184} = 10170$，$w_{185} = 9414$，$w_{186} = 9294$，$w_{187} = 8730$，$w_{188} = 7947$，$w_{189} = 6912$，$w_{190} = 6012$，$w_{191} = 5202$，$w_{192} = 4932$，$w_{193} = 3978$，$w_{194} = 3492$，$w_{195} = 3786$，$w_{196} = 2745$，$w_{197} = 2358$，$w_{198} = 2007$，$w_{199} = 1476$，$w_{200} = 1062$，$w_{201} = 918$，$w_{202} = 675$，$w_{203} = 522$，$w_{204} = 468$，$w_{205} = 378$，$w_{206} = 162$，$w_{207} = 162$，$w_{208} = 225$，$w_{209} = 90$，$w_{210} = 36$，$w_{211} = 72$，$w_{212} = 54$，$w_{213} = 18$，$w_{214} = 36$，$w_{228} = 3$

（8）QC 码（182，14，77）的重量分布为：

$w_0 = 1$，$w_{77} = 282$，$w_{78} = 252$，$w_{80} = 392$，$w_{81} = 672$，$w_{82} = 434$，$w_{84} = 630$，$w_{85} = 1358$，$w_{86} = 658$，$w_{88} = 826$，$w_{89} = 1820$，$w_{90} = 882$，$w_{92} = 840$，$w_{94} = 875$，$w_{96} = 749$，$w_{97} = 1246$，$w_{98} = 630$，$w_{100} = 518$，$w_{101} = 574$，$w_{102} = 294$，$w_{104} = 98$，$w_{105} = 280$，$w_{106} = 70$，$w_{108} = 28$，$w_{109} = 70$，$w_{112} = 14$，$w_{113} = 14$，$w_{126} = 1$

5.3 本章小结

本章在拟阵理论的拟阵搜索算法和局部拟阵搜索算法的基础上，提出了码率可变的拟阵搜索算法，构造了一类特殊的码率为 $1/p$ 的二进制系统 QC 码，它具有码率可变性，伴随着 p 的变化，生成矩阵 G 减少或者增加一个循环矩阵，得到

的都是码率为 $1/p$ 的最优码。虽然我们得到的是满足这一特性的最小距离 d 最大化，并非广义上的最优码，但是通过与现有的 QC 码的最小距离对比，得到的码最小距离与现有最优 QC 码的距离相差不大，大多数可以得到与已有的一样好的码距，特别地得到两个 $(182, 14, 77)$ QC 码和 $(340, 17, 146)$ QC 码的最小距离比现有的 QC 码的最小距离还要大。在实际的应用场景中，特别是需要经常变换码率而进行通信系统的传输环境中，利用本书得到的结果，只需在原有码率的生成矩阵 G 中发生一个变化，减少或者增加部分生成矩阵，也就是减少或者增加部分电路，就能达到想要的码率，电路简单、容易实现。

6 二进制移位对偶码的构造

现有的对偶码研究主要侧重于自对偶码，已有一些方法研究如何构造二进制线性码的对偶码，其目的是减少运算量，提高运行效率，但仍存在复杂度高的问题。本章在研究对偶码的基础上，结合 QC 码特点，定义了码率为 1/2 的移位对偶码概念，得到了一个有关最优移位对偶码定理；利用该定理提出了这类码字的构造方法，运用计算机搜索最优移位对偶码。通过实验，最优码的最小距离大部分与自对偶码相等，其中 4 个较之更优。该方法不仅减少了搜索最优码的复杂度，而且设计的二进制线性分组码只要通过循环移位就能得到其对偶码。

6.1 移位对偶码的定义

二进制线性分组码的对偶码，是由其生成矩阵作为校验矩阵构造的码，两者构成的码字空间具有正交性。通过对对偶码的研究，可以推导出二进制线性分组码的性质和特点，得出两者最小距离和重量分布的关系。对于二进制线性分组码的对偶码的研究，研究的热点主要是自对偶码。文献［100］从最优码的角度出发，构造了一个单重极值自对偶码（64，32，12），文献［101］研究了构造自对偶码的重要方法，文献［102］利用图论知识构造自对偶码，文献［103］利用同构思想研究低阶不等价数量和高阶不等价数量之间的关系，文献［104］提出用原线性分组码与子线性分组码的关系来判断等价性。这些研究推动了对偶码的发展，却没有给出如何更方便地构造对偶码。

当码长较长时，如何求解一个二进制线性分组码的对偶码是一项计算量很大的任务，因而不能轻易得到最小距离和重量分布。文献［105］通过建立循环码单位元与它的频域单位元之间的联系，可以很方便地生成它的对偶码。文献［106］运用拟阵理论和编码之间的联系构造了二元拟阵码，从而得到它的对偶码。文献［107］通过研究拟循环码的代数结构推出其对偶码的代数结构，从代数结构的角度得到对偶码。文献［108］研究了 QC 码的性质和计算，从生成元的角度得到其对偶码。这些方法对于二进制线性分组码的对偶码的研究具有重大影响，但仍存在计算量较大、运行时间长的缺点，同时没能推导出最小距离和重量分布的关系。

在研究对偶码的基础上，进一步利用 QC 码的结构和特点，定义了码率为 1/2 的移位对偶码，利用自对偶码的构造方法，设计搜索算法寻找最优码。通过对码字的分析发现，该类码只需要循环移位就能得到其对偶码，而且最小距离和重量分布是相等的；还发现了移位对偶码的重量分布性质，对于对偶码的研究具有一定的理论和应用价值。

自从 Prang 首次提出循环码的概念，由于其具有循环性、性能好、电路实现简单的特点，循环码便成了一类重要的码型。根据文献 [109] 可知，准循环具有一个 $k \times kp$ 的生成矩阵 G，且具有如下结构：$G = [G_0, G_1, \cdots, G_{p-1}]$，其中 G_i 是一个 $k \times k$ 二进制循环矩阵，定义如下

$$G_i = \begin{bmatrix} g_0 & g_1 & g_2 & \cdots & g_{k-1} \\ g_{k-1} & g_0 & g_1 & \cdots & g_{k-2} \\ \vdots & \vdots & \vdots & \ddots & \vdots \\ g_1 & g_2 & \cdots & g_{k-1} & g_0 \end{bmatrix}$$

要构造系统 QC 码，可令 $G_0 = I_k$，其中 I_k 为 $k \times k$ 的单位矩阵。下面构造的是系统码，因此可设生成矩阵 $G = [I_k \,|\, A_k]$，A_k 是一个二进制循环矩阵。

定义 6-1[110]   对 $V = (v_1, v_2, \cdots, v_n)$，$U = (u_1, u_2, \cdots, u_n)$，定义 V 与 U 的内积为

$$\langle V, U \rangle = \sum_{i=1}^{n} v_i u_i$$

若 $\langle V, U \rangle = 0$，则称 U 与 V 正交。C 为 F 上的 (n, k) 线性码，称

$$C^{\perp} = \{ v \in F^n \,|\, \langle V, U \rangle = 0, \forall U \in C \}$$

为 C 的对偶码。显然 $C^{\perp}$ 是 $(n-k, k)$ 线性码。若 $C \subseteq C^{\perp}$，则称 C 为自正交码；若 $C = C^{\perp}$，则称 C 为自对偶码。

文献 [110] 还列出了在二元 [38, 19] 自对偶码的研究中，构造自对偶码采用的方法，并得到极值码。具有 DC（double circulate construction）或 BDC（bordered double circulate construction）构造的极值码，一个 $[2k, k]$ 线性码具有 DC 构造，如果其生成矩阵形（如 $G = [I_k \,|\, A_k]$）称为具有 BDC 构造，如果其生成矩阵

$$G = \begin{bmatrix} & & 0 & 1 & \cdots & 1 \\ & & 1 & & & \\ I_k & & \vdots & & A_{k-1} & \\ & & 1 & & & \end{bmatrix}$$

本书采取 DC 构造码率为 1/2 的二进制线性分组码。

文献 [111] 指出，二进制线性分组码 C 的对偶码是由其校验矩阵产生的码字空间，满足对偶码的定义。如果二进制线性分组码的生成矩阵 G 是 $G = [I_k, P]$，其中 I_k 是 k 维单位矩阵，则其校验矩阵 $H = [-P^T, I_{n-k}]$，$-P^T$ 是矩阵 P 的逆元装置矩阵，对于二进制线性分组码，0 的逆元是 1，1 的逆元是 0，故有

$-\boldsymbol{P}^{\mathrm{T}} = \boldsymbol{P}^{\mathrm{T}}$，因此，二进制线性分组码如果是系统码，其生产矩阵 $\boldsymbol{G}$ 形如 $\boldsymbol{G} = [\boldsymbol{I}_k, \boldsymbol{P}]$，则其校验矩阵为 $\boldsymbol{H} = [\boldsymbol{P}^{\mathrm{T}}, \boldsymbol{I}_{n-k}]$，所以其对偶码的生成矩阵 $\boldsymbol{G}^{\perp} = [\boldsymbol{P}^{\mathrm{T}}, \boldsymbol{I}_{n-k}]$。

定义 6-2 若二进制线性分组码的 $C(n,k,d)$ 是系统码，则生成矩阵形如 $\boldsymbol{G} = [\boldsymbol{I}_k \mid \boldsymbol{A}_k]$，那么线性分组码 C 的对偶码 $C^{\perp}$ 的生成矩阵为 $\boldsymbol{G}^{\perp} = [\boldsymbol{A}_k^{\mathrm{T}} \mid \boldsymbol{I}_k]$，其中 $\boldsymbol{I}_k$ 是一个 k 维单位矩阵，$\boldsymbol{A}_k$ 是一个 k 维循环矩阵，$\boldsymbol{A}_k^{\mathrm{T}}$ 是 $\boldsymbol{A}_k$ 转置矩阵。假如 $\boldsymbol{A}_k = \boldsymbol{A}_k^{\mathrm{T}}$，那么线性分组码 C 的对偶码 $C^{\perp}$ 的生成矩阵 $\boldsymbol{G}^{\perp} = (\boldsymbol{A}_k \mid \boldsymbol{I}_k)$，我们把这一类码定义为移位对偶码。

6.2 移位对偶码的性质和定理

移位对偶码的移位性质：信息位表示为 m，由此线性分组码可以表示为 $C = mG = m[\boldsymbol{I}_k \mid \boldsymbol{A}_k] = [m\boldsymbol{I}_k \mid m\boldsymbol{A}_k]$，则由其检验矩阵产生的相应对偶码为 $C^{\perp} = mG^{\perp} = m[\boldsymbol{A}_k \mid \boldsymbol{I}_k] = [m\boldsymbol{A}_k \mid m\boldsymbol{I}_k]$，对比两个表达式，发现线性分组码 C 向右循环移动 k 位可以得到其对偶码 $C^{\perp}$。

码的重量分布定义：设 C 为域 F 上的 $[n, k]$ 线性码，A_0，A_1，$\cdots$，A_n 分别为 C 中重量为 0，1，$\cdots$，n 码字的个数，$(A_0, A_1, \cdots, A_n)$ 为 C 的重量分布，设 X，Y 为变元，称 n 次齐次多项式 $W(X,Y) = A_0 X^n + A_1 X^{n-1} Y + \cdots + A_n Y^n$ 为 C 的重量计算子。关于二进制线性分组码 C 与其对偶码 $C^{\perp}$ 的重量计算子关系，存在著名的 McWilliams 恒等式，即：设 $W^{\perp}(X,Y)$ 为 $C^{\perp}$ 的重量计算子，则 $W^{\perp}(X,Y) = \dfrac{1}{|C|} W(X + (q-1)Y, X - Y)$，在二元域上 $q = 2$，则 $W^{\perp}(X,Y) = \dfrac{1}{|C|} W(X+Y, X-Y)$，其中 $|C| = q^k = 2^k$ 为 C 中码字的总数。由于移位对偶码的对偶码是通过循环移位得到的，因此其对偶码的码字中非零元素的个数没有发生改变，因此移位对偶码 C 和其对偶码 $C^{\perp}$ 的最小距离和重量计算子完全相同，重量计算子有关系式 $W(X,Y) = W^{\perp}(X,Y)$，且 $n = 2k$，根据关系式 $W^{\perp}(X,Y) = \dfrac{1}{|C|} W(X+Y, X-Y)$，可知 $2^k W^{\perp}(X,Y) = W(X+Y, X-Y)$，然后展开重量计算子，得到如下关系式：

$$2^k (A_0 X^n + A_1 X^{n-1} Y + \cdots + A_n Y^n) = A_0 (X+Y)^n + A_1 (X+Y)^{n-1}$$
$$(X-Y) + \cdots + A_n (X-Y)^n$$

因此可以得到如下关系式：

$$2^k A_0 = A_0 + A_1 + \cdots + A_n \tag{6-1}$$

$$2^k A_n = A_0 - A_1 + A_2 + \cdots + (-1)^n A_n \tag{6-2}$$

根据 A_0 代表的含义，可知 $A_0 = 1$，因此简化式 (6-1)、式 (6-2) 得到式 (6-3)、式 (6-4)：

$$2^k = 1 + A_1 + \cdots + A_n \tag{6-3}$$

$$2^k A_n = 1 - A_1 + A_2 + \cdots + (-1)^n A_n \tag{6-4}$$

A_n 只有 0、1 两种情况，当 $A_n = 0$ 时，化简公式得：

$$1 + A_2 + A_4 + \cdots + A_{n-2} = 2^{k-1}$$
$$A_1 + A_3 + A_5 + \cdots + A_{n-1} = 2^{k-1}$$

当 $A_n = 1$ 时，化简公式得：

$$1 + A_2 + A_4 + \cdots + A_n = 2^k$$

$A_j = 0$，j 为奇数。

根据移位对偶码采取的构造方法和性质，可知其是系统码，而系统码的码字的前 k 位是信息位，因此可知 $C = mG = m[I_k \mid A_k] = [mI_k \mid mA_k] = [m \mid mA_k]$。$A_k$ 是一个 k 维循环矩阵，根据矩阵相乘原理，mA_k 是首行 B_1 的部分循环移位向量相加模 2 运算。记 $wt(B_1) = b$，例如 $k = 4$，$m = [1\ 0\ 1\ 1]$，$B_1 = [1\ 1\ 0\ 1]$，则

$$mA_k = [1\ 1\ 0\ 1] + [0\ 1\ 1\ 1] + [1\ 0\ 1\ 1] = [0\ 0\ 0\ 1]$$
$$C = 10110001, d = 4$$

因此 $wt(C) = wt(m) + wt(mA_k)$，$1 \le wt(mA_k) \le k$，$1 \le wt(m) \le k$，所以 $2 \le wt(C) \le 2k$，当 $wt(m) = 1$，时 $wt(C) = 1 + b$；当 $wt(m) = k$ 时 $wt(C) = k + wt(mA_k)$，若 b 为偶数，$wt(mA_k) = 0$，若 b 为奇数，$wt(mA_k) = k$，因此，最小的 $wt(C) = k$ 或 $b + 1$；很显然 $b + 1 \le k$。当 $wt(m) = 2$ 时，$wt(C) = 2 + wt(mA_k)$，为了使 $k \le wt(C)$，则 $wt(mA_k)$ 必须大于 $k - 2$，即 $wt(mA_k) = 2b - 2b_{m^*} \ge k - 2$，其中 b_{m^*} 为矩阵 A_k 两行（行数对应于向量 m 为 1 的坐标）相加所对应的位置值都为 1 的总数，$b_{m^*} \ge 0$，所以有 $b \ge k/2 - 1$。

定理 6-1　若 $wt(m) = 2$，b_{m^*} 为矩阵 A_k 两行（行数对应于向量 m 为 1 的坐标）相加所对应的位置值都为 1 的总数，则有 $\sum_{wt(m)=2} b_{m^*} = C_b^2 * k$。

证明： 等式左边为所有的 b_{m^*} 和是从矩阵 A_k 行为出发点计算。反过来也可以从列为出发点进行计算，矩阵 A_k 每列的 1 的个数也为 b，可以组成 $C_b^2 = \dfrac{b(b-1)}{2}$ 对位置都为 1 的组合数，总共有 k 列，所以有 $C_b^2 * k$，即有 $\sum_{wt(m)=2} b_{m^*} = C_b^2 * k$。因为 $wt(m) = 2$ 的向量 m 个数为 $C_k^2 = \dfrac{k(k-1)}{2}$，因此得到 b_{m^*} 平均值为 $\dfrac{b(b-1)}{k-1}$。而 $wt(C) = 2 + wt(mA_k) = 2 + 2b - 2b_{m^*} \ge b + 1$，由 $2 + 2b - 2\dfrac{b(b-1)}{k-1} \ge b + 1$ 可得不等式 $(b+1)(k-1) \ge 2b(b-1) \ge 2(b+1)(b-2)$，所以有

$$b \le (k+1)/2 + 1$$

因此要得到最小距离的最大值，只需取 b 在 k 的中值附近，根据搜寻算法就能得到最优码或者极值码。

6.3 移位对偶码的构造方法

根据定义 6-2，可知移位对偶码的生成矩阵 G 中 I_k 和 A_k 都是循环矩阵，生成的是 QC 码，根据定理 6-1，可知 A_k 的首行中非零元素的个数大致在 k 的中值附近，这样可以得到最大的最小距离 d。

根据前面关于移位对偶码的定义，若线性分组码 C 的生成矩阵 $G = [I_k | A_k]$ 满足 $A_k = A_k^T$，则这样构造出来的码称为移位对偶码。所以关键问题在于构造满足 $A_k = A_k^T$ 的循环矩阵，同时使得 A_k 首行中非零元素的个数大致在 k 的中值附近。

因为 A_k 是循环矩阵，所以可以表示成如下形式：

$$A_k = \begin{bmatrix} a_1 & a_2 & \cdots & \cdots & a_k \\ a_k & a_1 & \cdots & & a_{k-1} \\ a_{k-1} & a_k & a_1 & \cdots & a_{k-2} \\ \vdots & \vdots & \vdots & \ddots & \vdots \\ a_2 & a_3 & \cdots & a_k & a_1 \end{bmatrix} = \begin{bmatrix} B_1 \\ \varphi(B_1, 1) \\ \vdots \\ \varphi(B_1, k-1) \end{bmatrix} \tag{6-5}$$

其中 $B_1 = (a_1, a_2, \cdots, a_k)$ 是 k 位行向量，代表循环矩阵 A_k 的首行；$1 \leqslant i \leqslant k-1$，$\varphi(B_1, i)$ 表示代表循环矩阵 A_k 的首行 B_1 循环向右移位 i 位后得到的行向量。由 A_k 可以得到 A_k^T 具有如下形式

$$A_k^T = \begin{bmatrix} a_1 & a_k & \cdots & \cdots & a_2 \\ a_2 & a_1 & \cdots & & a_k \\ a_k & a_2 & a_1 & \cdots & a_{k-1} \\ \vdots & \vdots & \vdots & \ddots & \vdots \\ a_k & a_{k-1} & \cdots & a_2 & a_1 \end{bmatrix} = \begin{bmatrix} B_2 \\ \varphi(B_2, 1) \\ \vdots \\ \varphi(B_2, k-1) \end{bmatrix} \tag{6-6}$$

其中 $B_2 = (a_1, a_k, \cdots, a_2)$ 是 k 位行向量，代表循环矩阵 A_k^T 的首行，要保证 $A_k = A_k^T$，则只需保证它们的首行相等，即 $B_1 = B_2$。对于给定长度 n 的移位自对偶码，总是寻找极值码或最优码，即具有最大的最小汉明距离的码。由上面的结论可知，极值码或最优码与 A_k 首行 B_1 有关，一般要求 B_1 中非零分量的个数在 k 的中值附近。

（1）当 k 为奇数，$B_1 = B_2$ 时具有如下的对应关系

$$\begin{array}{ccccccc} a_1 & a_2 & \cdots & \dfrac{a_{k+1}}{2} & \dfrac{a_{k+3}}{2} & \cdots & a_k \\ \downarrow & \downarrow & \downarrow & \downarrow & \downarrow & \downarrow & \downarrow \\ a_1 & a_k & \cdots & \dfrac{a_{k+3}}{2} & \dfrac{a_{k+1}}{2} & \cdots & a_2 \end{array}$$

满足 $a_i = a_{k+2-i}$，$2 \leqslant i \leqslant \dfrac{k+1}{2}$，即 $(a_{\frac{k+3}{2}}, \cdots, a_k)$ 是 $(a_2, \cdots, a_{\frac{k+1}{2}})$ 的逆序排列。当要求 $\boldsymbol{A}_k$ 的首行有 b 个非零元素时，问题就转化成了组合问题。

若 b 为偶数时，$a_1 = 0$，相当于从 $(k-1)/2$ 个元素中选取 $b/2$ 个元素，总共有 $\mathrm{C}_{\frac{k-1}{2}}^{\frac{b}{2}}$ 种情况。

若 b 为奇数时，$a_1 = 1$，相当于从 $(k-1)/2$ 个元素中选取 $(b-1)/2$ 个元素，总共有 $\mathrm{C}_{\frac{k-1}{2}}^{\frac{b-1}{2}}$ 种情况。

（2）当 k 为偶数，$\boldsymbol{B}_1 = \boldsymbol{B}_2$ 时具有如下的对应关系

$$
\begin{array}{cccccccc}
a_1 & a_2 & \cdots & a_{\frac{k}{2}} & a_{\frac{k+3}{2}} & a_{\frac{k+4}{2}} & \cdots & a_k \\
\downarrow & \downarrow & \downarrow & \downarrow & \downarrow & \downarrow & \downarrow & \downarrow \\
a_1 & a_k & \cdots & a_{\frac{k+4}{2}} & a_{\frac{k+3}{2}} & a_{\frac{k}{2}} & \cdots & a_2
\end{array}
$$

满足 $a_i = a_{k+2-i}$，$2 \leqslant i \leqslant \dfrac{k}{2}$，同时 $\boldsymbol{B}_1$ 中有两部分存在逆序排列关系。当要求 $\boldsymbol{A}_k$ 的首行有 b 个非零元素时，同样是组合问题。

若 b 为偶数，当 $a_1 = 0, a_{\frac{k+3}{2}} = 0$ 时，相当于从 $\dfrac{k-2}{2}$ 个元素中选取 $\dfrac{b}{2}$ 个元素，有 $\mathrm{C}_{\frac{k-2}{2}}^{\frac{b}{2}}$ 种情况；或者当 $a_1 = 1$，$a_{\frac{k+3}{2}} = 1$ 时，相当于从 $\dfrac{k-2}{2}$ 个元素中选取 $\dfrac{b-2}{2}$ 个元素，有 $\mathrm{C}_{\frac{k-2}{2}}^{\frac{b-2}{2}}$ 种情况，总共有 $\mathrm{C}_{\frac{k-2}{2}}^{\frac{b}{2}} + \mathrm{C}_{\frac{k-2}{2}}^{\frac{b-2}{2}}$ 种情况。

若 b 为奇数，当 $a_1 = 1$，$a_{\frac{k+3}{2}} = 0$ 时，相当于从 $\dfrac{k-2}{2}$ 个元素中选取 $\dfrac{b-1}{2}$ 个元素，有 $\mathrm{C}_{\frac{k-2}{2}}^{\frac{b-1}{2}}$ 种情况；当 $a_1 = 0$，$a_{\frac{k+3}{2}} = 1$ 时，相当于从 $\dfrac{k-2}{2}$ 个元素中选取 $\dfrac{b-1}{2}$ 个元素，有 $\mathrm{C}_{\frac{k-2}{2}}^{\frac{b-1}{2}}$ 种情况，总共有 $2\mathrm{C}_{\frac{k-2}{2}}^{\frac{b-1}{2}}$ 种情况。

移位对偶码的构造算法：

对于给定长度 n，构造移位对偶码只需要给定 k 中值附近的 b，就可以寻找到符合要求的 $\boldsymbol{B}_1$，由此可以构造循环矩阵 $\boldsymbol{A}_k$，进而得到移位对偶码的生成矩阵 $\boldsymbol{G}$，然后求出各自的最小距离 d，寻找符合要求的极值码或最优码。通过这样的构造方法，可以减少寻找最优码的复杂度，缩短实验所需的时间，大大提高效率。

$\boldsymbol{A}_k$ 矩阵的构造步骤如下：

步骤 1　对于给定长度的 k，输入 b，判断 k、b 奇偶性，进行不同的过程处理。

步骤 2　经过函数处理后，得到 $\boldsymbol{A}_k$ 首行 $\boldsymbol{B}_1$ 的一部分，根据 $\boldsymbol{B}_1$ 的特点，组

合成完整行向量的集合。

步骤 3 根据得到的首行 $\boldsymbol{B}_1$ 产生循环矩阵 $\boldsymbol{A}_k$。

构造 $\boldsymbol{A}_k$ 矩阵的伪代码算法：

if(mod(k,2) = 1&&mod(b,2) = 1)

$$x = \left[1 : \frac{k-1}{2} \right]$$

$$m = \frac{b-1}{2}$$

combine = combntns(x, m)

$\boldsymbol{B}_1$ = first_row(combine)

$\boldsymbol{A}_k$ = cyclic_matrix($\boldsymbol{B}_1$)

end

else if(mod(k,2) = 1&&mod(b,2) = 0)

$$x = \left[1 : \frac{k-1}{2} \right]$$

$$m = \frac{b}{2}$$

combine = combntns(x, m)

$\boldsymbol{B}_1$ = first_row(combine)

$\boldsymbol{A}_k$ = cyclic_matrix($\boldsymbol{B}_1$)

end

else if(mod(k,2) = 0&&mod(b,2) = 1)

$$x = \left[1 : \frac{k-2}{2} \right]$$

$$m = \frac{b-1}{2}$$

combine = combntns(x, m)

$\boldsymbol{B}_{11}$ = first_row(combine)

$\boldsymbol{B}_{12}$ = first_row(combine)

$$\boldsymbol{B}_1 = [\boldsymbol{B}_{11} ; \boldsymbol{B}_{12}]$$

$\boldsymbol{A}_k$ = cyclic_matrix(B_1)

end

else

$$x_1 = \left[1 : \frac{k-2}{2} \right]$$

$$m_1 = \frac{b}{2}$$

$$\text{combine} = \text{combntns}(x_1, m_1)$$

$$\boldsymbol{B}_{11} = \text{first\_row}(\text{combine})$$

$$m_2 = \frac{b-2}{2}$$

$$\text{combine} = \text{combntns}(x_1, m_2)$$

$$\boldsymbol{B}_{12} = \text{first\_row}(\text{combine})$$

$$\boldsymbol{B}_1 = [\boldsymbol{B}_{11}; \boldsymbol{B}_{12}]$$

$$\boldsymbol{A}_k = \text{cyclic\_matrix}(\boldsymbol{B}_1)$$

end

其中 combntns 是解决组合问题的函数，产生许多位置组合；first_row 函数通过 combntns 函数产生的位置组合产生一个含有 b 个非零元素的二元 k 位行向量，也就是循环矩阵 $\boldsymbol{A}_k$ 的首行向量 $\boldsymbol{B}_1$；cyclic_matrix 函数根据得到的首行向量 $\boldsymbol{B}_1$ 产生循环矩阵 $\boldsymbol{A}_k$。为了得到最优码或者极值码，根据满足要求的循环矩阵 $\boldsymbol{A}_k$ 构造生成矩阵 $\boldsymbol{G} = [\boldsymbol{I}_k | \boldsymbol{A}_k]$，计算各自的最小距离 d，寻找最大的最小距离 d，构造最优的移位对偶码。

6.4　仿真结果

根据采取的构造方法和移位对偶码的特点，与自对偶码的最小距离 d 相比较，在文献［104］中收录长度 n 不小于 40 的自对偶码的最小距离最大值，文献［112，113］给出了长 $n = 2 \sim 50$ 的自对偶码的最小距离最大值。综合参考数据库[72]得出了表6-1，其中距离列表示实验结果中给定长度 n 的最小距离的最大值，H-M-距离列表示已知自对偶码的最小距离的最大值，通过两者的对比，发现最小距离大部分相等，其中（18，9，6）、（20，10，6）、（18，14，8）、（34，17，8）码优于现在最优自对偶码。根据表6-1和表6-2中 b 的数据，发现最小距离的最大值，也就是给定长度 n 的最优码，构造生成矩阵 $\boldsymbol{G}$ 的循环矩阵 $\boldsymbol{A}_k$ 首行向量 $\boldsymbol{B}_1$ 中非零元素的个数大致在 k 的中值附近，证明了定理6-1的正确性。最优码的生成矩阵代表，列举了循环矩阵 $\boldsymbol{A}_k$ 首行向量 $\boldsymbol{B}_1$，可以构造出生成矩阵 $\boldsymbol{G}$，求出最小距离是否符合最优码，验证表6-1中的最小距离。

表 6-1　最小距离对照表

n	k	b	距离	H-M-距离
2	1	1	2	2
4	2	1, 2	2	2
6	3	3	2	2
8	4	3	4	4
10	5	3	4	4

n	k	b	距离	H-M-距离
12	6	3	4	4
14	7	3	4	4
16	8	4	4	4
18	9	5	**6**	4
20	10	6	**6**	4
22	11	5 7	6	6
24	12	5 6 7	6	6
26	13	7	6	6
28	14	7	**8**	6
30	15	6 7 8 9	6	6
32	16	9	8	8
34	17	9	**8**	6
36	18	9	8	8
38	19	8 9 10 11 12 13	8	8
40	20	9 10 11 12 13 14	8	8
42	21	10 11 12 13 14 15	8	8
44	22	10 11 12 13 15	8	8
46	23	11	10	10
48	24	12 15	10	10
50	25	11 12 13 14 15	10	10

表6-2 最优码生成矩阵代表

$C(n, k, d)$	b	B_1
(2, 1, 2)	1	1
(4, 2, 2)	2	10
(6, 3, 2)	3	011
(8, 4, 4)	4	1101
(10, 5, 4)	3	11001
(12, 6, 4)	3	101010
(14, 7, 4)	3	1010010
(16, 8, 4)	4	11001001
(18, 9, 6)	5	110011001
(20, 10, 6)	6	1110010011

$C\ (n,\ k,\ d)$	b	B_1
(22, 11, 6)	5	11001001001
(24, 12, 6)	6	100110101100
(26, 13, 6)	7	1101001100101
(28, 14, 8)	7	11001010101001
(30, 15, 6)	7	110100011000101
(32, 16, 8)	9	1100101101101001
(34, 17, 8)	9	11001011001101001
(36, 18, 8)	9	011000110101100011
(38, 19, 8)	9	1110010001100010011
(40, 20, 8)	13	01111100101010011111
(42, 21, 8)	10	011000100111100100011
(44, 22, 8)	11	0111011000010000110111
(46, 23, 10)	11	11011010100000010101101
(48, 24, 10)	12	111011010000100001011011
(50, 25, 10)	12	0100101000111111000101001

6.5　本章小结

　　本章在对偶码研究的基础上提出了移位对偶码概念，该类码字能通过循环移位轻易得到其对偶码，两者的最小距离和重量分布具有一致性。根据 QC 码的特点，极值码或最优码的生成矩阵 G 中循环矩阵 A_k 的首行 1 的个数 b 在 k 的中值附近，因而构造这类码的时间复杂度大大降低。通过实验，得到的最优码的最小距离大多数与自对偶码的最小距离一样，且其中有 4 个码较之更好，考虑这类码字的特殊性，实验结果还是很好的，对于对偶码的研究具有重要参考和应用价值。当 n 逐渐增加时，计算的所需复杂度呈指数级增长。寻找给定长度 n 的极值码或最优码难度愈加艰难，随着社会的发展，长码在今后的作用将日益增加。今后将研究新的构造方法，构造出码长 n 更长的二进制移位对偶码，以及进一步对多进制的移位对偶码进行研究。

7 LDPC 码的基本理论

现在是一个信息高速发展的时代，"人工智能"已经服务于人们生活的方方面面。如智能手机、智能手环、电脑、包罗万象的智能家居等各类智能电子设备成为生活中常见的物品。这些智能设备不仅仅丰富、方便了人们的生活，更缩短了人们的距离，也促进了人们之间的交流和联系。随着 5G 的大规模应用，物联网（internet of things，IoTs）时代已然来临，曾经仅存在于人们之间的通信又多了一个物，人与人、与物三者两两互联，数据互通、消息共享成为物联网时代的不可缺少的一部分。在 5G 时代，人们的基本通信需求已经可以得到保证，但随着人们对于原画视频、无损音频、无损图像需求的增加，巨大的网络流量、实时信息传送的更高要求使得 5G 移动通信面临巨大挑战。如何有效传输更大流量数据以及低延时通信成为亟待解决的难题。在物联网时代单纯提高通信带宽已不能满足这个新时代的要求。6G 技术是更新一代的移动通信标准，是为了满足物联网、无人驾驶、工业控制、智能家居、移动医疗、车联网等对于移动通信时延、可靠性和低能耗等要求更加严苛的领域。6G 技术理论下行速度为 1TB，时延更是低到惊人的 0.1ms，但 6G 优异的性能离不开信道编译码技术的支持，急需开展在 6G 场景下信道编码技术的研究与应用。

众所周知，信道编译码对于整个通信系统影响重大，是通信系统中的核心关键技术。消息从发送端传输到接受端时会有噪声的干扰，这些噪声的干扰会造成信息从发送端经信道传输到接受端时发生比特错误，进而会造成接收到的整条信息出错。为了避免噪声干扰带来的错误，最有用的方法是在传输中使用信道编译码技术，使得在传输中就能够拥有纠正错误从而达到抵抗干扰的能力。

常见的信道编码方法有汉明码、BCH 码、卷积码、Turbo 码、LDPC 码、Polar 码等编码方法。Turbo 码和 LDPC 码是两种有着优异性能的编码方法，在理论上能够靠近香农容量限。在 20 世纪 90 年代末进一步研究 Turbo 等编码方法时，LDPC 码的优异性能重新被研究人员发现，由于其在实际应用方便易用，近年来得到了大力推广，是 5G 移动通信、光纤通信、卫星等用途的首选方法。

7.1 香农定理

1948 年香农在《通信的数学原理》中提出信道噪声信道下的数据传输与数

据压缩理论，这为以后设计有效可靠的通信系统创造了重要的基石。香农第一定理是指在信源编码不存在失真的情况下，原始信源符号变换为码字符号，在等概率的情况下能够减少码传输的消息，提高传输的有效性。信源编码是为了将信源的相关信息转换为一种信息序列，以避免信息冗余使其具有一些原始信息不具备的特征。原始信息经过信源编码后能够提高信息传输效率；但由于经过信源编码改变了原有的关联性，使得编码后的信息会受到噪声的干扰，导致信息不能正确地被接收，因而需要采用信道编码技术来保证信息传输的可靠性。

香农第二定理指存在一种编码，该编码在给定码的传送速率小于信道容量的情形下，能够确保信息传输的错误概率可以任意小。在香农文章发表后的几十年中，研究人员致力于寻找接近信道容量的纠错码。直到 20 世纪 90 年代，Turbo 码和 LDPC 码的重新发现才使得接近香农信道容量成为可能。香农分离设计的思想是在编码时将信源和信道分别实现，在保证性能的条件下分别优化也不影响整个整体。分离的信道编码方式已广泛应用在 5G 中，如 LDPC 码、Polar 码，尤其是 Polar 码更容易靠近香农的信道容量。

随着时代的发展，在 IoTs 时代，需要高质量的体验，有着大量的设备接入网络，现有的技术已不能满足人们的需求，需要研究新的技术。信源、信道分离设计虽然有其优点，但都是基于以下两种假设提出的：（1）传输的码字无限长；（2）对信源编码、信道编码系统的复杂度不存在限制[114]。第一个假设明显不成立，通信信道中传输的码字即使再长其长度也是有限的。第二个假设，对于信源编码、信道编码系统的复杂度不存在限制就意味着设计信源编码、信道编码时只需要考虑性能，即使在实际传输信息时时延很高也不需要考虑，这很明显与未来通信技术发展方向背道而驰。而且分离设计思想，信道编码的设计是基于信源编码的信源内不存在其他条件，信源编码后的所有比特等概率的情况；当信源编码后的序列还残留部分冗余信息时，这部分信息将不能被信道译码使用。信源编码的设计是基于信道编码能够完全校正噪声引起的误码，因此，信源编码后的码字容易受到信道噪声的干扰。信道译码时一个比特的错误就可能引起错误传播，导致信源译码产生不可恢复性的更多损坏。而实际传输过程中，信道噪声不可避免。

7.2 LDPC 码发展简史

信道编码经历了从汉明码、BCH 码、卷积码到 Turbo 码、LDPC 码、Polar 码的发展历程，其中 Turbo 码、LDPC 码、Polar 码是性能较为优异的编码方法，LDPC 的性能能够近似达到香农限（信道容量），Polar 码也可以达到香农限。在 20 世纪 90 年代，Turbo 编码方法被广泛关注，同时 LDPC 具有的良好性能和硬件可实现性，再次引起研究者的兴趣。现在 LDPC 编码方法已经是 5G 移动通信、光纤通信、卫星数字视频广播等通信场景首选的编码方案。

LDPC 码是 Gallager 在 1962 年博士论文中提出的一种编码，是一类能够近似达到香农限的编码方法[115,116]，编码时具有线性复杂度，在译码时效率高。20 世纪 90 年代 Tanner 把图与 LDPC 码结合起来研究，介绍了 LDPC 的图形表示，即众所周知的 Tanner 图。LDPC 码也是一种线性分组码，它在多种信道上都能够靠近容量限。例如文献[115]中的 AWGN 信道。文献[116]提出了一类 LDPC 码，这类 QC 码不仅在编码时复杂度可控，在译码时效率也很高，同时在不同的块衰落信道中还具有近中断性能。LDPC 码可用于设计具有迭代解映射和译码功能的比特交织编码调制（BICM），在有限带宽的约束下提高了吞吐量[117]。相比于Turbo 码，LDPC 码具有以下优点：（1）很容易获得比较低的误码率；（2）具有更好的分组误码性能；（3）译码不依赖于网络。

现有的 LDPC 的结构主要有两种：（1）随机结构，例如文献[118]中的随机结构或者半随机结构方法；（2）结构化结构，例如，文献[119~123]中的代数结构，包括几何 LDPC 和 QC-LDPC。然而，对于短码结构，上述两种结构在误码率方面都不能带来令人满意的性能。长度短的 LDPC 码主要是代数结构，例如 Golay 码和二次剩余（QR）码。它们的最小汉明距离可以等于理论的最大值，但它们的校验矩阵不是稀疏的，不适合低复杂度和中等复杂度的译码算法，例如迭代消息传递算法及其改进算法。为了解决以上问题，本书提出利用拟阵理论构造 LDPC 码，并构造了较短长度且码率较高的 LDPC 码。

7.3 LDPC 码的定义与表示

LDPC 码也就是低密度奇偶校验码，是一种有着稀疏奇偶校验矩阵的线性分组码。LDPC 码是线性分组的特殊形式，LDPC 码的校验矩阵 H 中 0 的数量远远大于非 0 的数量。LDPC 码的校验矩阵 H 既可以是二进制的，也可以是多进制的。一个 (n, k) 的线性分组码的码长是 n，消息长是 k，能够通过它的校验矩阵 H 一一对应确定。校验矩阵 H 的维数是 $(n-k) \times n$。如果校验矩阵 H 的每行有 g 个 1，每列有 r 个 1，称为规则的 LDPC 码，否则就称为不规则 LDPC 码。校验矩阵 H 的任取两行或者两列在相同行或列同时是 1 的位置不大于 2 个，目的是确保 LDPC 码中没有长度为 4 的环。LDPC 码是由很少量非 0 元素的 $(n-k) \times n$ 校验矩阵 H 的零空间确定的，本书中给出的校验矩阵 H 仅仅是为了方便理解，部分校验矩阵 H 中 1 的数量略少于 0 的数量，在实际构造出校验矩阵 H 中 1 的数量应当远远少于 0 的数量。

不规则 LDPC 码是没有固定的行重 g 和列重 r，如式（7-1）中的矩阵 H，它的行重分别为 4、2、2、1、1，列重分别为 2、2、2、2、1、1，可见行重和列重是不固定的。不规则 LDPC 码的行重和列重虽然不固定，但实际构造出的校验矩

阵 H 也能够具有很好的性能。

$$H = \begin{bmatrix} 1 & 1 & 1 & 1 & 0 & 0 \\ 1 & 0 & 0 & 0 & 1 & 0 \\ 0 & 1 & 0 & 0 & 0 & 1 \\ 0 & 0 & 1 & 0 & 0 & 0 \\ 0 & 0 & 0 & 1 & 0 & 0 \end{bmatrix} \qquad (7\text{-}1)$$

规则 LDPC 码是一个线性分组码，有定量的行重 g 和固定的列重 r，如式 (7-2) 中的矩阵 H，任取一行的重量都是 4，任取一列的重量都是 2。

$$H = \begin{bmatrix} 1 & 0 & 0 & 0 & 1 & 1 & 1 & 0 & 0 & 0 \\ 1 & 1 & 0 & 0 & 0 & 0 & 0 & 1 & 1 & 0 \\ 0 & 1 & 1 & 0 & 1 & 0 & 0 & 0 & 0 & 1 \\ 0 & 0 & 1 & 1 & 0 & 1 & 0 & 1 & 0 & 0 \\ 0 & 0 & 0 & 1 & 0 & 0 & 1 & 0 & 1 & 1 \end{bmatrix} \qquad (7\text{-}2)$$

式 (7-2) 中校验矩阵 H 具有固定的列重 g 和固定的行重 r，其中，$r = g \times [n/(n-k)]$。规则 LDPC 码的码率 R 可以由式 (7-3) 界定。

$$R \geqslant \frac{k}{n} = 1 - \frac{g}{r} \qquad (7\text{-}3)$$

式 (7-3) 中校验矩阵 H 为：

$$R = \frac{5}{10} = \frac{1}{2} = 1 - \frac{2}{4} = \frac{1}{2}$$

LDPC 码可以用 Tanner 图表示。Tanner 图是一种二部图，即这种图中的节点被分为两部分，图上的每条边都连接着检验节点和变量节点，用 C_N 和 V_N 表示。当 H 中的元素 h_{ij} 为 1 时，第 i 个检验节点（C_i）和第 j 个变量节点（V_j）相连接。例如，$h_{32} = 1$ 表示第 3 个检验节点 C_3 和第 2 个变量节点 V_2 互相连接。式 (7-3) 的检验矩阵 Tanner 图如图 7-1 所示。

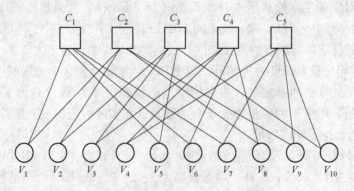

图 7-1　LDPC 码的 Tanner 图

7.4 LDPC 码的构造方法

LDPC 码的构造方法主要有两种: 一种是随机构造方法, David Mackay[118] 列举了一些构造 LDPC 码校验矩阵的随机或半随机方法; 另一种是代数构造方法, 由代数构造方法构造的主要有几何 LDPC 码[119] 和 QC 码[120], 该类码在码长很长的时候具有很好的性能, 且没有错误平层。然而, 在码长很短且码率很高的情况下, 上述两种方法构造出来的 LDPC 码没有明显的优势 (例如, 码长小于 500, 码率大于 0.6), 而且鲜有人研究码长很短且码率高的 LDPC 码的性能。有关短码的研究文献主要集中在代数码, 例如著名的 Golay 码、QR 码, 它们都具有很好的最小码距, 但是由于它们的校验矩阵中 1 的个数分布不具有稀疏特性, 不适合置信传播 (belief propagation, BP) 迭代译码。LDPC 码是一种线性分组码, 通过校验矩阵 H 能够对应出独一无二的码组, 因此校验矩阵 H 的构造是构造 LDPC 码的核心。下面介绍一些常用的构造方法。

7.4.1 校验矩阵的随机构造方法

通过计算机随机搜索可构造随机结构的 LDPC 码, 校验矩阵 H 没有使用系统化的构造方法。这种方法虽然结构多变, 很可能构造出优异性能的码, 但也会导致编码和解码过程中有较高的复杂度[124]。

7.4.2 Gallager 的构造法

Gallager 构造法构造出的校验矩阵 H 的维数为 $(n-k) \times n$, 任意列都具有 g 个 1 且满足 $g \ll n-k$, 任意行具有 r 个 1 且满足 $r \ll n$。需要指明的是, Gallager 方法构造的校验矩阵列重 g 必须满足 $g \geqslant 3$[125,126]。Gallager 构造的校验矩阵 H 由 g 个子矩阵 H_1, H_2, H_3, $\cdots$, H_g 构成, 构成的校验矩阵 H 如式 (7-4) 所示。

$$H = \begin{bmatrix} H_1 \\ H_2 \\ H_g \end{bmatrix} \tag{7-4}$$

式 (7-4) 中任意子矩阵 $H_i(i=1,2,3,\cdots,g)$ 的维数都是 $a \times ar$, 其中 a 为任意整数。每一个子矩阵 $H_i(i=1,2,3,\cdots,g)$ 的列重都是 1, 行重都是 r。最先的子矩阵 H_1 具有特殊的结构, 它的第 $i(i=0,1,2,3,\cdots,a-1)$ 行中都从第 $ir+1$ 列到第 $ir+r$ 列值为 1。其他子矩阵 $H_i(i=2,3,\cdots,g)$ 都通过变换第一个子矩阵 H_1 得到。在通过第一个子矩阵变换得到其他子矩阵的过程中要从整体矩阵的角度考虑, 尽量避免出现短环尤其是不能出现长度为 4 的短环, 尽量使得短环越长越好。Gallager 方法构造的 H 在编码时有着较低的编码复杂度。例如, 式 (7-5)

中的 $\boldsymbol{H}$ 维数为 15×25，$a = 5$，矩阵的列重 $g = 3$，行重 $r = 5$。校验矩阵 $\boldsymbol{H}$ 共由 3 个子矩阵构成，$1 \sim 5$ 行是第一个子矩阵，其他两个子矩阵根据第一个子矩阵构造，避免了 4 环。

$$\boldsymbol{H} = \begin{bmatrix} 1 & 1 & 1 & 1 & 1 & 0 & 0 & 0 & 0 & 0 & 0 & 0 & 0 & 0 & 0 & 0 & 0 & 0 & 0 & 0 & 0 & 0 & 0 & 0 & 0 \\ 0 & 0 & 0 & 0 & 0 & 1 & 1 & 1 & 1 & 1 & 0 & 0 & 0 & 0 & 0 & 0 & 0 & 0 & 0 & 0 & 0 & 0 & 0 & 0 & 0 \\ 0 & 0 & 0 & 0 & 0 & 0 & 0 & 0 & 0 & 0 & 1 & 1 & 1 & 1 & 1 & 0 & 0 & 0 & 0 & 0 & 0 & 0 & 0 & 0 & 0 \\ 0 & 0 & 0 & 0 & 0 & 0 & 0 & 0 & 0 & 0 & 0 & 0 & 0 & 0 & 0 & 1 & 1 & 1 & 1 & 1 & 0 & 0 & 0 & 0 & 0 \\ 0 & 0 & 0 & 0 & 0 & 0 & 0 & 0 & 0 & 0 & 0 & 0 & 0 & 0 & 0 & 0 & 0 & 0 & 0 & 0 & 1 & 1 & 1 & 1 & 1 \\ 1 & 0 & 0 & 0 & 0 & 1 & 0 & 0 & 0 & 0 & 1 & 0 & 0 & 0 & 0 & 1 & 0 & 0 & 0 & 0 & 1 & 0 & 0 & 0 & 0 \\ 0 & 1 & 0 & 0 & 0 & 0 & 1 & 0 & 0 & 0 & 0 & 1 & 0 & 0 & 0 & 0 & 1 & 0 & 0 & 0 & 0 & 1 & 0 & 0 & 0 \\ 0 & 0 & 1 & 0 & 0 & 0 & 0 & 1 & 0 & 0 & 0 & 0 & 1 & 0 & 0 & 0 & 0 & 1 & 0 & 0 & 0 & 0 & 1 & 0 & 0 \\ 0 & 0 & 0 & 1 & 0 & 0 & 0 & 0 & 1 & 0 & 0 & 0 & 0 & 1 & 0 & 0 & 0 & 0 & 1 & 0 & 0 & 0 & 0 & 1 & 0 \\ 0 & 0 & 0 & 0 & 1 & 0 & 0 & 0 & 0 & 1 & 0 & 0 & 0 & 0 & 1 & 0 & 0 & 0 & 0 & 1 & 0 & 0 & 0 & 0 & 1 \\ 1 & 0 & 0 & 0 & 0 & 0 & 1 & 0 & 0 & 0 & 0 & 0 & 1 & 0 & 0 & 0 & 0 & 1 & 0 & 0 & 0 & 0 & 1 & 0 & 0 \\ 0 & 0 & 0 & 1 & 0 & 0 & 0 & 0 & 1 & 0 & 0 & 0 & 0 & 1 & 0 & 0 & 0 & 0 & 0 & 1 & 0 & 0 & 0 & 0 & 1 \\ 0 & 0 & 1 & 0 & 0 & 0 & 1 & 0 & 0 & 0 & 1 & 0 & 0 & 0 & 0 & 0 & 0 & 0 & 1 & 0 & 0 & 1 & 0 & 0 & 0 \\ 0 & 0 & 0 & 1 & 0 & 0 & 0 & 0 & 1 & 0 & 0 & 0 & 0 & 0 & 0 & 0 & 0 & 0 & 0 & 0 & 0 & 0 & 0 & 0 & 1 \\ 0 & 0 & 0 & 0 & 1 & 0 & 0 & 0 & 1 & 0 & 0 & 0 & 0 & 1 & 0 & 0 & 0 & 1 & 0 & 0 & 1 & 0 & 0 & 0 & 0 \end{bmatrix}$$

$$(7\text{-}5)$$

7.4.3　Mackay 的构造法

Mackay 构造法需要一定的计算机辅助进行设计，Mackay 构造法通过 Gauss Jordan 方法能够变换成 $\boldsymbol{H} = \begin{bmatrix} \boldsymbol{I}_{(n-k) \times (n-k)} & \big| & \boldsymbol{P}^{\mathrm{T}}_{(n-k) \times k} \end{bmatrix}$ 的形式，这就需要在构造检验矩阵的过程中进行考虑。Mackay 构造法同 Gallager 构造法一样每一列都必须保证列重为 g，不同在于 Mackay 构造法对行重没有固定要求，但也需要各行重量尽量接近，并且任意两列中相同都为 1 的数量不能等于或超过 2 个，这样可保证构造出的检验矩阵 $\boldsymbol{H}$ 没有 4 环，同时也尽量增加了环长。由于 Mackay 构造法的构造条件需要满足能够变换成 $\boldsymbol{H} = \begin{bmatrix} \boldsymbol{I}_{(n-k) \times (n-k)} & \big| & \boldsymbol{P}^{\mathrm{T}}_{(n-k) \times k} \end{bmatrix}$ 的形式，从而得到生成矩阵 $\boldsymbol{G} = \begin{bmatrix} \boldsymbol{P}_{k \times (n-k)} & \big| & \boldsymbol{I}_{k \times k} \end{bmatrix}$ 的形式，因此大大增加了构造的难度，使得构造复杂度增加[127-130]。

7.4.4　Davey 的构造法

Davey 构造法是基于 Mackay 构造法的构造方法。Davey 构造法是将 Mackay 构造法构造的单位矩阵进行细分，分成了多个更小的单位矩阵并且部分列入了一些列重 $g = 2$ 的矩阵，这样的构造方法可以去掉一些长度很短的环或者去掉部分环，从而增加最终构造成的 LDPC 码的性能。

7.4.5 校验矩阵的结构化构造法

循环结构的码简单、易理解。通常循环结构的码具有 $n-k$ 个移位储存器、多个加法器以及门电路[131,132]。通常校验矩阵 H 具有 n 行 n 列，结构见式 (7-6)[133]。循环结构码是指校验矩阵 H 是循环的，即校验矩阵的任意行都是可以由前行移动位置获得，这个移动的位置个数需要根据具体计算得到。这种方法构造的循环矩阵能够使得构造出的矩阵拥有较大的稀疏性，即循环矩阵中 0 的个数大大超过 1 的个数，由此循环矩阵的构造复杂度就会很低。但这样的 $n \times n$ 的校验矩阵却使得译码复杂度大大增加[134,135]。

$$H = \begin{bmatrix} 1 & 0 & 0 & 0 & 0 \\ 0 & 1 & 0 & 0 & 0 \\ 0 & 0 & 1 & 0 & 0 \\ 0 & 0 & 0 & 1 & 0 \\ 0 & 0 & 0 & 0 & 1 \end{bmatrix} \tag{7-6}$$

QC-LDPC 码的矩阵是由循环矩阵构成，且可以是多个循环矩阵组合而成，相比于循环矩阵，准循环矩阵能够灵活地构造矩阵，能够构造出性能优异的码。QC-LDPC 码的校验矩阵 H 的结构见式 (7-7)，所有的子 H 都可以是 $n \times n$ 的循环结构。QC-LDPC 码具有构造复杂度低、编解码复杂度低、性能优异等特点，是一种被广泛研究和使用的 LDPC 码[136,137]。

$$H = \begin{bmatrix} H_{11} & \cdots & H_{1N} \\ \vdots & \ddots & \vdots \\ H_{M1} & \cdots & H_{MN} \end{bmatrix} \tag{7-7}$$

7.4.6 几何构造法

几何构造法是通过空间中的点和线来构造，点和线根据几何特点构造成几何图形，再根据几何图形构造出对应的校验矩阵。

几何构造法的点和线要满足几个原则。（1）共有 m 条线，n 个点；（2）任意线上会有 p 个点，任意点上会有 q 条线通过；（3）任意两点之间只能存在唯一一条线；（4）线与线之间要么平行要么交于一点。满足了原则（3）和原则（4）就能够保证所对应的校验矩阵 H 没有 4 环[138]。

满足以上几个原则后，通过线和点的意义对应关系能够对应出唯一的校验矩阵 H。对每一条线进行编号 1，2，3，…，m，对每一个点进行编号 1，2，3，…，n，如果第 2 号线上存在 3 号点和 4 号点，那么与之对应的矩阵 H 中 $h_{23} = 1$ 和 $h_{24} = 1$。每条线上点的数量代表着矩阵 H 中对应行中包含的 1 的数量，也就是行重，每一个点上通过的直线的数量代表着矩阵 H 中对应列中包含的 1 的数量，也就是列重[139]。

如图 7-2 所示共有 $m=4$ 条线和 $n=4$ 个点，满足任意线上存在两个点，每个点存在两条线通过，任意两点之间只能存在唯一一条线，与线之间要么平行要么交于一点。图 7-2 对应的校验矩阵 H 如式（7-8）所示。任意线上存在两个点也就是行重为 2，任意点上存在两条线通过也就是列重为 2。

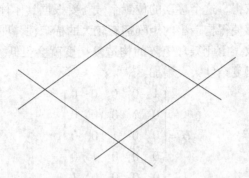

图 7-2　$m=4$ 条线和 $n=4$ 个点的几何图

$$H = \begin{bmatrix} 1 & 0 & 0 & 1 \\ 1 & 1 & 0 & 0 \\ 0 & 1 & 1 & 0 \\ 0 & 0 & 1 & 1 \end{bmatrix} \tag{7-8}$$

7.4.7　组合设计法

平衡的不完全区块构造简称 BIBD（balanced incomplete block design），是一种组合构造法，能够构造出性能较好码的校验矩阵 H[140]。

设 $A = \{a_1, a_2, \cdots, a_m\}$ 是具有 m 个元素的集合，A 平衡的不完全块 B 是由具有 n 个子块的块组合而成，表示为 $B = \{B_1, B_2, \cdots, B_n\}$。平衡的不完全区块构造需要下面几个条件：

（1）B_1，B_2，$\cdots$，B_n 的每一个块都有 x 个元素；

（2）a_1，a_2，$\cdots$，a_m 中的每一个元素都会出现 y 次，即在 b_1，b_2，$\cdots$，b_n 的 y 个子块中出现；

（3）满足 $n \times x = m \times y$[141~143]。

例 7-1　对一个具有 8 个元素的集合 $A = \{1,2,3,4,5,6,7,8\}$，共有 8 个子块的不完全区块 $B = \{B_1, B_2, B_3, B_4, B_5, B_6, B_7, B_8\}$，则每个子块中有 3 个元素，即列重是 3，每个元素出现了 3 次，即行重是 3，$m = n = 8$，$x = y = 7 = 3$，$B_1 = \{1,2,4\}$，$B_2 = \{2,3,5\}$，$B_3 = \{3,4,6\}$，$B_4 = \{4,5,7\}$，$B_5 = \{5,6,8\}$，$B_6 = \{1,6,7\}$，$B_7 = \{2,7,8\}$，$B_8 = \{1,3,8\}$，对应的 H 见式（7-9）。

BIBD 方式构造的 **H** 有着较好的结构和性能。可以避免 4 环的出现，同时还能构造成循环结构和准循环结构，使得性能优异的同时有着容易构造的特点[144,145]。

$$H = \begin{bmatrix} 1 & 0 & 0 & 0 & 0 & 1 & 0 & 1 \\ 1 & 1 & 0 & 0 & 0 & 0 & 1 & 0 \\ 0 & 1 & 1 & 0 & 0 & 0 & 0 & 1 \\ 1 & 0 & 1 & 1 & 0 & 0 & 0 & 0 \\ 0 & 1 & 0 & 1 & 1 & 0 & 0 & 0 \\ 0 & 0 & 1 & 0 & 1 & 1 & 0 & 0 \\ 0 & 0 & 0 & 1 & 0 & 1 & 1 & 0 \\ 0 & 0 & 0 & 0 & 1 & 0 & 1 & 1 \end{bmatrix} \tag{7-9}$$

7.4.8 PEG 构造法

校验节点的度（degree）和变量节点的度指的是节点上连接的线的数量，C_N 的度也是校验矩阵 **H** 任意行包含的 1 的数量，V_N 节点的度也是 **H** 任意列含有 1 的数量。如式（7-10）中 **H**，对应的 Tanner 图如图 7-3 所示，5 个 C_N 节点的度分别为 $D_c = 3$，2，3，3，1，6 个 V_N 节点的度分别为 $D_v = 2$，2，2，2，2，2。

$$H = \begin{bmatrix} 1 & 0 & 0 & 0 & 1 & 1 \\ 1 & 1 & 0 & 0 & 0 & 0 \\ 0 & 1 & 1 & 0 & 1 & 0 \\ 0 & 0 & 1 & 1 & 0 & 1 \\ 0 & 0 & 0 & 1 & 0 & 0 \end{bmatrix} \tag{7-10}$$

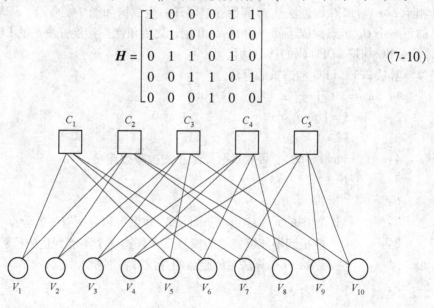

图 7-3 式（7-10）中校验矩阵的 Tanner 图

PEG（progressive edge growth）法的初始输入有变量节点数 n、校验节点数 m 和变量节点的度序列 D_v，其中 D_v 是 n 个变量节点的度数列表。根据以上参数，

PEG 构造法的目标是每次添加一条边并最大化局部环长。因此，PEG 构造法是一种能够最大化环长的 Tanner 图构造法。由于其对环长的构造没有固定值，只是尽量最大化，因此 PEG 构造法也是一种贪婪算法[146]。

由于度数小的变量点（V_N）最有可能出现错误（它们得到邻居节点的帮助最小），因此边的添加从度数最小的 V_N 开始，然后是度数更大（或相等）的 V_N。直到当前 V_N 的边都被添加，构造才会移向下一个 V_N。每个 V_N 的第一条边都连接到当前状态下度数最小的校验点（C_N），添加剩余的边时最大化局部环长。在当前状态下，如果通过目前已添加的边，有一个或者多个 C_N 不能连接到当前的 V_N，则新添加的边应连接到这些不可达 C_N 中的一个，从而避免环的产生。如果所有的 C_N 都可通过一些边连接到当前的 V_N，则新添加的边连接到度最小的 C_N，并确保环长最大。这种选择度最小 C_N 的策略将使得 C_N 有均匀的度分布[147]。

定义 V_N 节点 $V = v_0$，v_1，v_2，$\cdots$，v_{n-1}，C_N 节点 $C = c_0$，c_1，c_2，$\cdots$，c_{m-1}，E 表示边的集合，V_N 度的集合 $D_v = dv_0$，dv_1，dv_2，$\cdots$，dv_{n-1}，C_N 度的集合 $D_c = dc_0$，dc_1，dc_2，$\cdots$，dc_{m-1}。l 表示展开的树的深度，v_i 在深度为 l 的相邻点表示为 $N_{v_i}^l$，v_i 在深度为 l 不能到达的节点表示为 $\overline{N}_{v_i}^l$，也可以是 $\overline{N}_{v_i}^l = V \backslash N_{v_i}^l$。从 v_i 开始展开并连接它所连接的所有 C_N 点，之后再继续展开下一层节点。第 l 层第一次连接的 V_N 点与第一个点 v_i 相距 $2l$，第 l 层第一次连接的 C_N 节点与第一个点 v_i 相距 $2l+1$。PEG 构造法从 v_0 开始逐渐展开的生成树如图 7-4 所示，v_0 与连接它的每一个 C_N 节点构成了展开的 Depth 0 层，之后依次连接展开剩下的 l 层。

PEG 构造 LDPC 码的核心伪代码：

算法 2.1　PEG 构造核心算法

1：for $j = 1$ to $j = n$ do

2：　　for $k = 1$ to dv_j do

3：　　　if $k = 1$

4：　　　　min（D_c），寻找度分布最小的检验点连接；

5：　　　else

6：　　　　while

7：　　　　if $N_{v_i}^l$ 中的元素停止增长而且 $N_{v_i}^l$ 并没有包含所有的校验点

8：　　　　　连接到不能够到达的校验点（任选一个不能到达的校验点即可，原始 PEG 算法对校验点的并没有特别要求）；

9：　　　　　break；

10：　　　　else if $\overline{N}_{v_i}^{l-1} \neq \phi$ 但 $\overline{N}_{v_i}^l \neq \phi$

11：　　　　　连接在第 l 层出现但是不在 $l-1$ 层出现的校验点（任选一个候选校验点即可，原始 PEG 算法对校验点的选择并没有特别要求）；

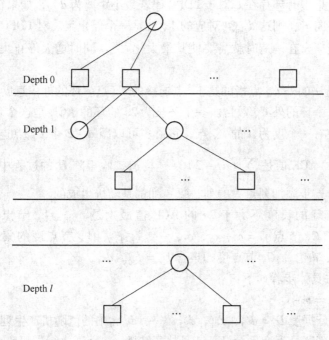

图 7-4 从变量 v_0 开始的 PEG 构造法展开图

12： break；
13： end
14： end for
15： end for

PEG 构造法的核心在于处理变量点 v_i 在展开时遇到的情况，处理以下两种情况才是 PEG 构造法的关键。第一种情况，$N_{v_i}^l$ 中的元素停止增长而且 $N_{v_i}^l$ 并没有包含所有的 C_N 点，这时候就应该优先连接到不能够到达的 C_N 点（任选一个 C_N 点，原始 PEG 算法对这里并没有特别要求）。第二种情况，$\bar{N}_{v_i}^{l-1} \neq \phi$ 但 $\bar{N}_{v_i}^l \neq \phi$，这种情况下所有的 V_N 节点都能连接到，意味着 PEG 构造出的 LDPC 码中必然会出现环，为了使得构造出的 LDPC 码尽可能地更好，就需要构造尽可能长的环，因此在这种情况下就需要选择在第 l 层出现但是不在 $l-1$ 层出现的 C_N 点，通过这种方式可以使得围长尽量大，从而提升了码的性能[148,149]。

7.4.9 ACE 构造法

ACE 构造法是在构造 LDPC 码的时候就考虑环长会影响译码性能的构造方法。如果一个 V_N 点集的相邻节点都跟这个集合连接大于等于两次，那么这个 V_N 点集就是停止集（stopping set）。如果停止集 t 中每个 V_N 点的度数都不小于 2，那么这个停止集中有环存在。对于 LDPC 码若最小距离为 d_{min}，如果存在 d_{min} 列相加后模 2 为零向量，则这 d_{min} 列对应的 V_N 就是一个停止集。对 LDPC 性能有着很大影响的停止集，在构造时就需要使其最大化[150]。同时增大停止集也能增大最小距离 d_{min}。

ACE 构造法的外 C_N 点指的是 V_N 点连接的 C_N 点。环的外信息度（EMD）指的是连接到这个环的外 C_N 数目。一个环长为 $2c$ 的环的 ACE 是这个环的 EMD 最大值。若环中有一个度为 d 的 V_N 点，它最多可以跟 $d-2$ 个 C_N 点连接，因此环长为 $2c$ 的环的 ACE 值是 $\sum_1^c (d_i - 2)$。造构造校验矩阵 H 的过程中，从列重最小的列开始，逐步添加列重大的列，每一列都是随机生成的。

假设所有环的长度不大于 $2c$ 的 ACE 值最少是 c_{ACE}。V_N 节点 $V = v_0$，v_1，v_2，…，v_{n-1}，C_N 节点 $C = c_0$，c_1，c_2，…，c_{n-k-1}。V_N 节点度的集合 $D_v = dv_0$，dv_1，dv_2，…，dv_{n-1}，C_N 节点度的集合 $D_c = dc_0$，dc_1，dc_2，…，dc_{n-k-1}。

ACE 算法具体步骤如下：

步骤 1　$i = n - 1$

步骤 2　依据度 $D_v = dv_0$，dv_1，dv_2，…，dv_{n-1} 中的值随机产生列向量 v_i。

步骤 3　判断是否满足 $i \geq k$，若是执行步骤 4，否则执行步骤 5。

步骤 4　由高斯消元法判断是否线性相关，若线性相关执行步骤 2，否则执行步骤 5。

步骤 5　判断当前 V_N 点是否符合判断条件的 ACE 值。

步骤 6　$i = i - 1$。如果 $i \geq 0$，执行步骤 2；不满足则执行停止且跳出循环。

7.4.10　基于下三角矩阵的编码

设一个 $m \times n$ 的校验矩阵 H 表示为式（7-11）。

$$H = \begin{bmatrix} A & B & T \\ C & D & E \end{bmatrix} \tag{7-11}$$

A、B、T、C、D、E 的维度为 $(m-g) \times (n-m)$、$(m-g) \times g$、$(m-g) \times (m-g)$、$g \times (n-m)$、$g \times g$、$g \times (m-g)$，其中 T 是下三角的形式。式（7-12）左乘式（7-13）表示为式（7-14）。

$$\begin{bmatrix} I & 0 \\ -ET^{-1} & I \end{bmatrix} \tag{7-12}$$

$$H = \begin{bmatrix} A & B & T \\ -ET^{-1}A + C & -ET^{-1}B + D & 0 \end{bmatrix} \tag{7-13}$$

$$\begin{bmatrix} I & 0 \\ -ET^{-1} & I \end{bmatrix} H = \begin{bmatrix} A & B & T \\ -ET^{-1}A + C & -ET^{-1}B + D & 0 \end{bmatrix} \tag{7-14}$$

定义码字 c 为 $c = (s, p_1, p_2)$，s 表示消息位，p_1 和 p_2 表示校验位。由于 $Hc^T = 0$，则可以表示为式 (7-15) 和式 (7-16)。

$$As^T + Bp_1^T + Tp_2^T = 0 \tag{7-15}$$

$$(-ET^{-1}A + C)s^T + (-ET^{-1}B + D)p_1^T = 0 \tag{7-16}$$

指定 $\varphi = -ET^{-1}B + D$，由式 (7-16) 可以得到式 (7-17) 和式 (7-18)。

$$p_1^T = -\varphi^{-1}(ET^{-1}A + C)s^T \tag{7-17}$$

$$p_2^T = -T^{-1}(As^T + Bp_1^T) \tag{7-18}$$

其中 p_1、p_2 的复杂度分别为 $O(n + g^2)$、$O(n)$[151,152]。矩阵 H 的复杂度与 g 密切相关，因此 g 应当尽量小。

7.4.11 半随机 LDPC 码的编码方法

码字 c 表示为 $c = [sp]$，若将矩阵 H 分为 A、B 两部分，A 用来表示校验部分，B 用来表示信息部分，由于 $Hc^T = 0$，由此可得式 (7-19)[153-156]：

$$[BA]\begin{bmatrix} s^T \\ p^T \end{bmatrix} = 0 \tag{7-19}$$

其中，s^T 代表 k 个信息位；p^T 代表 $n - k$ 个信息位。

式 (7-19) 可以转换为式 (7-20)

$$p^T = -A^{-1}Bs^T \tag{7-20}$$

满秩矩阵可以表示为 $A = LU$，L 是下三角阵，U 是上三角阵。由此可得式 (7-21)：

$$p^T = -U^{-1}[L^{-1}(Bs^T)] \tag{7-21}$$

之后进行方程的求解，完成整个编码。

7.5 LDPC 码的译码方法

7.5.1 比特翻转译码算法

LDPC 码的比特反转解码法是 Gallager 在 20 世纪 60 年代第一次提出的。首先计算一个校正子 $s = (s_1, s_2, \cdots, s_J)$ 作为初始值，由于在传输过程中会发生错误，会导致部分校正子的值发生改变。比特反转法就是利用接受码字 r 的变化会引起校验错误的个数变化来译码的，对于错误个数多的位置进行反转，如果是 0 的就变为 1；反之，如果开始是 1 的，就变为 0。首先，根据式 (7-22) 计算校正子，全部为 0，就不需要进行下一步，如果存在部分校正子值不为零则继续计算，计算校正子为 1 的个数。对于个数多的位置进行反转，再次计算校正子，判断校正中值是否全为零，不为零则继续计算个数最多的位置进行反转，依此循环。若得到校正子全为零或者达到规定的最大计算次数就停止。

$$s = (s_1, s_2, \cdots, s_J) = r \cdot H^{\mathrm{T}} \tag{7-22}$$

7.5.2　置信传播译码算法

置信传播算法简称为 BP（belief propagation）算法，也称为和积算法（sum-product algorithm），或者 probability propagation[157]。总的来说 BP 算法是一种后验概率的译码方法[158]。

先验概率如式（7-23）所示：

$$P(X \mid Y) = \frac{P(X, Y)}{P(Y)} \tag{7-23}$$

如果 X、Y 相互独立那么得到式（7-24）：

$$P(X \mid Y) = \frac{P(X, Y)}{P(Y)} = \frac{P(X) P(Y)}{P(Y)} = P(X) \tag{7-24}$$

贝叶斯公式：

$$P(X \mid Y) = \frac{P(Y \mid X) P(X)}{P(Y)} \tag{7-25}$$

由式（7-25）可得后验概率，可由先验概率和似然估计推出。

BP 解码算法需要对概率进行迭代解码。在每次的迭代中，都会需要对码字中每一个信息位关于接受码字的 V_N 点和 C_N 点的后验概率分别计算。完整的迭代过程也能够简化为由 H 确定的 Tanner 图上传输的信息的传送[151,159~162]。其 BP 译码过程如图 7-5 所示。

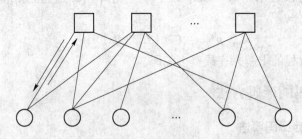

图 7-5　Tanner 图上进行的信息迭代过程

LDPC 码的比特反转译码算法和 LDPC 码的 BP 译码算法如下。

LDPC 码的比特反转译码算法：

Require：

r：接收到的信息码

S：校正子

H：校验矩阵

col：校验矩阵 H 的最大列数

sum：相加计算

iteration：循环迭代的次数

MAX：最大迭代次数

fn：存放校正子为 1 的个数的矩阵

 Ensure：

 $S = \mathrm{mod}\ (r * H^{\mathrm{T}},\ 2)$

1：while sum $(S) \neq 0$ 且 iteration $<$ MAX

2： ***fn*** 初始化为全零矩阵

3： for $i = 1 : \mathrm{col}$

4： $fn(i) = S$ 乘以 H 的第 i 列

5： end

6： 统计出 ***fn*** 最大值，并统计最大值所在位置

7： 在信息码 r 中反转 ***fn*** 最大值位置上的值

8： 重新计算 $S = \mathrm{mod}(r * H^{\mathrm{T}},2)$

9：end

LDPC 码的 BP 译码算法：

Require：

 m：发送码字

 H：校验矩阵

 c：收到的码字

 MAX：最大迭代次数

Ensure：

1：初始化各数值

2：根据收到的码字 c 和通信信息计算取得接收信号的初始概率

3：根据初始概率计算出各 C_N 点的后验概率，并更新

4：根据步骤 3 中的 C_N 点后验概率计算 V_N 点后验概率，并更新

5：计算伪后验概率

6：译码尝试

7：若译码成功就输出结果，若失败就需要判断有没有进行到最大译码次数，没有进行到就返回步骤 2 重新开始计算。

7.6　本章小结

  本章主要介绍了 LDPC 码的基本理论、发展简史、表示方法、构造方法以及它的常用译码方法。

  在下一章中，我们将了解如何利用 LDPC 码的译码方法求解布尔多项式的方程组问题。

8 译码算法求解布尔多项式方程组

目前用于 LDPC 码的译码的算法，使用最多的大致分为两种：一种是 BP 迭代译码算法[163,164]，这种算法是基于概率的软判决译码方法，实际应用中有着很高的复杂度。另一种是 BF（bit flipping）译码算法[165]，这种算法是基于校验和迭代的硬判决译码方法，每次可迭代反转多个比特，每循环迭代一次校验节点（C_N）的值都需要再次被计算，计算出的值就是这个 C_N 的近似值。若近似值与变量节点（V_N）相连接的 C_N 中近似值不为 0 的个数大于近似值为 0 的数量，那么这个 V_N 就会被反转，也就是 0 反转成 1，1 反转成 0。BF 算法只涉及逻辑运算，简单快速且易于硬件实现，能够很好地平衡译码性能和算法实际使用复杂度。目前提出了多种有效的改进方案，如加权的 BF 算法（WBF）及其改进形式[166-169]、加入"环检测"和比特反转限制条件等[170,171]、利用信道输出序列幅度改进结构化 LDPC 码[172,173]等，使其译码性能逐步达到性能较优的 BP 算法，但同时也加大了算法的复杂度。

8.1 布尔多项式方程

19 世纪，Boole，George 在他的《The Mathematical Analysis of Logic》书中第一次提出布尔多项式（boole polynomials），并在《An Investigation of the Laws of Thought》[174]中进一步进行阐释。求解一般布尔多项式[175]一直是数学和计算机科学领域中非常困难的问题[176,177]。布尔多项方程式需要寻找一组变量能够使得所有的布尔多项方程式都为 0。极大布尔多项方程式满足性问题是将一般布尔多项方程式问题进行扩展得到的问题[178]，即一般布尔多项式问题的特殊情况。极大布尔多项方程式可满足性问题是一种 NP 问题[179]并且广泛应用于密码概率代数分析和侧信道分析。在建立布尔多项方程式的过程中一些噪声会引起错误产生，这些错误会导致一些方程式不能等于 0[180]。为了最大限度地恢复出加密消息，就必须要求取布尔多项方程式中等于 0 的方程式数量最多。

现有的文献资料中，求解极大布尔多项方程式可满足性问题的方法主要可以分为两大类。一类是遍历变量值的方法，遍历所有变量并通过逐步排除变量、减少搜索分支的算法来寻找最优解。这种方法的核心思想是通过代数方法将极大布尔多项方程式可满足性问题转换为其他已经有解的问题[181]。这种方法的关键在于如何将极大布尔多项方程式可满足性问题转化为其他与之相同的问题，简化原本复杂的问题，便于快速、高效求解。另一类方法是遍历大布尔多项方程式的变量值，固定每一个多项方程式的值，求解一般布尔多项式的值，再将一般布尔多项方程式的值用于求解极大布尔多项方程式可满足问题，得到的满足极大布尔多项方程式等于 0 的数量最多的那组解就是布尔多项方程式的解，就是求得的极大布尔多项方程式的解[182]。求解一般布尔多项方程式，现存的高效、可用的方法有 Grobner 基[183,184]、SAT[179]、比特反转算法[185]、列特征[186]。然而，如何将代数求解布尔多项方程式同搜索策略相结合来减少搜索复杂度、提高搜索效率还需要进一步研究。

解决布尔多项式问题也是侧信道分析中一个重要的需要解决的问题，同时也是侧信道密码分析中的重要问题[187]。侧信道分析方法是一种基于计算机实际运作中产生的消息，分析原有消息，并进行消息还原的方法。实现代数分析，首先将计算机运作过程中的消息转换为代数消息，然后将这些消息作为密码消息，并且转换为变量，之后根据已知消息和加密消息的关系建立一组布尔多项方程式，最后经过求解这组布尔多项方程式还原出密码消息。基于代数的侧信道分析方法是将代数方法与侧信道分析方法相结合[188]。基于代数的侧信道分析方法通过引入侧信道消息来降低分析复杂度以及增加分析效率。在基于代数的侧信道分析中最重要也最困难的就是求解布尔多项式。

8.2 布尔多项式的问题描述

假设有如下 m 个布尔多项式[189]，每个多项式有 n 个变量：

$$f_1(x_0, x_1, \cdots, x_{n-1})$$
$$f_2(x_0, x_1, \cdots, x_{n-1})$$
$$\vdots$$
$$f_m(x_0, x_1, \cdots, x_{n-1}) \tag{8-1}$$

在二元域 GF（2）中搜索一组 x_0，x_1，$\cdots$，x_{n-1} 的取值，也就是所有的 x_i 都是 GF（2）中的值，使得多项式 f_1，f_2，$\cdots$，f_m 在这组取值下等于 0 的数量最多。

假定选取了 256 个含有 128 个变量布尔多项式，即 $m = 256$，$n = 128$。即 f_1，f_2，$\cdots$，f_m 是预设的 256 个布尔多项式，并不是所有的布尔多项式中都包含 128 个变量。

假设变量 x_0，x_1，$\cdots$，x_{n-1} 统一用 x_i 表示，$i = 0$，1，$\cdots$，$n-1$，布尔多项式 f_1，f_2，$\cdots$，f_m 统一用 f_j 表示，$j = 1$，2，$\cdots$，m，$m = 256$，$n = 128$，即：

$$\boldsymbol{X} = \{x_0, x_1, \cdots, x_{127}\} \tag{8-2}$$

$$\boldsymbol{F} = \{f_1, f_2, \cdots f_{256}\} \tag{8-3}$$

$$\boldsymbol{F}_0 = \{f_i \mid f_i = 0, f_i \in F\} \tag{8-4}$$

记 $\boldsymbol{S}_{x_i}$ 表示包含 x_i 的多项式集合：

$$S_{x_i} = \{f_j \mid x_i \text{ 是函数 } f_i \text{ 的变量}, j = 1, 2, \cdots, 256\}, \quad i = 0, 1, \cdots, 127 \quad (8-5)$$

$|S_{x_i}|$ 表示集合 S_{x_i} 元素的个数。

A_{x_i} 表示含 x_i 的多项式值等于 1 的集合：

$$A_{x_i} = \{f_j = 1 \mid f_j \in S_{x_i}\}, \quad i = 1, 2, \cdots, n \quad (8-6)$$

$|A_{x_i}|$ 表示集合 A_{x_i} 元素的个数。

N 为自然数集，表示已知预设迭代次数最大值。r_i 表示随机产生的 0 到 1 的一个随机数，即 $0 < r_i < 1$。

8.3　算法描述

8.3.1　BF 算法

BF 算法的核心思想是，若其中一个比特在所有校验式的结果中大多数出错，就可以认定这一比特具有较大的错误几率，故而需要将这一比特进行反转。BF 算法中由于不包含非线性运算，因此复杂度低，能得到较低的误码率。

设 LDPC 码的校验矩阵为 $H_{m \times n}$，经过 AWGN 接收到的码为 $X = \{x_0, x_1, \cdots, x_{n-1}\}$，接收到的消息进行二进制硬判决结果为 Y，校验结果为 R：

$$y_i = \begin{cases} 1, & \text{if } x_i \leqslant 0 \\ 0, & \text{if } x_i > 0 \end{cases} \quad (i = 0, 1, 2, \cdots, n-1) \quad (8-7)$$

$$R = \{h_1, h_2, \cdots, h_n\} = YH^{\mathrm{T}} \quad (8-8)$$

BF 算法流程如下：

步骤 1　若每一个校验式都满足，也就是 R 都是 0，那么译码结束，Y 即为码字。

步骤 2　对于 X 中所有比特都计算它相应的不满足校验式的数量，表示为 $|S_i|$，$i = 0, 1, 2, \cdots, n-1$。

步骤 3　设定集合 Ω，集合 Ω 中比特相应的 $|S_i|$ 表示最大值。

步骤 4　反转集合 Ω 中的比特。

重复步骤 1～4，直至所有校验式都符合或迭代次数等于预设的最大值。

8.3.2　全局最优的贪婪算法

贪婪算法（也称为贪心算法），在解决问题时总是将当前最优的解作为最优的解输出。换句话说，这种算法不是整体上进行求解，它仅仅是得到了一定范围或一定条件下最好的那个局部最优解。贪婪算法解决有些问题时得到的不是全局最优解，不过对于有些局部解可代替整体最优解的问题也可以得到整体最优解，或者有些整体最优解均匀分散、多次出现也可以用局部最优解作为整体最优解。下面的函数来自 2016 年全国高校密码数学挑战赛赛题一，在网站 http：//

www.cmsecc.com/xiazai/可下载。

首先计算每个多项式包含的变量数，得到 $(f_1, \cdots, f_{256})$ 为：

(14, 14, 14, 14, 14, 14, 14, 14, 14, 14, 14, 14, 14, 14, 14,
14, 14, 14, 14, 14, 14, 14, 27, 26, 27, 14, 14, 14, 14, 14, 29, 29,
29, 29, 29, 29, 29, 29, 29, 14, 14, 14, 14, 14, 26, 27, 14, 27, 14,
14, 14, 14, 14, 14, 29, 29, 29, 29, 29, 29, 29, 29, 29, 14, 14, 14,
14, 14, 14, 26, 26, 14, 27, 14, 14, 14, 14, 14, 14, 14, 14, 29, 29,
29, 29, 29, 29, 14, 14, 14, 14, 14, 26, 26, 14, 27, 14, 14, 14,
14, 14, 14, 14, 14, 14, 29, 29, 29, 29, 29, 14, 14, 14, 14, 14, 14,
14, 27, 26, 27, 14, 14, 14, 14, 14, 14, 14, 29, 29, 29, 29, 29, 29,
29, 14, 14, 14, 14, 14, 27, 14, 14, 27, 14, 27, 14, 14, 14, 14, 14,
29, 29, 29, 29, 29, 29, 29, 14, 14, 14, 27, 27, 26, 14,
14, 14, 14, 14, 14, 14, 14, 14, 14, 14, 14, 14, 14, 14, 14, 14,
14, 26, 14, 26, 27, 27, 27, 14, 14, 14, 14, 14, 14, 14, 14, 29, 29,
29, 29, 29, 29, 29, 29, 29, 29, 14, 14, 14, 14, 14, 14, 14, 14,
14, 14, 14, 26, 27, 27, 14, 27, 27, 27, 14, 14, 14, 14, 29, 29,
29, 29, 29, 29, 29, 29, 29, 29, 29, 29, 29, 29, 29, 29, 29, 29, 29,
29, 29)

假定变量总数 v 小于一定的整数时都能够比较快遍历所有可能的解空间，例如小于 25，即要求解空间的大小要小于 2^{25}。

贪婪算法步骤如下：

步骤 1 首先选一个变量比较少的多项式，例如多项式 f_1 只包含 14 个变量，遍历所有变量的空间，就可以得到 2^{13} 个满足 f_1 为 0 的解向量集合 V_1。

步骤 2 尽量选择不产生新变量的多项式加入，或产生新变量的个数尽量少。如果没有产生新的变量则直接用得到的解集合 V_1 验证是否使加入的多项式为 0，如果是则加入新的解集合 V_2 中。如果产生了新的变量，设新的变量个数为 n_1，则要把之前的解集扩展为 $2^{n_1} \times 2^{13}$ 个，验证是否使加入的多项式为 0，是则加入新的解集合 V_2 中。

步骤 3 重复步骤 2，每次只加入一个多项式，使每步扩展的解集空间的个数少于最大值 2^{25}，直到所有的多项式都加入。如果存在使多项式都为 0 的解，则利用该算法一定可以求出。如果没有，则中途可能就会产生没有解。提前结束循环。

利用该贪婪算法进行计算，最后得到了使 219 个多项式为 0 的变量。即变量取值为 (1, 1, 0, 0, 1, 0, 1, 0, 1, 0, 0, 1, 1, 1, 1, 0, 1, 1, 1, 0, 1,
0, 0, 1, 0, 0, 1, 0, 0, 1, 1, 1, 1, 0, 1, 0, 1, 0, 1, 1, 0, 0, 0, 1,
1, 0, 1, 1, 1, 1, 1, 1, 0, 1, 1, 1, 1, 1, 1, 1, 1, 0, 1, 0, 0, 0, 0, 0,

0, 1, 0, 1, 1, 0, 0, 1, 0, 0, 1, 1, 1, 1, 1, 0, 0, 1, 0, 0, 0, 1, 1,
0, 1, 0, 1, 1, 0, 0, 0, 1, 1, 1, 0, 0, 1, 1, 1, 1, 0, 1, 0, 1, 1, 0,
1, 0, 1, 1, 1, 1, 0, 0, 1, 1, 1, 1, 0, 1, 0)

多项式值

F = (0, 0, 0, 0, 0, 0, 0, 1, 0, 0, 0, 0, 0, 0, 0, 0, 0, 0, 0, 0, 0,
0, 0, 0, 0, 0, 1, 0, 0, 0, 0, 0, 0, 1, 0, 0, 0, 0, 0, 0, 0, 0, 0,
0, 0, 0, 0, 0, 0, 0, 0, 0, 0, 1, 0, 0, 0, 0, 0, 0, 1, 0, 0,
0, 0, 0, 0, 0, 0, 0, 1, 0, 0, 0, 1, 1, 1, 0, 0, 1, 0, 0,
0, 0, 0, 0, 0, 0, 0, 1, 0, 0, 0, 1, 0, 1, 1, 1, 1,
0, 0, 0, 0, 0, 0, 1, 0, 0, 0, 1, 0, 1, 0, 0, 0, 0,
0, 0, 0, 0, 0, 0, 0, 0, 0, 0, 0, 1, 1, 0, 1, 0, 1,
0, 0, 0, 0, 0, 0, 0, 0, 0, 0, 0, 0, 0, 0, 0, 0, 0,
0, 1, 0, 0, 0, 0, 0, 0, 0, 0, 0, 0, 0, 1, 1, 0, 0,
0, 0, 0, 0, 0, 0, 0, 0, 0, 0, 0, 0, 0, 0, 0, 1, 1, 0,
0, 0, 0, 0, 0, 0, 1, 0, 0, 0, 0, 0, 1, 0, 1, 0, 1, 0,
0, 0, 1, 0, 0, 0)

8.3.3　随机的 Muti-BF 算法

随机 Muti-BF 算法思想：变量 x_i 对应的多项式值为 1 的多项式个数大于一定值时，将该变量求解的多项式值为 1 的多项式个数与包含 x_i 多项式的总数之比的概率值反转，重复此过程，直至变量值不再发生改变。

随机 Muti-BF 算法流程如下：

步骤 1　预设一组变量初始解 $X^* = (x_0, x_1, \cdots, x_{n-1})$，预设最大迭代次数为 N。

步骤 2　计算集合 S_{x_i} 和数值 $|S_{x_i}|$：
$$S_{x_i} = \{ f_j \mid x_i \in f_j, j = 1, 2, \cdots, m \}, \quad i = 0, 1, 2, \cdots, n-1 \tag{8-9}$$
计算数值 $|S_{x_i}|$ $(i = 0, 1, 2, \cdots, n-1)$。

步骤 3　计算集合 A_{x_i}，$|A_{x_i}|$，F_0，$|F_0|$ 以及 $f_1, f_2, \cdots, f_m$：
$$A_{x_i} = \{ f_j = 1 \mid f_j \in S_{x_i} \}, \quad i = 0, 1, 2, \cdots, n-1 \tag{8-10}$$
$$|A_{x_i}| \quad (i = 0, 1, 2, \cdots, n-1) \tag{8-11}$$
$$F_0 = \{ f_i \mid f_i = 0, f_i \in F \} \tag{8-12}$$

步骤 4　对 $i = 0, 1, 2, \cdots, n-1$，随机产生 0 ~ 1 的一个随机数 r_i，若随机数 $r_i \leqslant \dfrac{|A_{x_i}|}{|S_{x_i}|}$，则将比特 x_i 反转；否则不变，最后得到的新值记为 $X = (x_0, x_1, \cdots, x_{n-1})$。

将 X 代入步骤 3，并重复步骤 3 和 4，达到设定的迭代次数后，输出使 $|F_0|$ 最大的一组解 X 及最大值 $|F_0|$。

将随机 Muti-BF 算法应用到具体例子中，变量 x_0，x_1，$\cdots$，x_{n-1} 用 x_i 表示，多项式 f_1，f_2，$\cdots$，f_m 用 f_j 表示，其中 $m=256$，$n=128$，得：

$$X = \{x_0, x_1, \cdots, x_{127}\} \tag{8-13}$$

$$F = \{f_1, f_2, \cdots, f_{256}\} \tag{8-14}$$

$$F_0 = \{f_i \mid f_i = 0, f_i \in F\} \tag{8-15}$$

$$S_{x_i} = \{f_j \mid x_i \in f_j, j = 1, 2, \cdots, m\}, \quad i = 0, 1, 2, \cdots, n-1 \tag{8-16}$$

统计出布尔多项式方程组中包含变量 x_0，x_1，$\cdots$，x_{n-1} 的多项式个数，也就是 $|S_{x_i}|$。经过计算 256 个多项式中，包含变量 x_i 的多项式个数 $|S_{x_i}|$ 按次序分别如下：

(40，40，40，40，40，40，40，40，40，40，40，40，40，40，40，40，
40，40，40，40，40，40，40，40，40，40，40，40，40，40，40，47，
47，47，47，47，47，47，47，47，47，47，47，47，47，47，47，47，
47，47，47，47，47，47，47，47，47，47，47，47，47，47，47，47，
40，40，40，40，40，40，40，40，40，40，40，40，40，40，40，40，
40，40，40，40，40，40，40，40，40，40，40，43，43，43，43，43，
43，43，43，43，43，43，43，43，43，43，43，43，43，43，43，43，
43，43，43，43，43，43，43，43，43，43)

在随机 Muti-BF 算法具体应用中，取 $N=100000$，每次生成 128 个 (0，1) 之间的随机数，对于 x_i，若多项式值等于 1 的多项式个数（即 $|A_{x_i}|$）与计算出的 $|S_{x_i}|$ 之比大于等于该随机数，则将该变量的值反转。经过几分钟的计算，获得方程组的一组最优解 $X = (x_0, x_1, \cdots, x_{n-1})$，结果如下：

$X =$ (1，1，0，0，1，0，0，0，0，0，1，1，1，1，1，1，1，0，1，0，1，
0，0，1，0，0，1，0，0，1，1，0，1，0，1，0，1，1，1，0，1，1，0，1，
1，0，1，1，1，0，1，0，0，1，1，1，1，0，0，1，0，0，0，0，0，
0，0，0，0，1，0，1，0，0，0，1，1，0，1，1，0，0，0，0，0，1，0，
0，1，0，1，0，0，0，0，0，0，1，0，0，1，
0，0，1，1，1，1，0，0，0，1，0，1，1，1，0)

多项式值

$F =$ (0，0，0，0，0，0，0，1，0，0，0，0，0，0，0，0，0，0，0，0，0，0，
0，0，0，0，1，0，0，0，0，0，1，0，0，0，0，0，0，0，0，0，0，0，0，
0，0，0，0，0，0，0，0，0，0，0，0，1，0，0，0，0，0，1，0，0，0，
0，0，0，0，0，1，0，0，0，0，0，0，0，0，0，1，0，0，0，0，0，0，
0，0，0，0，0，0，0，0，0，0，0，0，0，1，0，0，0，0，0，0，0，1，0，1，

0, 0, 0, 0, 0, 0, 0, 0, 0, 0, 0, 1, 0, 1, 1, 0, 0, 0, 0, 1, 0, 0, 0,
0, 0, 0, 0, 0, 0, 0, 0, 0, 0, 0, 0, 0, 0, 0, 0, 0, 0, 1, 0, 0, 0, 0,
0, 0, 0, 1, 0, 0, 0, 0, 0, 0, 0, 0, 0, 0, 0, 0, 0, 0, 1, 0, 0, 0, 0,
0, 0, 0, 0, 1, 0, 0, 0, 0, 0, 0, 0, 0, 0, 0, 0, 0, 1, 0, 0, 0, 0, 0,
0, 0, 0, 0, 1, 0, 0, 0, 0, 0, 0, 0, 0, 0, 0, 0, 0, 1, 0, 0, 0, 0, 0,
1, 0, 0, 1, 0, 0, 0, 0, 0, 0, 0, 0, 0, 0, 0, 0, 0, 0, 0, 0, 0, 0, 0,
0, 0, 0, 0, 0)。此时，多项式 f_1, f_2, $\cdots$, f_{256} 在这组变量赋值下取值为 0 的个数为 234 个，即 $|F_0| = 234$。

　　经典贪婪算法复杂度的最小估计值 $O(219 \times 2^{14})$。而新的随机 Muti-BF 算法复杂度最大可控值是 $O(10^6)$，收敛性以及收敛的速度和随机数有关，值得进一步研究。通过与经典的贪婪算法对比可以得出，本节提出的新的随机 Muti-BF 算法在复杂度方面和搜索效果两个方面都明显更好。随机 Muti-BF 算法下，当 N 增大到一定大的时候，就会收敛到一个最优解，因为多项式变量不是线性关系，所得的解有可能不是最好的解，在什么情况下可以得到最好的解，可能与多项式组变量相互结构关系有关，值得进一步去深入研究，同时随机的初始值也可能会影响所求的解。

8.4　本章小结

　　本章利用编码理论中的解码方法，构思出了一种新的求解算法思路，即结合 BF 算法和随机数的随机 Muti-BF 算法对极大布尔多项式方程组可满足性问题求解，得到了一种有效的求解算法。实验结果表明，该解决方案不仅能在二元域中高效找到一组使极大布尔多项式方程组取值为 0 个数最多的解，而且运算简洁快速。由于对 Max-PoSSo 问题的求解，现存的解决算法并不是很有效，因此采用编译码中的解码方法，对解码来说，有很多个解，即变量的个数多于多项式的个数，所以容易得到满足条件的解，而对于极大布尔多项式方程来说，方程的个数多于变量的个数，因此很可能没有满足全部条件的解。如本章中就没有满足全部条件的解，只能求极大可能满足的解，因此，是否存在更高效的方法来解决 Max-PoSSo 问题值得进一步深究。

9 基于纠错码求解布尔多项式方程组

第 8 章介绍了利用译码算法求解布尔多项式方程组的解问题，本章提出基于纠错码求解布尔多项式方程组的解问题，本章提出了三种新的确定的算法。传统求解布尔多项方程式满足性问题要么有着很高的算法复杂度，要么只能搜索到局部最优解，搜索不到全局最优解。为了避免这些问题，更有效、更高效地求解布尔多项方程式满足性问题，通过结合信道编码中的算法和动态规划算法，本章提出了三种确定的并且具有鲁棒性的求解布尔多项方程式的算法。这些算法不同于现有的任何一种求解布尔多项方程式的方法，是三种非代数、非启发式的算法。利用信道编码中的算法尽量使得初始解能够均匀分布在整个解空间中，也就是尽量使得初始解集均匀分布[190]；之后通过固定搜索半径，在初始解的周围寻找更好的解；最后找出所有解中最优的解作为极大布尔多项方程式的解[191]。

9.1 基于纠错码的算法

1949 年香农在他的文章中首次提出，适当对信息进行编码，如果信息传输率低于信道容量，就能够在不牺牲信息传输速率和储存速率的条件下，使得噪声信道或存储介质产生的误差减少到最少[192]。

纠错码的基本理论是传送端先行对消息增加额外的消息位，进行消息编码。这些增加的信息位能够使得接收方检测或者纠正信息中可能出现的有限数量的错误，因此可以在无需重新传输的情况下将可能错误的信息进行纠正。允许发送的消息称为码字，这组码字构成一个纠错码。通过额外增加的信息对这组码字进行检验，如果接收到的消息是错误的或者不合法的码字，就表示在传输的过程中肯定出现了错误。如果这种错误的数量在一定范围内，那么就可以纠正错误码字，从而能够获取到正确的信息[193]。一个 (n, k) 线性分组码，在二元域上码长为 n，共有 2^k 个码字，其中 k 代表消息位，任何两个码字模 2 相加都会构成线性分组码中的另一个码字，下面基于纠错码算法提出 3 个求解布尔多项方程式满足性问题的算法。三个算法都具有确定性和鲁棒性。这 3 个算法的核心都是构造线性分组码，并以此为基础求解布尔多项方程式等于 0 的最大数量。

基于纠错码的算法 9-1：

步骤 1 构造一个线性分组码的生成矩阵 G，G 的维数是 $k \times n$。

步骤2　所有的构成生成矩阵的码字 $C = \{c_1, \cdots, c_{2k}\}$，共 2^k 个码字。为了求解布尔多项方程式，需要按照预先指定的方式构造一个生成器矩阵。

步骤3　从步骤2中取出一个码字作为初始解并计算使得布尔多项方程式为 0 的多项式数量。

步骤4　以步骤3中的初始解为基础，设置错误比特数 r（即搜索半径 r）。候选解同初始解的汉明距离必须不能大于 r。遍历所有的候选解 $D = \{d_1, d_2, \cdots\}$，分别求解所有候选解满足布尔多项方程式等于 0 的方程的数量。找出满足布尔多项方程式等于 0 的数量最多的那个解，将这个解替换掉步骤3中的解作为初始解，再执行步骤4，依此循环计算。当以半径 r 遍历完所有变量时，计算停止，执行步骤5。

步骤5　获得满足布尔多项方程式等于 0 的数量最多的解和这个候选解满足的方程式数量。

基于纠错码的算法 9-1 的伪代码

Require：

k：生成矩阵的行数

G：生成矩阵

r：搜索半径

f_1，f_2，$\cdots$，f_m：布尔多项方程式

gen(c)：生成的所有汉明距离不大于 r 的候选解

count：计算 f_1，f_2，$\cdots$，f_m 中等于 0 的数量

Ensure：

Max：f_1，f_2，$\cdots$，f_m 中等于 0 的数量最大值

1：for $j = 1 : 2^k$ do

2：$D_j = \text{gen}(c_j)$；

3：for $m = 1 : \dbinom{n}{1} + \cdots + \dbinom{n}{r}$ do

4：$C(j, 1) = \text{count}(c_j)$；**$C$** 是一个矩阵，存储着布尔多项方程式等于 0 的数量

5：$C(j, m+1) = \text{count}(d_{j,m})$；$d_{j,m}$ 表示迭代次数为 i 时集合 D_j 中的第 m 个元素

6：end for

7：end for

8：**m** = max(**C**)；**m** 是包含每行最大值的列向量

9：Max = max(**m**)；

10：return Max

9.2 实验结果分析

本实验采用纠错码概念来求解布尔多项方程式的满足性问题。下面详细介绍求解布尔多项方程满足性问题的算法。

例 9-1 设布尔多项方程式的个数为 8，变量个数为 4。具体的布尔多项方程式如下：

$$f_1 = (x_0 + x_2 + x_3) \times x_3 + (x_1 + x_2 + 1) \times x_3 + (x_1 + x_0 + x_3) \times x_3$$

$$f_2 = (x_1 + x_2 + x_3 + x_3) \times x_3 + (x_2 + x_3) \times x_1 + (x_3 + 1) \times x_3 + x_3$$

$$f_3 = (x_1 + x_2 + x_0) \times x_3 + (x_2 + 1) \times x_2 + x_1$$

$$f_4 = (x_1 + 1) \times x_3 + (x_1 + x_3 + x_0) \times x_3 + 1$$

$$f_5 = (x_1 + x_2 + x_3 + 1) \times x_1 + (x_3 + x_2) \times x_2 + x_1 + 1$$

$$f_6 = [(x_0 + x_3) \times x_3 + (x_0 + x_1 + x_3) \times x_1 + 1] \times x_3 + (x_3 + x_2) \times x_1 + x_0$$

$$f_7 = (x_3 + x_0 + x_2) \times x_0 + (x_2 + x_3 + x_1) \times x_1 + 1$$

$$f_8 = (x_3 + x_2 + x_1 + 1) \times x_3 + (x_1 + x_2) \times x_0 + (x_0 + x_2 + x_3) + x_2 \times x_3 + 1 \quad (9-1)$$

为了找出满足这 8 个布尔多项方程式等于 0 的数量最多那个解，设矩阵 A 的每行是由 0~7 的二进制展开组成，矩阵 B 的每行由 0~7 中偶数的二进制展开组成。矩阵 A 和矩阵 B 相乘后获得初始解（总共有 8 个初始解）。之后，基于这 8 个初始解，以搜索半径 1（每次改变一个变量）进行搜索，直到搜索完所有的解，再增加搜索半径依次搜索，直到搜索完半径为 3 的所有解。实验结果见表 9-1 ~ 表 9-3。实验结果表明，大多数以 1 为半径进行的搜索不能使得 6 个布尔多项方程式等于 0，而当搜索半径增大到 2 时，就已经能搜索到 6 个布尔多项方程式等于 0。

表 9-1 算法 9-1 搜索半径为 1 时的结果

初始解序号	搜索到的最大数量	初始解序号	搜索到的最大数量
1	6	5	5
2	5	6	5
3	4	7	6
4	6	8	5

表 9-2 算法 9-1 搜索半径为 2 时的结果

初始解序号	搜索到的最大数量	初始解序号	搜索到的最大数量
1	6	5	6
2	6	6	6
3	6	7	6
4	6	8	6

表9-3　算法9-1搜索半径为3时的结果

初始解序号	搜索到的最大数量	初始解序号	搜索到的最大数量
1	6	5	6
2	6	6	6
3	6	7	6
4	6	8	6

接下来，应用算法9-1求解更加复杂的例子，设置布尔多项方程式的个数为256，每个多项式方程变量最多为128个。实验结果见表9-4～表9-7。这些表中，都是256个初始解以及每个初始解满足的布尔多项方程式等于0的数量。例如1:180表示的是第1个初始解进行搜索后，结果中最多能够满足180个布尔多项方程式等于0。

表9-4　应用算法9-1搜索半径为1时的结果

1:181	22:186	43:168	64:177	85:166	106:171	127:171	148:165
2:173	23:181	44:171	65:170	86:176	107:169	128:165	149:177
3:164	24:174	45:161	66:165	87:168	108:177	129:167	150:170
4:171	25:181	46:173	67:173	88:164	109:170	130:180	151:173
5:178	26:166	47:174	68:177	89:179	110:158	131:170	152:176
6:166	27:166	48:169	69:175	90:161	111:174	132:175	153:167
7:173	28:171	49:173	70:170	91:168	112:169	133:166	154:171
8:172	29:174	50:173	71:165	92:169	113:170	134:165	155:176
9:171	30:174	51:166	72:165	93:167	114:169	135:169	156:175
10:175	31:166	52:175	73:180	94:169	115:172	136:156	157:170
11:171	32:165	53:170	74:177	95:171	116:171	137:162	158:177
12:169	33:169	54:174	75:171	96:171	117:166	138:167	159:165
13:173	34:186	55:178	76:166	97:183	118:167	139:173	160:169
14:170	35:170	56:174	77:169	98:175	119:174	140:167	161:178
15:163	36:174	57:176	78:172	99:170	120:170	141:175	162:168
16:172	37:178	58:172	79:166	100:173	121:178	142:173	163:172
17:166	38:169	59:166	80:174	101:174	122:173	143:165	164:176
18:171	39:170	60:164	81:171	102:168	123:172	144:173	165:175
19:172	40:178	61:174	82:168	103:175	124:180	145:178	166:166
20:168	41:176	62:170	83:173	104:167	125:170	146:172	167:170
21:171	42:172	63:167	84:173	105:181	126:169	147:166	168:179

续表9-4

169:162	180:174	191:167	202:173	213:176	224:165	235:179	246:170
170:170	181:168	192:171	203:166	214:173	225:165	236:171	247:170
171:182	182:169	193:163	204:171	215:175	226:168	237:167	248:168
172:176	183:174	194:173	205:167	216:173	227:164	238:170	249:166
173:167	184:167	195:165	206:174	217:171	228:170	239:167	250:180
174:172	185:174	196:166	207:166	218:165	229:172	240:169	251:169
175:169	186:175	197:174	208:173	219:169	230:164	241:173	252:171
176:165	187:162	198:166	209:173	220:170	231:162	242:166	253:180
177:169	188:172	199:170	210:172	221:171	232:168	243:172	254:179
178:163	189:169	200:170	211:165	222:165	233:164	244:176	255:157
179:170	190:170	201:175	212:171	223:167	234:167	245:171	256:174

表9-4 是在算法9-1下以半径1进行搜索时的结果,满足布尔多项方程式等于0的数量分布介于161~187之间。表9-5是在算法9-1下以半径2进行搜索时的结果,满足布尔多项方程式等于0的数量分布介于173~200之间。

表9-5 应用算法9-1搜索半径为2时的结果

1:190	19:180	37:188	55:181	73:187	91:193	109:183	127:181
2:181	20:185	38:197	56:184	74:191	92:184	110:192	128:190
3:185	21:190	39:184	57:185	75:186	93:189	111:184	129:187
4:179	22:193	40:187	58:190	76:184	94:195	112:183	130:187
5:188	23:191	41:184	59:183	77:188	95:184	113:183	131:184
6:190	24:187	42:183	60:181	78:186	96:190	114:179	132:189
7:189	25:186	43:179	61:185	79:181	97:183	115:184	133:179
8:192	26:187	44:183	62:185	80:188	98:194	116:193	134:183
9:188	27:189	45:183	63:185	81:191	99:182	117:186	135:194
10:189	28:197	46:187	64:189	82:185	100:190	118:188	136:177
11:182	29:190	47:181	65:184	83:173	101:184	119:179	137:173
12:188	30:192	48:182	66:180	84:186	102:181	120:181	138:180
13:187	31:179	49:190	67:192	85:193	103:192	121:191	139:188
14:186	32:188	50:187	68:183	86:184	104:187	122:181	140:190
15:184	33:182	51:180	69:191	87:183	105:197	123:189	141:184
16:189	34:190	52:182	70:179	88:189	106:183	124:194	142:192
17:183	35:181	53:189	71:185	89:189	107:183	125:182	143:183
18:190	36:191	54:187	72:183	90:188	108:186	126:198	144:184

续表9-5

145:189	159:182	173:186	187:190	201:193	215:185	229:184	243:185
146:192	160:176	174:196	188:182	202:189	216:189	230:185	244:189
147:181	161:189	175:184	189:184	203:183	217:182	231:188	245:188
148:180	162:181	176:183	190:183	204:182	218:189	232:185	246:192
149:186	163:195	177:192	191:186	205:183	219:181	233:184	247:186
150:190	164:183	178:183	192:177	206:183	220:183	234:174	248:179
151:188	165:182	179:182	193:186	207:185	221:192	235:195	249:176
152:187	166:195	180:197	194:193	208:182	222:186	236:180	250:194
153:186	167:192	181:188	195:197	209:189	223:182	237:188	251:183
154:188	168:196	182:182	196:185	210:183	224:186	238:189	252:183
155:185	169:187	183:188	197:180	211:184	225:191	239:190	253:190
156:186	170:178	184:180	198:184	212:188	226:181	240:188	254:175
157:199	171:191	185:196	199:183	213:186	227:174	241:186	255:175
158:192	172:182	186:189	200:200	214:178	228:183	242:189	256:186

表9-6 是在算法9-1下以半径3进行搜索时的结果,满足布尔多项方程式等于0的数量分布介于181~208之间。

表9-6　应用算法9-1搜索半径3时的结果

1:195	17:194	33:205	49:191	65:194	81:195	97:191	113:189
2:196	18:208	34:192	50:192	66:200	82:198	98:197	114:196
3:194	19:190	35:193	51:190	67:198	83:191	99:192	115:196
4:196	20:191	36:199	52:192	68:195	84:193	100:197	116:198
5:197	21:200	37:198	53:195	69:201	85:194	101:194	117:195
6:193	22:206	38:197	54:190	70:195	86:188	102:194	118:193
7:195	23:199	39:191	55:191	71:205	87:194	103:195	119:205
8:208	24:194	40:192	56:202	72:183	88:194	104:200	120:197
9:196	25:201	41:192	57:193	73:192	89:194	105:200	121:200
10:191	26:184	42:195	58:200	74:198	90:193	106:195	122:192
11:192	27:198	43:195	59:194	75:200	91:194	107:199	123:197
12:189	28:191	44:190	60:195	76:200	92:193	108:194	124:194
13:200	29:201	45:195	61:195	77:197	93:196	109:191	125:198
14:191	30:198	46:196	62:195	78:193	94:200	110:199	126:201
15:194	31:189	47:196	63:192	79:191	95:192	111:192	127:184
16:195	32:202	48:195	64:189	80:200	96:186	112:192	128:203

129:188	145:199	161:199	177:195	193:198	209:203	225:195	241:199
130:192	146:201	162:188	178:194	194:198	210:187	226:195	242:200
131:191	147:203	163:194	179:201	195:200	211:194	227:186	243:196
132:206	148:196	164:199	180:197	196:201	212:194	228:196	244:194
133:193	149:202	165:194	181:190	197:191	213:198	229:196	245:202
134:185	150:188	166:197	182:190	198:196	214:190	230:193	246:196
135:198	151:203	167:196	183:196	199:201	215:190	231:194	247:191
136:199	152:195	168:198	184:186	200:194	216:197	232:199	248:184
137:197	153:192	169:202	185:200	201:197	217:190	233:189	249:191
138:181	154:194	170:186	186:194	202:191	218:199	234:187	250:204
139:202	155:192	171:191	187:201	203:206	219:203	235:195	251:186
140:186	156:186	172:192	188:196	204:193	220:192	236:193	252:190
141:196	157:201	173:193	189:202	205:200	221:202	237:195	253:202
142:202	158:190	174:200	190:196	206:193	222:191	238:195	254:193
143:198	159:200	175:202	191:201	207:190	223:190	239:199	255:196
144:201	160:201	176:206	192:192	208:196	224:197	240:197	256:200

表9-7 是在算法9-1下以半径4进行搜索时的结果,满足布尔多项方程式等于0的数量分布介于 189~223 之间。

表 9-7 应用算法 9-1 搜索半径为 4 时的结果

1:202	15:205	29:202	43:209	57:204	71:203	85:214	99:212
2:201	16:204	30:200	44:207	58:214	72:194	86:194	100:204
3:206	17:201	31:203	45:201	59:205	73:213	87:212	101:214
4:213	18:216	32:207	46:218	60:203	74:203	88:209	102:214
5:214	19:205	33:211	47:213	61:201	75:204	89:211	103:216
6:215	20:203	34:206	48:205	62:206	76:213	90:201	104:210
7:212	21:205	35:222	49:203	63:209	77:217	91:215	105:223
8:207	22:205	36:217	50:214	64:197	78:206	92:210	106:206
9:208	23:209	37:202	51:204	65:206	79:196	93:222	107:213
10:206	24:203	38:206	52:199	66:206	80:215	94:207	108:214
11:214	25:217	39:199	53:212	67:205	81:202	95:195	109:208
12:207	26:204	40:213	54:201	68:200	82:204	96:205	110:199
13:207	27:214	41:207	55:215	69:215	83:205	97:198	111:196
14:208	28:212	42:201	56:215	70:211	84:196	98:207	112:201

续表 9-7

113:199	131:204	149:217	167:206	185:216	203:212	221:210	239:211
114:209	132:206	150:211	168:202	186:213	204:199	222:212	240:208
115:205	133:202	151:209	169:209	187:209	205:210	223:200	241:200
116:209	134:214	152:215	170:200	188:208	206:209	224:204	242:218
117:202	135:208	153:201	171:209	189:213	207:211	225:204	243:215
118:204	136:213	154:205	172:203	190:211	208:201	226:205	244:207
119:208	137:202	155:214	173:203	191:202	209:212	227:189	245:206
120:208	138:216	156:202	174:210	192:214	210:203	228:205	246:217
121:213	139:207	157:215	175:210	193:204	211:203	229:210	247:201
122:198	140:219	158:194	176:204	194:202	212:202	230:198	248:207
123:207	141:213	159:213	177:217	195:202	213:201	231:206	249:216
124:210	142:214	160:208	178:204	196:202	214:210	232:209	250:206
125:203	143:201	161:211	179:204	197:203	215:208	233:198	251:201
126:217	144:202	162:206	180:210	198:214	216:206	234:208	252:208
127:206	145:204	163:209	181:208	199:223	217:192	235:210	253:215
128:210	146:214	164:213	182:205	200:195	218:204	236:199	254:212
129:199	147:207	165:196	183:210	201:215	219:221	237:202	255:197
130:208	148:202	166:218	184:209	202:200	220:204	238:213	256:200

　　图 9-1 所示为应用算法 9-1 以不同搜索半径求解这个布尔多项方程式得到的结果，其中 X 轴表示的是不同的搜索初始点，Y 轴表示的是在这个初始点下以不同的半径搜索到的最多的满足布尔多项方程式等于 0 的数量。表 9-8 应用算法 9-1 不同搜索半径的实验结果汇总分析表明，在应用算法 9-1 时以半径 1 进行搜索，最多能找到满足 186 个布尔多项方程式等于 0 的结果，相比于以更大半径进行搜索的结果，这主要是因为半径较小，变量搜索程度有限，不能够覆盖更多变量的原因。如表 9-5 ~ 表 9-7 所示，都能够找到 200 及以上满足布尔多项方程式等于 0 的结果。从图 9-1 和表 9-6 可以看出，搜索到的满足布尔多项方程式等于 0 的数量跟搜索半径密切相关，图 9-1 中搜索半径越大搜索到的满足布尔多项方程式等于 0 的数量分布就越靠近上方，同样的，半径越小就越接近 X 轴。分析表 9-4 ~ 表 9-7 数据后得到表 9-8，半径越大搜索到的最大值越大，期望值越大，最大值和期望值随着半径的增大而增大，而标准差基本稳定在 4.9、5.0、6.2 这三个值上，表明搜索结果稳定，搜索能力与半径密切相关。分析表 9-8 中的数据还能得出，最大值和期望值整体上随着搜索半径的增大而稳步增大，没有出现较大波动，这主要是因为距离布尔多项方程式等于 0 的数量上限还有一定差距，还没有收敛。

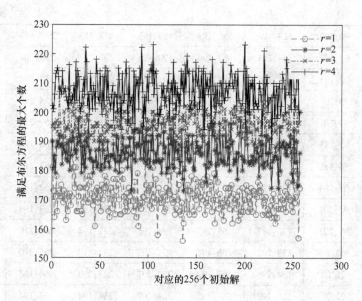

图 9-1 不同搜索半径的结果

表 9-8 应用算法 9-1 不同搜索半径的实验结果

搜索半径 r	搜索到的最大值	期望值	标准差
1	186	170.7578	4.9066
2	200	186.0625	5.0321
3	208	195.3110	4.9072
4	223	207.2891	6.2731

为了进一步证明本书提出的算法具有确定性和鲁棒性，采用了随机生成初始解的方法，先随机生成初始解再以不同半径进行搜索。实验结果如表 9-9、表 9-10、图 9-2、图 9-3 所示。

表 9-9 随机生成初始解，以半径 3 搜索结果

1:194	8:189	15:190	22:191	29:190	36:195	43:197	50:196
2:195	9:193	16:195	23:196	30:188	37:199	44:201	51:187
3:190	10:194	17:198	24:193	31:198	38:188	45:201	52:189
4:197	11:186	18:193	25:197	32:195	39:188	46:200	53:192
5:201	12:193	19:190	26:193	33:194	40:191	47:189	54:198
6:195	13:203	20:188	27:189	34:203	41:198	48:198	55:192
7:189	14:187	21:199	28:187	35:201	42:192	49:198	56:188

57:201	90:200	123:190	156:193	189:193	222:187	255:187	288:210
58:191	91:186	124:201	157:196	190:195	223:187	256:207	289:194
59:195	92:185	125:197	158:200	191:189	224:207	257:194	290:210
60:195	93:207	126:186	159:197	192:197	225:194	258:210	291:210
61:201	94:201	127:210	160:198	193:194	226:210	259:210	292:194
62:189	95:188	128:193	161:194	194:210	227:210	260:194	293:210
63:190	96:188	129:194	162:210	195:210	228:194	261:210	294:194
64:189	97:194	130:210	163:207	196:194	229:210	262:194	295:194
65:194	98:207	131:207	164:187	197:207	230:194	263:194	296:210
66:203	99:203	132:187	165:207	198:195	231:194	264:210	297:210
67:201	100:189	133:207	166:195	199:195	232:210	265:210	298:194
68:185	101:202	134:195	167:192	200:207	233:210	266:194	299:194
69:201	102:207	135:192	168:195	201:207	234:194	267:194	300:210
70:198	103:198	136:195	169:207	202:187	235:194	268:210	301:194
71:202	104:196	137:203	170:187	203:187	236:210	269:194	302:210
72:188	105:201	138:193	171:194	204:207	237:194	270:210	303:210
73:201	106:191	139:201	172:210	205:192	238:210	271:210	304:194
74:201	107:199	140:206	173:192	206:195	239:210	272:194	305:210
75:191	108:196	141:189	174:195	207:195	240:194	273:210	306:194
76:193	109:195	142:195	175:207	208:192	241:207	274:194	307:194
77:195	110:194	143:194	176:195	209:207	242:187	275:194	308:210
78:196	111:192	144:196	177:206	210:195	243:187	276:210	309:194
79:192	112:193	145:202	178:198	211:195	244:207	277:194	310:210
80:201	113:201	146:202	179:180	212:207	245:187	278:210	311:210
81:201	114:197	147:195	180:195	213:194	246:207	279:210	312:194
82:191	115:191	148:198	181:189	214:210	247:207	280:194	313:210
83:194	116:193	149:207	182:197	215:210	248:187	281:194	314:210
84:193	117:195	150:200	183:193	216:194	249:187	282:210	315:210
85:191	118:198	151:193	184:195	217:192	250:207	283:210	316:194
86:194	119:194	152:202	185:180	218:195	251:207	284:194	317:210
87:191	120:193	153:198	186:195	219:195	252:187	285:210	318:194
88:196	121:190	154:192	187:206	220:192	253:207	286:194	319:194
89:193	122:197	155:196	188:198	221:207	254:187	287:194	320:210

表 9-10 随机生成初始解,以半径 4 搜索结果

1；199	35；215	69；217	103；204	137；220	171；201	205；199	239；225
2；198	36；203	70；218	104；216	138；201	172；220	206；225	240；199
3；199	37；213	71；203	105；219	139；201	173；208	207；225	241；220
4；199	38；204	72；209	106；197	140；219	174；208	208；199	242；201
5；202	39；196	73；216	107；207	141；208	175；208	209；220	243；201
6；213	40；204	74；200	108；205	142；209	176；208	210；201	244；220
7；206	41；213	75；203	109；209	143；216	177；220	211；201	245；201
8；197	42；210	76；205	110；225	144；207	178；210	212；220	246；220
9；206	43；204	77；205	111；208	145；219	179；210	213；208	247；220
10；205	44；206	78；198	112；210	146；199	180；220	214；209	248；201
11；201	45；197	79；204	113；217	147；212	181；202	215；209	249；201
12；206	46；206	80；208	114；215	148；215	182；219	216；208	250；220
13；203	47；203	81；215	115；203	149；220	183；219	217；208	251；220
14；201	48；217	82；211	116；208	150；215	184；202	218；209	252；201
15；208	49；211	83；200	117；218	151；209	185；208	219；209	253；220
16；215	50；212	84；207	118；209	152；213	186；209	220；208	254；201
17；211	51；202	85；206	119；209	153；207	187；209	221；220	255；201
18；202	52；214	86；208	120；207	154；211	188；208	222；201	256；220
19；206	53；198	87；198	121；202	155；225	189；213	223；201	257；199
20；208	54；212	88；208	122；201	156；200	190；206	224；220	258；225
21；205	55；220	89；204	123；215	157；204	191；206	225；199	259；225
22；204	56；210	90；220	124；211	158；201	192；213	226；225	260；199
23；190	57；205	91；210	125；200	159；212	193；199	227；225	261；225
24；202	58；207	92；211	126；215	160；214	194；225	228；199	262；199
25；198	59；220	93；201	127；210	161；199	195；225	229；225	263；199
26；213	60；216	94；209	128；204	162；225	196；199	230；199	264；225
27；215	61；212	95；210	129；199	163；225	197；220	231；199	265；225
28；199	62；206	96；212	130；225	164；199	198；210	232；225	266；199
29；202	63；201	97；199	131；220	165；220	199；210	233；225	267；199
30；204	64；207	98；220	132；203	166；202	200；210	234；199	268；225
31；211	65；199	99；220	133；220	167；202	201；220	235；199	269；199
32；206	66；220	100；208	134；210	168；220	202；210	236；225	270；225
33；199	67；220	101；220	135；204	169；220	203；210	237；199	271；225
34；215	68；204	102；201	136；215	170；201	204；220	238；225	272；199

续表 9-10

273:225	279:225	285:225	291:225	297:225	303:225	309:199	315:225
274:199	280:199	286:199	292:199	298:199	304:199	310:225	316:199
275:199	281:199	287:199	293:225	299:199	305:225	311:225	317:225
276:225	282:225	288:225	294:199	300:225	306:199	312:199	318:199
277:199	283:225	289:199	295:199	301:199	307:199	313:199	319:199
278:225	284:199	290:225	296:225	302:225	308:225	314:225	320:225

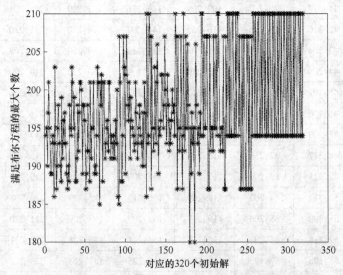

图 9-2   随机生成初始解，以半径 3 搜索结果

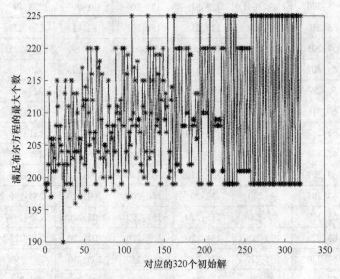

图 9-3   随机生成初始解，以半径 4 搜索结果

如表9-9、表9-10、图9-2和图9-3所示,随机生成了320个初始解,并分别对这320个初始解以半径3和半径4进行了布尔多项方程式等于0的最大值搜索。表9-9和图9-2中以半径3进行搜索时,满足布尔多项方程式等于0的数量分布介于185~210之间;表9-10和图9-3中以半径4进行搜索时,满足布尔多项方程式等于0的数量分布介于190~225之间。以半径3搜索时,搜索到满足210个布尔多项方程式等于0的解,同算法9-1以半径3搜索到的满足208个布尔多项方程式等于0的解相近;以半径4搜索时,搜索到满足225个布尔多项方程式等于0的解,同算法9-1以半径4搜索到的满足223个布尔多项方程式等于0的解相近。相比于随机生成初始矩阵搜索到的满足布尔多项方程式等于0的数量的不确定,算法9-1搜索到的满足布尔多项方程式等于0的数量是确定的,算法9-1的求解布尔多项方程式等于0的结果只跟搜索半径有关,当搜索半径达到4时就能够找到很好的解。因此,算法9-1在求解布尔多项方程式可满足性问题时具有确定性和鲁棒性。表9-11是随机生成的初始解,半径3、4的最大值。

表9-11 随机生成初始解,以半径3、4搜索结果最大值

搜索半径 r	3	4
搜索到的最大值	210	225

为了进一步证明算法9-1搜索结果的稳定性,在算法9-1的基础上增加实验,从搜索满足布尔多项方程式等于0的结果中找出8个最大的解构成新的初始解矩阵,再以此为新的初始解,以不同半径进行求解布尔多项方程式等于0的数量。直到搜索到的满足布尔多项方程式等于0的数量的最大值不再增加或者迭代次数达到设定的最大值,本次实验设置最大迭代次数上限为10。

基于纠错码的算法9-2:

步骤1 构造一个线性分组码的 G,G 的维数是 $k \times n$(即 G)。

步骤2 所有的构成生成矩阵的码字 $C = \{c_1, \cdots, c_{2k}\}$,共 2^k 个码字。为了求解布尔多项方程式,需要按照预先指定的方式构造一个生成器矩阵。

步骤3 从步骤2中取出一个码字作为初始解,并计算使得布尔多项方程为0的多项式数量。

步骤4 以步骤3中的初始解为基础,设置错误比特数 r(即搜索半径 r)。候选解同初始解之间的汉明距离必须不能大于 r。遍历所有的候选解 $D = \{d_1, d_2, \cdots\}$,分别求解所有解满足布尔多项方程式等于0的方程的数量。找出满足布尔多项方程式等于0的数量最多的那个解,将这个解替换掉步骤3中的解作为初始解,再执行步骤4,依此循环计算。当以半径 r 遍历完所有变量时,计算停止,执行步骤5。

步骤5 从 2^k 个已经计算完的解中,选出满足布尔多项方程式等于0的数量

最多的 k 个解，构成新的生成矩阵。新生成的矩阵替代步骤 2 中的生成矩阵，重复执行步骤 3、步骤 4，直到布尔多项方程式等于 0 的数量的最大值不发生改变或者迭代次数等于预设的最大值。

步骤 6　获得满足布尔多项方程式等于 0 的数量最多的解和它满足的方程式的数量。

基于纠错码的算法 9-2 伪代码

Require：

k：生成矩阵的行数

$G^{(1)}$：生成矩阵

r：搜索半径

f_1，f_2，$\cdots$，f_m：布尔多项方程式

$Iter_{max}$：最大迭代次数

Δ_{max}：满足布尔多项方程式等于 0 的数量最大值

gen(c)：生成的所有汉明距离不大于 r 的候选解

count：计算 f_1，f_2，$\cdots$，f_m 中等于 0 的数量

Ensure：

Max：f_1，f_2，$\cdots$，f_m 中等于 0 的数量最大值

1：while $i < Iter_{max}$ and $\Delta_{max} > 1$ do

2：for $j = 1 : 2^k$ do

3：$D_j = \text{gen}(c_j)$

4：for $m = 1 : \binom{n}{1} + \cdots + \binom{n}{r}$ do

5：$C(j,1) = \text{count}(c_j)$；$C$ 是一个矩阵，存储着布尔多项方程式等于 0 的数量

6：$C(j,m+1) = \text{count}(d_{j,m})$；$d_{j,m}$ 表明迭代次数为 i 时集合 D_j 中的第 m 个元素

7：end for

8：end for

9：$m^{(i)} = \max(C)$；$m^{(i)}$ 是包含每行最大值的列向量

10：$\max^{(i)} = \max(m^{(i)})$；$\max^{(i)}$ 是 $m^{(i)}$ 的最大值

11：从 $m^{(i)}$ 中选择 k 个最大的值构成新的生成矩阵 $G^{(i+1)}$

12：$\Delta_{max} = \max^{(i)} - Max$

13：$Max = \max^{(i)}$

14：end while

15：return Max

实验结果见表 9-12 ~ 表 9-14。

表 9-12 应用算法 9-2 搜索半径 3、迭代次数 1 时的结果

1:195	33:205	65:194	97:191	129:188	161:199	193:198	225:195
2:196	34:192	66:200	98:197	130:192	162:188	194:198	226:194
3:194	35:193	67:198	99:192	131:191	163:194	195:200	227:186
4:196	36:199	68:195	100:197	132:206	164:199	196:201	228:196
5:197	37:198	69:201	101:194	133:193	165:194	197:191	229:196
6:193	38:197	70:195	102:194	134:188	166:197	198:194	230:191
7:195	39:181	71:205	103:195	135:198	167:196	199:201	231:194
8:208	40:192	72:183	104:200	136:199	168:195	200:194	232:199
9:196	41:192	73:192	105:200	137:197	169:202	201:201	233:189
10:191	42:195	74:198	106:195	138:181	170:186	202:191	234:187
11:192	43:195	75:200	107:199	139:199	171:191	203:206	235:195
12:189	44:190	76:200	108:194	140:186	172:192	204:193	236:193
13:200	45:192	77:197	109:191	141:196	173:193	205:200	237:196
14:192	46:196	78:193	110:200	142:202	174:200	206:193	238:195
15:194	47:196	79:191	111:192	143:198	175:202	207:190	239:199
16:195	48:195	80:200	112:191	144:199	176:206	208:196	240:197
17:194	49:191	81:205	113:189	145:199	177:195	209:203	241:199
18:208	50:192	82:198	114:196	146:201	178:194	210:187	242:200
19:194	51:190	83:191	115:196	147:203	179:203	211:194	243:196
20:191	52:195	84:193	116:198	148:196	180:197	212:200	244:194
21:200	53:197	85:194	117:195	149:200	181:190	213:198	245:202
22:206	54:190	86:188	118:193	150:188	182:190	214:190	246:196
23:199	55:210	87:194	119:205	151:203	183:196	215:195	247:191
24:194	56:202	88:194	120:197	152:195	184:186	216:197	248:184
25:201	57:193	89:194	121:200	153:192	185:200	217:190	249:191
26:191	58:193	90:193	122:192	154:194	186:194	218:197	250:204
27:198	59:194	91:194	123:197	155:192	187:201	219:203	251:186
28:191	60:195	92:193	124:194	156:186	188:196	220:192	252:190
29:201	61:195	93:196	125:198	157:201	189:202	221:202	253:202
30:201	62:195	94:200	126:201	158:190	190:196	222:191	254:199
31:189	63:192	95:192	127:184	159:200	191:201	223:190	255:196
32:202	64:189	96:186	128:203	160:201	192:190	224:197	256:195

表 9-13　应用算法 9-2 搜索半径 3、迭代次数 5 时的结果

1：210	33：210	65：210	97：210	129：210	161：210	193：210	225：210
2：210	34：210	66：210	98：210	130：210	162：210	194：210	226：210
3：195	35：195	67：195	99：195	131：195	163：195	195：195	227：195
4：210	36：210	68：210	100：210	132：210	164：210	196：210	228：210
5：195	37：195	69：195	101：195	133：195	165：195	197：195	229：195
6：195	38：195	70：195	102：195	134：195	166：195	198：195	230：195
7：210	39：210	71：210	103：210	135：210	167：210	199：210	231：210
8：210	40：210	72：210	104：210	136：210	168：210	200：210	232：210
9：195	41：195	73：195	105：195	137：195	169：195	201：195	233：195
10：195	42：195	74：195	106：195	138：195	170：195	202：195	234：195
11：210	43：210	75：210	107：210	139：210	171：210	203：210	235：210
12：195	44：195	76：195	108：195	140：195	172：195	204：195	236：195
13：210	45：210	77：210	109：210	141：210	173：210	205：210	237：210
14：210	46：210	78：210	110：210	142：210	174：210	206：210	238：210
15：195	47：195	79：195	111：195	143：195	175：195	207：195	239：195
16：210	48：210	80：210	112：210	144：210	176：210	208：210	240：210
17：195	49：195	81：195	113：195	145：195	177：195	209：195	241：195
18：195	50：195	82：195	114：195	146：195	178：195	210：195	242：195
19：210	51：210	83：210	115：210	147：210	179：210	211：210	243：210
20：195	52：195	84：195	116：195	148：195	180：195	212：195	244：195
21：210	53：210	85：210	117：210	149：210	181：210	213：210	245：210
22：210	54：210	86：210	118：210	150：210	182：210	214：210	246：210
23：195	55：195	87：195	119：195	151：195	183：195	215：195	247：195
24：195	56：195	88：195	120：195	152：195	184：195	216：195	248：195
25：210	57：210	89：210	121：210	153：210	185：210	217：210	249：210
26：210	58：210	90：210	122：210	154：210	186：210	218：210	250：210
27：195	59：195	91：195	123：195	155：195	187：195	219：195	251：195
28：210	60：210	92：210	124：210	156：210	188：210	220：210	252：210
29：195	61：195	93：195	125：195	157：195	189：195	221：195	253：195
30：195	62：195	94：195	126：195	158：195	190：195	222：195	254：195
31：210	63：210	95：210	127：210	159：210	191：210	223：210	255：210
32：195	64：195	96：195	128：195	160：195	192：195	224：195	256：195

表 9-14 应用算法 9-2 搜索半径 3、迭代次数 10 时的结果

1:210	33:210	65:210	97:210	129:210	161:210	193:210	225:210
2:210	34:210	66:210	98:210	130:210	162:210	194:210	226:210
3:195	35:195	67:195	99:195	131:195	163:195	195:195	227:195
4:210	36:210	68:210	100:210	132:210	164:210	196:210	228:210
5:195	37:195	69:195	101:195	133:195	165:195	197:195	229:195
6:195	38:195	70:195	102:195	134:195	166:195	198:195	230:195
7:210	39:210	71:210	103:210	135:210	167:210	199:210	231:210
8:210	40:210	72:210	104:210	136:210	168:210	200:210	232:210
9:195	41:195	73:195	105:195	137:195	169:195	201:195	233:195
10:195	42:195	74:195	106:195	138:195	170:195	202:195	234:195
11:210	43:210	75:210	107:210	139:210	171:210	203:210	235:210
12:195	44:195	76:195	108:195	140:195	172:195	204:195	236:195
13:210	45:210	77:210	109:210	141:210	173:210	205:210	237:210
14:210	46:210	78:210	110:210	142:210	174:210	206:210	238:210
15:195	47:195	79:195	111:195	143:195	175:195	207:195	239:195
16:210	48:210	80:210	112:210	144:210	176:210	208:210	240:210
17:195	49:195	81:195	113:195	145:195	177:195	209:195	241:195
18:195	50:195	82:195	114:195	146:195	178:195	210:195	242:195
19:210	51:210	83:210	115:210	147:210	179:210	211:210	243:210
20:195	52:195	84:195	116:195	148:195	180:195	212:195	244:195
21:210	53:210	85:210	117:210	149:210	181:210	213:210	245:210
22:210	54:210	86:210	118:210	150:210	182:210	214:210	246:210
23:195	55:195	87:195	119:195	151:195	183:195	215:195	247:195
24:195	56:195	88:195	120:195	152:195	184:195	216:195	248:195
25:210	57:210	89:210	121:210	153:210	185:210	217:210	249:210
26:210	58:210	90:210	122:210	154:210	186:210	218:210	250:210
27:195	59:195	91:195	123:195	155:195	187:195	219:195	251:195
28:210	60:210	92:210	124:210	156:210	188:210	220:210	252:210
29:195	61:195	93:195	125:195	157:195	189:195	221:195	253:195
30:195	62:195	94:195	126:195	158:195	190:195	222:195	254:195
31:210	63:210	95:210	127:210	159:210	191:210	223:210	255:210
32:195	64:195	96:195	128:195	160:195	192:195	224:195	256:195

表 9-12～表 9-14 分别是第 1 次、第 5 次、第 10 次迭代的结果。结果统计见表 9-15。由表 9-12 可知，在第一次搜索时，满足布尔多项方程式等于 0 的数量介于 181～210 之间，表 9-13、表 9-14 所有的初始解满足布尔多项方程式等于 0 的数量都是 195 和 210。第 1 次迭代搜索后的满足尔多项方程式等于 0 的数量的最大值已经不会随着迭代次数的增加而增加，一次迭代就已经能够找到最大值，因此，算法 9-1 具有稳定性。

表 9-15　应用算法 9-2 搜索半径 3，不同迭代次数结果统计

搜索半径 r	第 1 次迭代	第 5 次迭代	第 10 次迭代
3	181～210	195～210	195～210

文献［194］跟我们一样关注解决布尔多项方程式等于 0 的数量最大值，因此我们同文献［194］进行了对比。

遗传算法是一种模拟了原始选择和生物进化的计算方法。经过模仿自然界的演变进化历程来找出最好的解。根据适应度函数选择初始个体，通过交叉和变异方式得到最优个体。因为遗传算法具有"早熟现象"，因而在缺乏有效启发信息的情况下，局部收敛速率较慢，求得的解通常是局部最好的解而不是全局最好的解[194]。为了克服这个问题，文献［194］多次调整实验参数，反复进行实验，最终获得了满足 182 个布尔多项方程式等于 0 的解，而本节提出的算法获得了 223 个满足布尔多项方程式等于 0 的解，远远优于遗传算法所得到结果。本节提出的算法在半径为 1 的情况下，就已经找到了满足 186 个布尔多项方程式等于 0 的解。遗传算法除了受它本身的"早熟现象"影响之外，还因为遗传算法本身具有随机性，随机性也大大影响了遗传算法的性能，在面对大量变量问题时，算法的随机性导致它很难找到好的解。

算法 9-1 的复杂度是由搜索半径 r 和变量数量 n 决定的，k 只是用来构造生成矩阵。算法 9-1 在使用小半径进行搜索时，算法的运行效率可能会比遗传算法高一些。但相比于遗传算法的随机不确定性，算法 9-1 具有确定性，即使搜索半径为 1 搜索的结果也优于遗传算法。

为了进一步对比，本节选取了传统的代数算法 Grobner 基算法进行对比。Grobner 基算法是一种代数算法，能够求解一般布尔多项方程式。我们使用 Grobner 基算法计算前文给出的 8 个方程式、4 个变量的布尔多项方程式。由于 Grobner 基算法只能计算固定个数的布尔多项方程式，有解才能通过 Grobner 基算法能够得到解，因此，本节采用了遍历方式。遍历布尔多项方程式的所有组合可能，以此计算，最终计算出了最多能够满足 5 个布尔多项方程式同时有解。本节的算法能够计算出 6 个布尔多项方程式，这跟 Grobner 基算法本身是代数算法有关。复杂度方面，我们提出的算法复杂度是 $O(n^r)$，Grobner 基算法的复杂度是

$O(2^n)$。很明显 Grobner 基算法的复杂度远远超过本节提出的算法，在计算变量多的布尔多项方程式时复杂度会很高，不适合求解变量多的布尔多项方程式，这也是前面的对比只采用 8 个方程式、4 个变量的布尔多项方程式的重要原因。Grobner 基算法可以求解一些变量少的布尔多项方程式，在面对 8 个方程式、4 个变量的布尔多项方程式这种方程式数量少的问题时可以采用遍历方法，但如果方程式的数量过多就需要考虑求解过程中如何快速有效求解，这个过程其实也是需要提出一个有效的算法。因此，Grobner 基算法并不适合用来解决极大布尔多项方程式的满足性问题，只适合用来解决一般的变量较少的布尔多项方程式。

9.3 基于纠错码的改进算法

在算法 9-2 的步骤 4 中，以初始解进行搜索时，可能出现重复搜索。因此，引入了一种改进的算法，即算法 9-3，来解决上述缺陷。

首先通过一个例子来说明进一步提升解决布尔多项方程式等于 0 的数量问题的效率潜力。定义 c_1 和 c_2 之间汉明距离为 d。c_1 和 c_2 之间不相同位置定义为 M，那么 $|M| = d$。c_1 和 c_2 之间相同位置定义为 N，那么 $|N| = n - d$。图 9-4 中表示的是 c_1 和 c_2 的关系 $d \leq r$。在本例中，c_1 和 c_2 的候选解相互重叠（重叠区域用线条填充）。算法 9-2 中，c_1 和 c_2 的候选解相互重叠，以 c_1 为初始解搜索的解存在于以 c_2 为初始解的搜索中，同样的以 c_2 为初始解查找的解也在以 c_1 为初始解的查找中，这个重复区域计算了两次，这就是重复搜索。因此，在算法 9-3 中着重解决了这个问题，使得以 c_2 为初始解的搜索中不搜索重复部分，只搜索如图 9-4 所示的灰色部分。算法 9-3 的前三步同算法 9-2 相同。

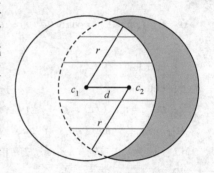

图 9-4 以 c_1 和 c_2 为初始解的
搜索示意

使用算法 9-3 重复了算法 9-1 和算法 9-2 的实验，实验结果。

对比之前的实验结果，算法搜索结果是相同的。算法 9-3 相比于算法 9-1 和算法 9-2 去掉了大量的重复寻找，大幅度提升了寻找效率。实际应用算法 9-3 计算时的运行时间相比于算法 9-1 和算法 9-2 减少了大约 20%，这主要是由于虽然算法 9-3 避免了重复搜索，但在实际运行过程中增加了码字对比以及数据存储，这导致了算法 9-3 的实际运行效率降低，因此，我们以算法实际运行时间进行了对比。

基于纠错码的算法 9-2 的改进算法 9-3

Require：

k：生成矩阵的行数

$\boldsymbol{G}^{(1)}$：生成矩阵

r：搜索半径

f_1，f_2，$\cdots$，f_m：布尔多项方程式

$Iter_{\max}$：最大迭代次数

$\Delta_{\max}$：满足布尔多项方程式等于 0 的数量最大值

$\mathrm{gen}(c)$：生成的所有汉明距离不大于 r 的候选解

count：计算 f_1，f_2，$\cdots$，f_m 中等于 0 的数量

Ensure：

Max：f_1，f_2，$\cdots$，f_m 中等于 0 的数量最大值

1：while $i < Iter_{\max}$ and $\Delta_{\max} > 1$ do

2：for $j = 1 : 2^k$ do

3：$D_j^{(i)} = \mathrm{gen}\left(c_j^{(i)} \,\middle|\, c_{j-1}^{(i)} \right)$

4：for $m = 1 : \left| D_j^{(i)} \right|$ do

5：$C(j, 1) = \mathrm{count}(c_j^{(i)})$；$\boldsymbol{C}$ 是一个矩阵，存储着布尔多项方程式等于 0 的数量

6：$C(j, m+1) = \mathrm{count}(d_{j,m}^{(i)})$；$d_{j,m}$ 表示迭代次数为 i 时集合 D_j 中的第 m 个元素

7：end for

8：end for

9：$\boldsymbol{m}^{(i)} = \max(\boldsymbol{C})$；$\boldsymbol{m}^{(i)}$ 是包含每行最大值的列向量

10：$\max^{(i)} = \max(\boldsymbol{m}^{(i)})$；$\max^{(i)}$ 是 $\boldsymbol{m}^{(i)}$ 的最大值

11：从 $\boldsymbol{m}^{(i)}$ 中选择 k 个最大的值构成新的生成矩阵 $\boldsymbol{G}^{(i+1)}$

12：$\Delta_{\max} = \max^{(i)} - \mathrm{Max}$

13：$\mathrm{Max} = \max^{(i)}$

14：end while

15：return Max

算法 9-3 的描述如下：

步骤 1　构造一个线性分组码的生成矩阵 $\boldsymbol{G}$，$\boldsymbol{G}$ 的维数是 $k \times n$。

步骤 2　所有的构成生成矩阵的码字 $C = \{c_1, \cdots, c_{2^k}\}$，共 2^k 个码字。为了求解布尔多项方程式，需要按照预先指定的方式构造一个生成器矩阵。

步骤 3　从步骤 2 中取出一个码字作为初始解，并计算使得布尔多项方程式为 0 的多项式数量。

步骤 4　从初始解开始，表示为 c_1，设置错误比特数为 r（即搜索半径）。从

初始解得到的候选解的汉明距离不能大于 r。求解所有候选解满足布尔多项方程式等于 0 的数量。记录下这次搜索中满足布尔多项方程式等于 0 的数量最大值。

步骤 5 为了避免以 c_2 为初始解的重复搜索，不同位的 u 比特计入 M，相同位的 s 比特计入 N。避免重复搜索 u 和 s 必须满足的条件是 $r + u - d < s \leq r - u$ 和 $0 < u \leq d/2$。在这两个条件下搜索并记录下这次搜索中满足布尔多项方程式等于 0 的数量最大值。

步骤 6 重复步骤 3、步骤 4、步骤 5 直到执行完所有搜索。从 2^k 个已经计算完的解中，选出满足布尔多项方程式等于 0 的数量最多的 k 个解，构成新的生成矩阵。新生成的矩阵替代步骤 2 中的生成矩阵，重复执行步骤 3、步骤 4，直到布尔多项方程式等于 0 的数量的最大值不增加或者迭代次数等于预设的最大值。

步骤 7 获得满足布尔多项方程式等于 0 的数量最多的解和它满足的方程式数量。

9.4 本章小结

本章研究了求解满足布尔多项方程式等于 0 的数量问题，求解一般布尔多项方程式，现存的高效、可用的方法有 Grobner 基、SAT 方法、特征列方法。然而这些方法只适合求解一般且变量较少的布尔多项式，这些代数的方法通常复杂度较高，例如，Grobner 基算法的复杂度是指数级的，即使在求解少变量多布尔多项方程式的问题时，也需要研究如何将代数求解布尔多项方程式同搜索策略相结合来减少搜索复杂度、提高搜索效率。

遗传算法具有"早熟现象"，在缺乏有效启发信息的情况下，局部收敛速率较慢，求得的解通常是局部最好的解而不是全局最好的解。它除了受本身的"早熟现象"影响之外，还因为遗传算法而具有随机性，随机性大大影响了遗传算法的性能，在面对大量变量问题时，算法的随机性导致它很难找到好的解。

为了解决以上问题，我们提出了非代数的方法来求解满足布尔多项方程式等于 0 的数量问题。本章基于编码方法一共提出了三种具有确定性和鲁棒性的算法来求解满足布尔多项方程式等于 0 的数量问题。为了证明提出算法的确定性和鲁棒性，随机生成了初始解，实验结果显示随机生成初始解搜索到的满足布尔多项方程式等于 0 的数量同提出的算法搜索结果相近，证实了提出的算法具有确定性和鲁棒性。为了证明提出算法的稳定性，采用了多次迭代算法，实验结果显示满足布尔多项方程式等于 0 的数量最大值在第一次搜索时已经能够找到，证明了提出的算法具有稳定性。相比遗传算法，提出算法的确定性是遗传算法的随机性所不能比拟的，在求解满足布尔多项方程式等于 0 的数量问题时能够确定地找到最大值，具有应用价值，如果每次求得的最大值都不同，将会使得满足布尔多项方程式等于 0 的数量问题无法应用于侧边信道，因为每次结果都不固定，无法判断实际应用结果是否准确。相比于 Grobner 基等代数算法，本章提出的算法不但复杂度仅为 $O(n^r)$，远低于 Grobner 基等代数算法的 $O(2^n)$，这种低复杂度算法在求解变量多的布尔多项方程式时优势体现会更加明显；而且，在求解方程式数量多的布尔多项方程式时，不必像 Grobner 基等代数算法一样再去考虑如何将代数求解布尔多项方程式同搜索策略相结合来减少搜索复杂度、提高搜索效率。

　　实验中随着搜索半径的增加满足布尔多项方程式等于 0 的数量也在不断增加，算法的复杂度跟搜索半径 r 密切相关，使用小半径搜索时算法运行快，也能够找到较好的实验结果。为了避免重复搜索，加快算法运行效率，提出了算法 9-3，搜索结果相同与算法 9-1 和算法 9-2 相同，由于增加了计算量，算法 9-3 效率提升低于理论值，但也比算法 9-1 和算法 9-2 的实际运行时间缩短了 20%。

10 基于拟阵理论构造 LDPC 码

本章提出了一种新的高码率系统 LDPC 码的构造方法：在列重量一定的情况（通常 $w_c \geqslant 3$）下，构造满足一定围长条件下的子矩阵，然后将该子矩阵和单位阵合并成 LDPC 码的校验矩阵。仿真结果表明基于该方法构造的 LDPC 码在 AWGN 信道下具有很好的 BER 性能。拟阵的根本思想就是要把对象转化为集合，一个对象既可以转化为一个集合，也可以转化为多个集合，本章中把对象转化为多个集合。通过拟阵的桥梁作用得到了 Tanner 图的围长的充分条件，利用该条件可以构造给定短的围长的 LDPC 码，短的高码率 LDPC 码可以应用于未来的手持数字视频广播中。

拟阵理论由 Whitney 首次提出，Edmonds 和 Fulkerson 建立了拟阵与图的关系，这些研究者均意识到了拟阵在横向理论中的重要作用。Greene 从拟阵理论中推导出 MacWilliams 恒等式，目前大量应用于组合优化、网络理论和编码理论领域。本章旨在研究在给定围长下结合拟阵理论构造 LDPC。

10.1 短的高码率 LDPC 码的构造理论

由于在构造校验矩阵 H 的过程中要尽量避免其对应的 Tanner 图中的短环，所以需要一些有关围长的定理。已有的文献中有关围长的定理都是从图论角度考虑的[195]，本章将从拟阵的思想角度给出有关围长的定理，为了更好地论述，这里先提出一个有用的引理。

引理 10-1 拟阵的定义是一个有序对 (E, I)，E 是一个有限集，I 是 E 中子集的集合，且子集满足三条基本性质。根据拟阵的根本思想，即要把对象转化为集合，可以转化为一个集合，也可以转化为多个集合。我们把校验矩阵的每一列看作是一个集合，这样可以把矩阵每列的关系转化为每个集合的关系，由此可以得到一系列性质定量。对集合表示校验矩阵 H，设 $r = n - k$，$H_{r \times n} = [h_1, \cdots, h_n]$，$h_i, (i = 1, \cdots, n)$ 是 r 维的列向量。把向量 h_i 中非零的坐标用集合 L_i 表示。

例如图 10-1 对应的校验矩阵可表示如下集合：

$L_1 = \{1\}, L_2 = \{2\}, L_3 = \{3\}, L_4 = \{4\}, L_5 = \{1, 2, 4\}, L_6 = \{2, 3, 4\}, L_7 = \{1, 2, 3\}, L_8 = \{1, 3, 4\}$。因此，只要知道 $L_i (i = 1 \cdots, 8)$ 就可以构造出相应的 H 矩阵。

定理 10-1 校验矩阵对应的 Tanner 图存在四环当且仅当 $L_i (i = 1, \cdots, n)$ 中存在两个集合的交集元素的个数不小于 2。

证明：从校验矩阵与 Tanner 图的关系，可以明显看出只要 L_i 中存在两个集合的交集元素的个数不小于 2，则这两个集合对应的两列至少有两个位置同时为 1，所以存在四环。反之也成立。

只要 L_i 中任意两个集合的交集元素的个数不大于 1，则校验矩阵所对应的 Tanner 图的围长至少是 6。

定理 10-2　如果 $L_i(i=1,\cdots,n)$，满足下列两个条件，则校验矩阵对应的 Tanner 图的围长至少是 8。

（1）　$|L_i \cap L_j| < 2, i \neq j, \forall i,j \in \{1,2,\cdots,n\}$。

（2）　$|(L_i \cap L_j) \cup (L_i \cap L_k) \cup (L_j \cap L_k)| < 3, i \neq j \neq k, \forall i,j \in \{1,2,\cdots,n\}$。

证明：用反证法证明，根据定理 10-1，由条件（1）可以推断出校验矩阵对应的 Tanner 图的围长至少是 6。

如果存在围长为 6 的 Tanner 图，如图 10-1 所示，则在集合 $L_i(i=1,\cdots,n)$ 中一定存在 3 个集合，它们两两相交的并的元素个数大于或等于 3。与条件（2）互相矛盾。所以校验矩阵对应的 Tanner 图的围长至少是 8。

可以把定理 10-1 和定理 10-2 推广到确定任意的围长。

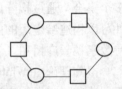

图 10-1　Tanner 图中长度为 6 的环

定理 10-3（围长条件定理）　设 $L(n)$ 表示集合 $\{1,2,3,\cdots,n\}$，$T(t)$ 表示 $L(n)$ 的任意 t 元子集。如果 $L_i(i=1,\cdots,n)$，满足下列 $t_1(t_1>2)$ 个条件，则校验矩阵对应的 Tanner 图的围长至少是 $2(t_1+2)$。

对 $L(n)$ 的任一 t 元子集 $T(t)$ 都有

$$\left| \bigcup_{\forall i,j \in T(t) \subseteq L(n)} (L_i \cap L_j) \right| < t, \quad t=2,3,\cdots,t_1+1 \text{。}$$

证明：根据定理 10-2 的证明方法，由校验矩阵对应的 Tanner 图与集合 L_i $(i=1,\cdots,n)$ 的关系，可知不存在小于 $2(t_1+1)$ 的环，所以校验矩阵对应的 Tanner 图的围长至少是 $2(t_1+2)$。

10.2　短的高码率 LDPC 码的构造算法

根据定理 10-3，可以构造给定的短的围长的 LDPC 码。但是，在高码率的情况下要构造很大的围长就需要很长码长的 LDPC 码，先考虑码长在 500 以内的高码率 LDPC 短码，此时只要求避免 4 环的出现。下面构造 $H=[H_1 \mid H_2]$ 型的 LDPC 码，其中 H_1 是 $r \times r$ 的单位矩阵。H_2 矩阵是每列的重量为 w_c 通过全面搜索且避免 4 环的条件下得到的。那么给定初始值 w_c 和 r，能不能确定 H_2 的最大列数呢？这个最大列数实际上是存在的，只是不容易得到实际的最大列数，不过根据最大行重的上界可以得到如下关于列数的上界。

定理 10-4　H_2 矩阵的最大列数满足如下表达式：

$$C_{H_2} \leqslant \left| \frac{r-1}{w_c-1} \right| \times \frac{r}{w_c} \tag{10-1}$$

证明：因为 H_2 矩阵任意两列中 1 的相同位置不能大于 1，所以 H_2 矩阵的任一行重量小于或等于 $\left| \frac{r-1}{w_c-1} \right|$。设 H_2 的列数为 C_{H_2}，则 H_2 矩阵中所有 1 的个数可表示为 $w_c C_{H_2}$。因此有

$$\left| \frac{r-1}{w_c-1} \right| \times r \geqslant w_c C_{H_2} \tag{10-2}$$

通过化简可得式（10-1）。

根据下面算法构造出来的矩阵的列数很难达到这个上界，事实上可能不存在最大列数达到上界的矩阵。

算法 10-1　H_2 矩阵的构造步骤：

步骤 1　列举出所有在整数 1 到 r 之间的任意取 w_c 个不同数的集合。

步骤 2　选取第一个集合 L_1 作为矩阵的第一列 1 对应的位置。从第二个集合开始，根据定理 1 对当前集合与之前所有选取的集合一一进行条件判断，如果都不存在 4 环，则选取该集合作为矩阵新的一列的位置集合。

步骤 3　得到 H_2 矩阵的所有位置集合以及 H_2 矩阵的列数。

构造 H_2 矩阵的伪代码算法：

给定 w_c 和 r。

$n_1 = 0$；

for $i_1 = 1$ to $r - w_c + 1$

for $i_2 = i_1 + 1$ to $r - w_c + 2$

$\vdots$

for $iw_c = iw_{c-1} + 1$ to r

　$B = \{i_1, i_2, \cdots, i_{wc}\}$

　　if$(n_1 = = 0)$ then

　$Ln_1 = B$

　$n_1 + +$

　　end if

　　if$(n_1 > 0)$ then

　$d = 0$；

　　　for $j = 1$ to n_1

　$n_2 = |L_j \cap B|$

　　if$(n_2 > 2)$ then

　　　$d = 1$

　　　　end if

```
        end if
        if( d = = 0 ) then
```

$$Ln_1 = B$$

$$n_1 + +$$

```
        end if
        end for
    ⋮
        end for
end for
```

上述算法是不限制 H_2 矩阵的行重量。如果对 H_2 矩阵的行重量作不同限制，将有可能得到更大或更小的列数的矩阵，因此可以得到不同码率的 LDPC 短码。

10.3　短的高码率 LDPC 码的性能分析

本节主要取参数 $w_c = 4$ 进行构造分析，且同文献［196］和［197］的仿真结果进行对比。仿真采用 AWGN 信道、BPSK 调制、BP 译码算法，最大迭代次数为 100。在低信噪比的情况下统计至 10000 个错误比特为止，而在高信噪比情况下统计至 100 个错误比特为止。

图 10-2 所示为 LDPC 码的性能曲线。

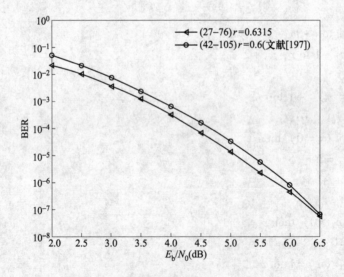

图 10-2　与文献［197］性能对比曲线 1

首先将设计出的 LDPC 码与文献［197］中构造出的 LDPC 码进行对比，仿真结果如图 10-2 和图 10-3 所示。在图 10-2 中，文献［197］中的 LDPC 码的码长为 105，码率为 0.6，围长为 12 且最小距离为 6，它是一种性能很好的 LDPC 码。本节构造出来的 LDPC 码的码率为 0.6315，码长为 76，围长为 6 且最小距离为 5，码长比文献［196］中的 LDPC 码的码长要短点，码率略高于文献［197］中的 LDPC 码，但是从仿真性能曲线图 10-3 可以看出，本节构造的 LDPC 码的性能比文献［197］中的要好。在 BER 为 10^{-6} 的数量级下，大约存在 0.2dB 的编码增益。

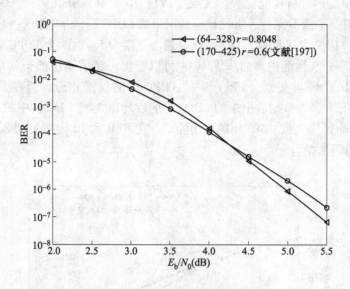

图 10-3　与文献［197］性能对比曲线 2

在图 10-3 中，本节构造出码长为 328、码率为 0.8048、围长为 6 且最小距离为 5 的 LDPC 码，并与文献［197］中的码长为 425、码率为 0.6、围长为 16 且最小距离为 8 的 LDPC 码进行性能对比。和第一组实验相似，本节构造的码的码长比文献［197］中构造的 LDPC 要短，且码率相对文献［197］中的码略高。但是从性能曲线图 10-3 可以看出，在信噪比低于 4.5dB 时，文献［197］中 LDPC 码的性能要好一些。主要是因为本节构造的 LDPC 码的码率为 0.8048，而文献［197］中码的码率为 0.6，对应的香农门限大约分别为 1.038 和 0.339，所以在低信噪比下性能比文献［197］的要差。但是在高信噪比 4.5～5.5dB 的区间，本节构造出来的 LDPC 码的性能相对于［197］中的 LDPC 码性能更好。在 BER 为 10^{-6} 的数量级下，大约存在 0.2dB 的编码增益，原因只能从结构上分析。文献［197］(2，5) 规则码的变量点的度为 2，校验点的度都为 5，本书构造的码的变量点的度分布为：有 64 个变量点的度为 1，有 264 个变量点的度为 4，校验点的度分布情况见表 10-1。

表 10-1　64 × 328 校验矩阵的校验点的度分布

校验点的度	13	15	16	17	18	19	20
校验点个数	7	4	9	10	8	9	17

为了进一步说明本节设计方法的优越性，将设计出来的 LDPC 码与最新的文献［197］中的码进行性能比较。文献［197］中 LDPC 码的码长为 330，码率为 0.8，它是根据平衡不完全区组设计构造出来的 LDPC 码。本节构造的 LDPC 码的码长为 328，码率为 0.8048，围长为 6，最小距离为 5。这两个 LDPC 具有差不多的码长和码率。从性能仿真曲线图 10-4 可以看出，在信噪比低于 3.0dB 时，本节构造的 LDPC 码与文献［196］中的 LDPC 码的性能相近；但在信噪比高于 3.0dB 的情况下，本节构造出来的 LDPC 码的性能比文献［197］中的 LDPC 码性能更好，瀑布区比文献［197］的更为陡峭。在 BER 为 10^{-5} 的数量级下，大约有 0.45dB 的编码增益。

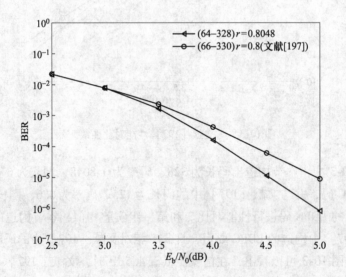

图 10-4　与文献［197］性能对比曲线

10.4　长的高码率 LDPC 码的构造

长的高码率的 LDPC 码的构造算法如下：

H_2 矩阵的构造具体方法步骤如下：

步骤 1　列表集合 $\binom{r}{W_c}$ 包含着所有拥有 W_c 个元素的集合。

步骤 2　随机选择集合 $\dbinom{r}{W_c}$ 中的任意集合作为矩阵 H_2 的首列。

步骤 3　根据定理 10-2 中的条件 1 从集合 $\dbinom{r}{W_c}$ 中选择集合作为 H_2 的第二列。

步骤 4　根据定理 10-2 中的条件 1 和条件 2 依次从 $\dbinom{r}{W_c}$ 剩下的集合中选择满足条件的集合作为校验矩阵 H_2 的每一列。

这个算法构造的检验矩阵没有预先设定的行重。然而，这个算法可以保证构造的 LDPC 码没有 4 环和 6 环，即周长至少是 8。

算法 10-2　校验矩阵 H_2 的伪代码算法

Require

r：校验矩阵 H_2 的行数

W_c：校验矩阵 H_2 的列重

Ensure：

初始化 H_2；

$L_j = \{ l_j, 1, \cdots, l_{j, W_c} \} \subset \{ 1, \cdots, r \}$；

1：for $j = 2 : 1 : \dbinom{r}{W_c}$ do

2：$L_j = \{ l_j, 1, \cdots, l_{j, W_c} \} \subset \{ 1, \cdots, r \}$；

3：if $c_{H_2} < 2$ then

4：for $m = 1 : 1 : c_{H_2}$ do

5：$q(m) = | L_j \cap L_m |$；

6：end for

7：if $\max(q) < 2$ then　　　注：$\max(q)$ 是返回向量 q 的最大值

8：$H_2 = [H_2 | h_{L_j}]$；

9：else

10：$H_2 = [H_2]$；

11：end if

12：else

13：for $s = 1 : 1 : c_{H_2}$ do

14：$q(s) = cal(L_j, L_s)$；

15：for $t = s + 1 : 1 : c_{H_2}$ do

16：$Q(s, t) = | (L_j \cap L_s) \cup (L_j \cap L_t) \cup (L_s \cap L_t) |$；

17：end for

18：end for
19：if$(\max(\boldsymbol{Q})<3)\&\&(\max(\boldsymbol{q})<2)$then   注：$\max(\boldsymbol{Q})$ 是矩阵 $\boldsymbol{Q}$ 的最大值。
20：$\boldsymbol{H}_2=\left[\boldsymbol{H}_2\,|\,\boldsymbol{h}_{L_j}\right]$；
21：else
22：$\boldsymbol{H}_2=\left[\boldsymbol{H}_2\right]$；
23：end if
24：end if
25：end for

10.5 长的高码率 LDPC 码的仿真结果分析

在本书的仿真中取集合的重量为 4 和 6，即 $W_c=4$ 和 $W_c=6$，然后通过二进制相移键控（BPSK）调制的加性白高斯噪声（AWGN）信道和和积迭代（BP）解码算法来评估码字传输的误码率（BER）。对于所有信噪比的仿真参数设置为：最大迭代次数 100 和最大错误比特 3000。通过算法 10-2 构造的 LDPC 码的仿真结果如图 10-5 所示，图中的这些 LDPC 码有不同的码长和码率。码字（774，672）的列重量是 $W_c=4$，这个码比相同列重下的另两个码（1630，1480）和（2203，1480）误码率更低，即性能更好。虽然相比于另外两个码的码长1630 和 2203，774 这个码长很短，但这很大程度是因为（774，672）码的码率 R 更低，（774，672）码的码率是 0.8682，而另外两个码字为 0.908 和 0.9192，很

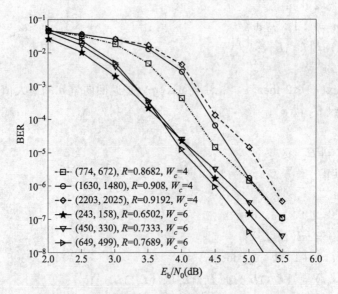

图 10-5 通过算法 10-2 构造的 LDPC 码的仿真结果

明显 0.8682 远小于 0.908 和 0.9192。当列重量 $W_c=6$ 时码字（649，499）具有最好的性能，这主要是因为相比于另外两个码的码长 243 和 450，649 这个码长更长，更不容易出现译码错误。

为了对比本节构造的码与现存码的性能，选择了文献［198，199］中构造的码进行性能对比。图 10-6 中是本节构造的码与文献［198，199］构造的码的仿真性能对比的结果。本节构造的码（2121，1947）、（243，158）和（674，520）的码率 R 分别为 0.918、0.6502 和 0.7715，与文献［198，199］构造的码（2115，1974）、（243，162）和（672，546）的码率 0.9333、0.6667 和 0.8125基本接近，但通过实验仿真后的结果能明显看出，本节构造的码的性能远远优于文献［198，199］构造的码。当误码率为 10^{-4} 时，本节构造的码（2121，1947）比码（2115，1974）有着大约 0.25dB 的增益，构造的码（243，158）比码（243，163）有着大约 0.7dB 的增益。当误码率为 10^{-7} 时，本节构造的码（674，520）比码（672，546）有着大约 0.25dB 的增益。本节构造的 LDPC 码（2121，1947）、（243，158）和（674，520）的度分别见表 10-2，表 10-3 和表10-4。基于算法 10-2 构造的码（2121，1947）、（243，158）和（674，520）的复杂度分别为 $O(r^4)$、$O(r^6)$ 和 $O(r^6)$。

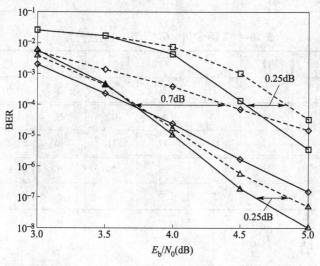

图 10-6 我们所构造的码与文献［198］和［199］所构造的
码的仿真性能对比结果

表 10-2　LDPC 码（2121, 1947）的度分布

校验节点度	25	26	27	29	30	31	33	34
校验节点数量	2	1	1	1	3	2	2	2
校验节点度	35	36	37	38	39	40	41	42
校验节点数量	2	3	8	2	3	6	5	5
校验节点度	43	44	45	46	47	48	49	50
校验节点数量	5	9	11	15	15	11	9	11
校验节点度	51	52	53	54	55	56	57	58
校验节点数量	5	6	4	9	4	3	6	6

表 10-3　LDPC 码（243, 158）的度分布

校验节点度	6	8	9	10	11	12
校验节点数量	2	2	3	4	20	24
校验节点度	13	14	15	16	17	
校验节点数量	11	9	2	5	3	

表 10-4　LDPC 码（674, 520）的度分布

校验节点度	12	13	14	15	16	17	18
校验节点数量	1	2	6	3	2	5	15
校验节点度	19	20	21	22	23	24	25
校验节点数量	11	12	27	31	10	5	2
校验节点度	26	27	28	29	30	31	
校验节点数量	4	5	3	3	5	2	

10.6　本章小结

本章提出了一种新的高码率 LDPC 码的设计方法，它不同于已有的构造方法。我们的设计方法是一个单位矩阵和一个已知列重量为常数且满足一定围长的条件下的子矩阵组合构成校验矩阵，构造的 LDPC 码没有 4 环和 6 环，即围长为 8。在 AWGN 信道中进行仿真，将仿真结果与现有的 LDPC 码的构造方法进行比较结果显示本节构造的 LDPC 码比现有 LDPC 码具有更好的误码率性能。但是，由于进行全面搜索使得复杂度太高，因此只合适构造相对短的高码率 LDPC 码。为了更好地构造 LDPC 码，不出现小于 8 的环即围长大于等于 10 将是我们未来主要的关注方向，可以考虑引进部分搜索从而降低复杂度，进而构造出具有很好性能的高码率 LDPC 码长码，以达到靠近香农限的目的。

11 基于纠错码的 Hash 函数的设计与分析

当你的消息在传输过程中被入侵者篡改怎么办？如何识别被入侵者用假消息代替合法消息？利用单向散列函数就可以解决上述问题。散列函数又称 Hash 函数，是一个将任意长度的消息映射成固定长度消息的函数，在密码学领域扮演着重要的角色，在许多密码学应用领域也是一个非常重要的密码学原语，许多密码学原语和协议都依赖 Hash 函数的安全性。本章在对 MD5 算法进行深入研究后提出了基于纠错码改进 Hash 函数的设计。该算法通过纠错码的生成矩阵设计了随机性更强的加法常数，并计算了 Hash 函数的信息熵。实验分析表明，改进的 Hash 算法具有更高的安全性。

11.1 引言

全球网络化的发展标志着人类已经进入了信息社会。信息作为一种资源，它的普遍性、共享性、增值性、可处理性和多效性使其对人类具有特别重要的意义[200]。Hash 函数作为密码学中的一个重要分支，在文件校验、数字签名、签权协议、身份认证以及数据加密中发挥着重要作用，因此，需要深入研究其设计理论和应用方法。

Hash 函数是 Hash 算法的基础，它是一种单向密码体制，即它是一个从明文到密文的不可逆映射，只能加密不能解密。同时，Hash 函数可以将任意长度的输入经过变化以后得到固定长度的输出。Hash 函数的这种单向特性和输出数据的长度固定的特征值使得它可以生成消息的"数字指纹"（或称消息摘要、Hash值或散列值）。因此在数据完整性认证、数字签名等领域有广泛的应用。

定义 11-1（Hash 函数定义） 设字母表集为 A，A^n 表示长度为 n 的消息集合，$A^* = \sum_{i \geqslant 0} A^i$ 表示任意长度的集合。则 Hash 函数定义为：

$$H: A^* \to A^n，即对于任意消息 M \in A^* 有$$
$$Hash 值 h = H(M) \in A^n$$

$H(M)$ 称为 m 的 Hash 值、散列值、消息摘要。

单向散列函数的具有下列特性：

（1）给定 m，很容易计算 $h = H(m)$。

（2）给定 h，根据 $H(m) = h$ 计算 m 很困难（单向性）。

（3）给定 m，要找到另一消息 m' 并满足 $H(m) = H(m')$ 很困难。

在某些应用场合中，仅有单向性是不够的，还需要具有抗碰撞性。

单向散列函数的碰撞（collision）：设 m、m' 是两个不同的消息，如果

$$H(m) = H(m')$$

则称 m 和 m' 是单向散列函数 H 的一个（对）碰撞。

抗弱对抗性：任给一个消息 m，如果找到另一个不同的消息 m'，使得 $H(m) = H(m')$ 是计算上不可行的，则称 H 是弱抗碰撞 Hash 函数。

抗强对抗性：如果找到两个不同的消息 m 和 m'，使得 $H(m) = H(m')$ 是计算上不可行的，则称 H 是强抗碰撞散列函数。

哈希函数值"不依赖输入信息"，从某种程度上说是由算法决定的。Hash 函数满足独立性，输入信息某一位的变化，应该引起平均一半的输出信息位的变化，在很广泛的条件下，Hash 值 $H(m)$ 的分布是均匀分布的。要设计一个接收任意长度输入的函数不是容易的事，更不用说还要单向性。单向散列函数的设计思想是建立在压缩函数的想法上的。

目前 Hash 函数主要有 MDx 系列和 SHA 系列，MDx 系列包括 MD5[201]、HAVAL[202]、RIPEMD – 128[203] 等，SHA 系列包括 SHA – 0[204]、SHA – 1[205]、SHA256[206] 等。在 Hash 算法中，MD5 和 SHA1 是应用最广泛的，两者原理差不多，但 MD5 加密后为 128 位，SHA 加密后为 160 位[207]。在 2004 年国际密码学大会上，王小云等人宣布了一系列典型加密 Hash 函数的碰撞，并当场破解，包括对 MD4[208]、MD5、HAVAL – 128[209] 的破解。王小云提出了一套针对 MD 系列的加密 Hash 函数的分析技术，并得出了许多重要结论。2005 年，王小云进一步改进攻击方案，对 SHA – 0[210] 和 SHA – 1[211] 算法进行碰撞攻击。这些攻击技术对现有的加密 Hash 函数的安全性提出了严峻挑战，促进了新的 Hash 算法的开发研究。本章主要以 MDx 系列中的 MD5 算法为研究对象并提出了一种改进方案。

11.2　MD5 算法

MD5 的全称是 Message-Digest Algorithm 5（信息 – 摘要算法），由 MD2，MD3 和 MD4 发展而来。对任意长度的信息输入，MD5 都将产生一个长度为 128bit 的输出。具体来说，MD5 散列算法包括以下几个步骤。

11.2.1　填充消息

对数据进行填充，使填充后的整体字节长度为 $n \times 512$，其中，n 为一个正整数。填充方法为先对数据填充，填充完毕后，在数据的后面填充一个 1 和无数个 0，直到满足填充的长度为 $n \times 512 - 64$，最后 64 位二进制数用来表示填充前的数据长度。这样，填充后的数据正好为 512 位的倍数。

11.2.2   划分分组

消息填充后，消息的长度为 512 的倍数（设为 L 倍），则可将消息表示为分组长为 512 的一系列分组，每个数据分组又被分成 16 个 32bit 长的字。这样，消息中的总字数为 $N = L \times 16$。

11.2.3   对 MD 缓冲区进行初始化

算法使用一个 128bit 长的 MD 缓冲区用来存储运算的中间结果和最终 Hash 函数的结果（散列值）。这个 MD 缓冲区可以表示为 4 个 32bit 长的寄存器 $(A，B，C，D)$。每个寄存器都以低字节有限的方式存储数据，其初值取为以下 32bit 长的十六进制数值。

MD 缓冲区中 $A，B，C，D$ 四个寄存器初始化的值是以小数在前的格式存储，即按照低位字节优先的顺序进行存储，把字的低位字节放在低地址字节上，MD 缓冲区中 $A，B，C，D$ 四个寄存器的初始值分别为：

$$A = 0 \times 67452301$$
$$B = 0 \times efcdab89$$
$$C = 0 \times 98badcfe$$
$$D = 0 \times 10325476$$

11.2.4   数据处理

这个步骤主要是使用压缩函数 H_{MD5} 对每个以 512bit 的分组为单位对消息进行循环散列计算。

MD5 对每个分组进行 4 轮散列处理，每轮的处理会对 $(A，B，C，D)$ 进行更新，处理算法的核心是 MD5 的压缩函数 H_{MD5}。H_{MD5} 函数有 4 轮处理过程，这 4 轮处理过程是由 4 个结构相似的循环组成，但是每次循环使用的基本逻辑函数不同。处理一个 512bit 的分组 Y_q，每轮的输入为当前处理的 512bit 的消息分组 Y_q 和 128bit 的缓冲区的当前值 $A，B，C，D$，输出仍放在缓冲区中。每轮需要进行 16 步迭代运算，4 轮供需 64 步完成，每一步的运算通用形式如下：

$$a = b + ((a + g(b,c,d) + X[K] + T[i] \lll < s)$$

上述公式中 $a，b，c，d$ 为缓冲区 $A，B，C，D$ 中的 4 个字，运算完成后再右循环一个字，即得这一步迭代的输出；$g()$ 为基本逻辑函数，分别为 F，G，H，I 中的一个；$\lll < s$ 为对 32bit 字进行循环左移 s 位；$X[K] = M[q * 16 + k]$，即消息第 q 个分组 Y_q 中的第 k 个 32bit 字 $(k = 1,2,\cdots,16)$；$T[i]$ 为常数表 T 中的第 i 个元素；$+$ 为加法，均为 32bit 的加法，即表示模 2^{32} 加法。

在单个 512bit 的 MD5 数据分组的处理过程中，每轮使用 64 元素表

$T[1,2,\cdots,64]$（简称 T 表）中的 $1/4$。其中 T 表由正弦函数 sin 构造而成。T 的第 i 个元素表示为 $T[i]$，其值等于 $2^{32} * \mathrm{abs}(\sin i)$，其中 i 是弧度。由于 $\mathrm{abs}(\sin(i))$ 是一个 $0 \sim 1$ 之间的数，T 的每一个元素是一个可以表示成 32 位的整数。

11.2.5 输出散列值

所有的 L 个 512bit 分组（数据块）都被处理完毕后，最后一个 H_{MD5} 的输出即最后一轮得到的 A，B，C，D 四个缓冲区的值，就是整个消息的 128bit 的散列值（消息摘要），这也是最终的输出结果，它保存在 A，B，C，D 四个缓冲区中。

MD5 算法可以形式化描述为：

（1）设置初始值 $CV_0 = IV$；

（2）对 $q = 1$，2，$\cdots$，L 计算；

（3）$CV_{q+1} = CV_q + RF_I[Y_q, RF_H[Y_q, RF_G[Y_q, RF_F[Y_q, CV_q]]]]$；

（4）$MD = CV_L$；

式中　IV——MD 缓冲区中 A，B，C，D 四个寄存器初始化的值；

　　Yq_q——消息的第 q 个 512bit 的数据分组（数据块）；

　　L——消息中的分组数（数据块数）；

　　CV_q——处理消息的第 q 个分组时输入的链接变量（即前一个压缩函数的输出）；

　　RF——一个循环函数，是基本逻辑函数 x 的轮函数，分别为 F，G，H，I；

　　$+$——分别对 4 个缓冲寄存器 A，B，C，D 按照 32 位计算的模 2^{32} 的加法；

　　MD——消息最终的散列值。

MD5 算法的安全性分析如下：

关于 Hash 函数的攻击算法大体可分为两类：一是通用算法，二是特定算法。

通用算法包括生日攻击、穷举攻击、中途相遇攻击等[212~214]，这类算法一般适用于对所有 Hash 算法进行攻击。通用算法攻击的复杂度一般都很大，例如 MD5 散列算法的消息摘要长 128，利用穷举攻击需要的运算量为 $O(2^{128})$，利用生日攻击所需的运算量为 $O(2^{64})$。虽就目前的状态来看，现有 Hash 算法的复杂度仍然满足安全需求，但随着计算机运行速度的快速增加及量子计算机的出现，Hash 算法的安全性仍受到很大的挑战。

特定算法包括王小云的差分攻击、Dobbertin 的代数攻击等[215~218]，这类算法利用了 Hash 函数的内在结构缺陷，只能对某一个或一类的 Hash 算法有效。例如，在代数攻击中，根据 MD5 中活动状态的高位比特不能尽快混淆，通过构造两个不同的 512 消息分组和选择初始 IV 值得到半自由初始碰撞。差分攻击是根据最高比特位（MSB）不能尽快充分混淆，找到有效的差分和差分路径对 MD5 等算法进行攻击。

通过以上对 MD5 散列算法研究的介绍可知 MD5 算法存在重大的安全隐患。为此，急需对现有的 MD5 算法进行优化处理研究，本章提出基于纠错码理论构造 Hash 函数，构造的 Hash 函数更安全可靠。

11.3 基于纠错码的 Hash 散列函数构造

现今，Hash 散列函数正面临着各种各样的安全威胁，对 MD5 算法来说，虽然在面对穷举法、生日攻击法等方法在理论上来说是相对安全的，但是，文献［218］指出 MD5 考虑的也不是十分周全，原因在于，在第 i 步统一的加法常数是 $2^{32} * \mathrm{abs}(\sin(i))$ 的整数部分，其中 i 的单位是弧度，其结果也就是 $\mathrm{abs}(\sin(i))$ 的前 32 位，式（11-1）为：

$$(\sin(i) + \sin(i+2))\sin(i+2) = (\sin(i+1) + \sin(i+3)\sin(i+1)) \qquad (11\text{-}1)$$

使任何 4 个连续的加法常量之间存在某种近似的关系，所以对于每一步的加法常数会引起关联。现对该加法常数进行基于纠错码的常数构造替换。

在构造基于纠错码的 Hash 函数时，需要选择合适的纠错码，根据其性质，纠错码的选择需要基于以下两个要点：（1）码字中 0、1 的个数要尽可能的一样多；（2）码的最小汉明距离应该要尽可能的大。根据文献［219］及所需构造的 Hash 函数的性质，本节选择的纠错码满足（32，6，16）。根据文献［72］，一类系统的 (n,k,d) 线性码构造步骤如下。

首先，任取一个集合 $B_{i_1}^{k}$，可以计算 $\overline{B_{i_1}^{k}}$，其中 $1 \le i_1 \le 2^k - 1$，生成矩阵的列是集合 $\overline{B_{i_1}^{k}}$ 元素的 k 二进制表示。

例如，当 $k=4$ 时，对应的码为 $C(8,4,4)$。选择基 $B_1^4 = \{2,4,6,8,10,12,14\}$，则有 $\overline{B_1^4} = \{1,3,5,7,9,11,13,15\}$，集合 $\overline{B_1^4}$ 中元素的 4 元组二进制表示得到的生成矩阵为：

$$G_{4\times8} = \begin{bmatrix} 1 & 1 & 1 & 1 & 1 & 1 & 1 & 1 \\ 0 & 1 & 0 & 1 & 0 & 1 & 0 & 1 \\ 0 & 0 & 1 & 1 & 0 & 0 & 1 & 1 \\ 0 & 0 & 0 & 0 & 1 & 1 & 1 & 1 \end{bmatrix}$$

根据生成矩阵可以求得 $C(8,4,4)$ 码的所有有效码字。

根据上述过程可以求得纠错码满足（32,6,16）的系统生成矩阵 $G_{6\times32}$，为了使加法常数的随机化最大化，消除数据中的任何规律性，还可以对生成矩阵进行循环移位变化，若选择将生成矩阵进行循环左移 6 位再进行运算，则得到有效码字 62 个，在保留 MD5 中第一个和最后一个加法常数后，可以重新构造基于纠错码的加法常数表。

把以上的加法常数嵌入到基于纠错码的 Hash 函数的运算函数中进行完整的数据运算，最后输出散列值，检测结果表明基于纠错码的 Hash 函数与 MD5 算法相比，数据经过加密后的值会发生改变。

比如，消息"message digest"经过 MD5 算法加密后值为：

f96b697d7cb7938d525a2f31aaf161d0

基于纠错码的 Hash 函数算法后值为：

7862229075efbf86a9d545b32093cff4

基于纠错码的 Hash 函数的安全性分析：

基于纠错码的 Hash 函数的设计参考了 MD5 算法的设计结构，基本处理单元为 512bit，摘要长度为 128bit，算法进行 64 轮的迭代运算。首先，根据其设计结构，可以得出其安全性如下：

（1）给定消息的摘要值 $h(M)$，要求出 M 是计算上不可行的。即对给定的一个摘要值，不可能找出一条消息使其摘要值正好是给定的（即单向性）。

（2）给定消息 M 和其摘要值 $h(M)$，要找到另一个与 M 不同的消息 M'，使得它们的摘要值相同是不可能的（即弱抗碰撞性）。

（3）对于任意两个不同的消息 M 和 M'，它们的摘要值不相同（即强抗碰撞性）。

由上述分析可知，由于该 Hash 函数摘要值设置为 128bit，且消息摘要中的每一位都是输出消息中所有比特的函数，因此，获得了很好的混淆效果，从而使得不可能随机选择两个具有相同散列值的消息。Rivest 在文献［221］中猜想具有 128 位的摘要值的 Hash 函数，其安全性被认为是足够强的。例如，如果要想采用纯强力攻击方法找出具有相同摘要值的两个信息需要执行 2^{128} 数量级的操作，如果用每秒可试验 1000000000 个消息的计算机需时 1.07×10^{22} 年。若采用生日攻击，需要执行 2^{64} 数量级的操作。如果用每秒可试验 1000000000 个消息的计算机需时 585 年。所以，理论上基于纠错码的 HASH 函数的设计满足以上的三大安全性质。

安全的 Hash 函数是指任意两个消息略有差别时，它们的摘要值会有很大的不同。要求 Hash 函数具有强的码间相关性，如果修改明文中的一个比特，就会使输出比特串中大约一半的比特发生变化，即雪崩效应[222]。这样，最后得到的摘要值将与明文中的每一个比特密切相关。

消息"message digest"经过基于纠错码的 Hash 函数加密后，值为：

7862229075efbf86a9d545b32093cff4

改变消息的一位即消息"massage digest"的摘要值为：

61efccaf6423d46b523ead259182e291

减少一 bit 信息即消息"messagedigest"的摘要值为：

a1106cc3d4907416c1de95ec86bc2221

本章在实际过程中通过基于纠错码的 Hash 算法采用大量随机消息并对其进

行雪崩效应的测试，结果表明如果明文中的任意改变都会使得输出比特串中一半以上的比特改变，即该算法满足雪崩效应。

对相同数据分别运用改进算法和原 MD5 算法进行加密，加密后对两种算法的加密值进行比较，经检测未发现两者有加密值重合的现象，即改进算法的加密值和原 MD5 算法的加密值相比发生了改变。因此，可以抵御网站查字典攻击。

根据文献［223］，本节引入熵的概念。熵具有如下含义：

（1）反映了变量的随机性。

（2）熵越大，变量的不确定性就越大，解析清楚所需的信息量就越大；反之，熵越小，变量的不确定性就越小，解析清楚所需的信息量就越小。

（3）信息熵是信息论中用于度量信息量的一个概念，一个系统越是有序，信息熵就越低；反之，一个系统越混乱，信息熵就越高。

由此，可以利用信息熵衡量信息摘要值的安全属性。熵的计算公式为：

$$H(X) = -\sum_{i=1}^{n} p(x_i) \log_2 p(x_i)$$

例如，当消息为"message digest""messagedigest""massage digest""ccabehfe""zhzfctb""0123456789""4357921086"时，分别计算其 MD5 算法摘要值及基于纠错码的 HASH 算法摘要值的信息熵，结果见表 11-1。

表 11-1　改进算法和 MD5 算法摘要值信息熵的对比

消息输入	算　法	摘要值	信息熵
message digest	MD5 算法	f96b697d7cb7938d525a2f31aaf161d0	3.709400
	改进算法	7862229075efbf86a9d545b32093cff4	3.663400
messagedigest	MD5 算法	669ec961ae7a507dea5a40fe6d5e6b94	3.476400
	改进算法	a1106cc3d4907416c1de95ec86bc2221	3.663400
massage digest	MD5 算法	1d52e93ddd88abd5aa5a71f166e31e37	3.503100
	改进算法	61efccaf6423d46b523ead259182e291	3.691100
ccabehfe	MD5 算法	7b61f46e4cfc8ac34e67e32ffa86bbaf	3.456500
	改进算法	af4706c06405e9c2f1a0ad412f3f5cfc	3.588900
zhzfctb	MD5 算法	3576fd0a392552062ad4e936bca2b063	3.615600
	改进算法	43d3888d121af0f33a47e05c4bb307c1	3.667300
0123456789	MD5 算法	781e5e245d69b566979b86e28d23f2c7	3.631000
	改进算法	816eea3e131f767bc59a970dbeee4b07	3.654200
4357921086	MD5 算法	c42ed98fc412d0913fd5c1be3fa91bce	3.656000
	改进算法	f26b346c7138057b18d24e7013efeea5	3.803600

根据两者熵的对比结果，可知基于纠错码的改进 Hash 算法的摘要值的随机

性更大，不确定性也更大，系统能够产生更复杂的摘要值。本章在实际过程中还进行了大量实验加密并计算信息熵，发现基于纠错码的改进 Hash 算法产生的摘要值的信息熵比 MD5 算法的更大。由上述结果可知，基于纠错码的改进 Hash 算法与 MD5 算法相比具有更优良的性质。

　　基于纠错码的改进 Hash 函数算法是在 MD5 算法的基础上进行改进，通过实验进行对比检测，我们发现改进后的 Hash 函数满足 Hash 函数的三大基本安全性质，有着较强的雪崩效应；另外，改进算法对 MD5 的结构进行变动，使得散列值发生改变，因此，可以抵御网站查字典的破解方法。最后，我们引入了信息熵的概念来说明改进算法相对于 MD5 算法，其散列值有更强的随机性，使得攻击者更难发现漏洞，具有更优良的性质。综上所述，基于纠错码的改进 Hash 函数算法具有很高的安全性。

11.4　本章小结

　　本章针对 MD5 算法结构方面的缺陷，通过分析其存在的安全性问题提出了一种基于纠错码构造加法常数的 Hash 函数，从而增加了加法常数的随机性，使得 Hash 函数的安全性达到更大化。实验表明，改进的算法与 MD5 相比改变了摘要值，可以抵御查字典攻击，其不仅满足 Hash 函数的三大安全性质，有很强的雪崩效应，而且通过引入信息熵的概念，可以根据其输出的摘要知其具有更强的随机性、不确定性及混乱性，具有更安全的性质。我们对加法常数的构造是通过纠错码的生成矩阵进行的，对生成矩阵进行循环左移 6 位进行构造，其实，可以选择循环移位奇数位，这样会更彻底地破坏码字规律性，改进后的算法安全性会更高。另外，随着计算机计算速度的加快及量子计算的普及，可以加大输出摘要值的位数，对整体进行全方位的改进，从而使算法的安全性最大化。

12　总结与展望

12.1　本书的主要贡献

　　自 1948 年香农开创信道编码这一理论以来，信道纠错码技术已经成了通信系统中传输可靠性的核心技术之一，如何提高码的纠错能力一直以来都是编码理论的主要研究内容。本书主要构造了最优的二进制线性分组码，研究了近几年在编码领域最受关注的一种码型——LDPC 码，在 Gulliver 的工作基础上进行了扩展，并得到了新的结果。本书主要研究内容及成果包括以下面六个方面：

　　（1）为了得到码的生成矩阵和码的最小距离之间的一种关系，本书引入了拟阵理论这一数学工具，它是建立在代数与几何理论的基础上的一门数学分支。利用这种关系提出了拟阵搜索算法，利用拟阵搜索算法得到了 70 多个新的二进制 QC 码。在这些码中，有 9 个 QC 码的最小距离比 Gulliver 构造的 QC 码的最小距离大。

　　（2）为了能够把拟阵理论用于构造一般的二进制线性最优码，本书利用码的生成矩阵和码的最小距离之间的这种关系，构造了一类特定参数的二进制最优码，即码长为 $n = 2^{k-1} + \cdots + 2^{k-\delta}$，码的最小距离为 $d = 2^{k-2} + \cdots + 2^{k-\delta-1}$，其中 $k \geqslant 4$，$1 \leqslant \delta < k$。它实际上是一种 Solomon-Stiffler 码，然而拟阵的最大优势在于构造出来的码是系统码，这样很容易可以得到它的对偶码，同时它的对偶码也是一种最优码。通过删除生成矩阵的一些列，我们得到了一类新的二进制码，码长为 $n = 2^{k-1} + \cdots + 2^{k-\delta} - 3u$，码的最小距离为 $d = 2^{k-2} + \cdots + 2^{k-\delta-1} - 2u$，其中 $2 \leqslant u \leqslant 4$，$2 \leqslant \delta < k$。因为构造的码也是系统形式的，所以很容易就可以得到它的对偶码。

　　（3）Gallager 于 1962 年发明的 LDPC 码被编码研究人员忽视了几十年，直到 1996 年被 Mackay 等人重新发现，现在已经是编码领域的研究热点。在 Mackay 的构造方法启发下，本书提出了一种新的高码率系统 LDPC 码的构造方法。计算机仿真表明利用该方法构造的 LDPC 码在 AWGN 信道下具有很好的 BER 性能。同时我们给出了围长的充分条件，利用该条件可以构造任意围长的 LDPC 码。

　　（4）首次提出利用 LDPC 码的比特翻转译码算法、随机多比特翻转译码算法求解布尔多项式方程组的解可满足性问题，取得了不错的效果。

　　（5）首次提出利用纠错码求解布尔多项式方程组的解可满足性问题，虽然复杂度比较高，但对于高维的情况下效果更好。

（6）首次提出利用纠错码构造 Hash 函数，Hash 是区块链的核心技术，对于 Hash 函数的研究具有重要的研究意义。

12.2 未来研究的展望

本书提出了使用信道编译码方法来求解极大布尔多项方程式可满足性问题这一全新的思路，提出了使用拟阵理论构造 LDPC 码，推进了 LDPC 码构造研究的进一步发展。但未来依然有很多的研究工作需要继续，主要包括以下几个方面：

（1）利用分治法求解极大布尔多项方程式可满足性问题的思路：经过行变换与列变换将 0 向量移到左下角与右下角区域内，将向量 $(x_0, x_1, x_2, \cdots, x_{128})$ 分为 M，N 两部分，如图 12-1 所示。A 区域内的多项式只与 M 部分向量有关，C 区域内的多项式只与 N 部分向量有关，B 区域内的多项式才与 M，N 两部分多项式都有关，分别求三个区域的最优解，最后比较三个最优解得到整个多项式的最优解，以提高求解效率。

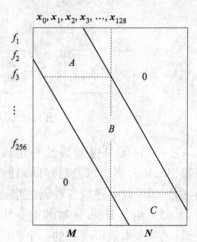

图 12-1 分治法求解极大布尔多项方程式可满足性问题思路

（2）本书构造的 LDPC 码没有 4 环和 6 环，围长是 8，同时突出了满足 t_1 个条件围长可以达到 $2(t_1 + 2)$。但是，在构造更大围长的 LDPC 码时复杂度会很高，需要在未来的研究工作中加以解决。

（3）本书研究的是信道编译码分离设计，系统框图如图 12-2 所示，虽然有其优点，但都是基于以下两种假设的情况下提出的：1）传输的码字无限长；2）对于信源编码、信道编码系统的复杂度不存在限制。第一个假设传输的码字无限是明显不成立的，通信信道中传输的码字即使再长终究长度是有限的。第二个假设，对于信源编码、信道编码系统的复杂度不存在限制就意味着设计信源编码、信道编码时只需要考虑性能，即使在实际传输信息时时延很高也不需要考虑，这很明显与未来通信技术发展方向背道而驰。

信源与信道分离设计的思想是基于信源编码的信源内不存在其他条件下进行的，信源编码后的所有比特等概率的情况。当信源编码后的序列还残留部分冗余信息时，这部分信息将不能被信道译码使用。而信源编码的设计是基于信道编码能够完全校正噪声引起的误码。因此，信源编码后的码字容易受到信道噪声的干扰。信道译码时单个比特的错误可能引起错误传播，导致信源译码不可恢复性地全部损坏。而实际传出过程中，信道噪声引起的错误往往都会存在。因此，为了进一步优化通信系统的性能，未来将会将研究集中在联合信源信道编译码上，以解决前文提到的分离设计缺点，联合信源信道通信系统框图如图 12-2 所示。

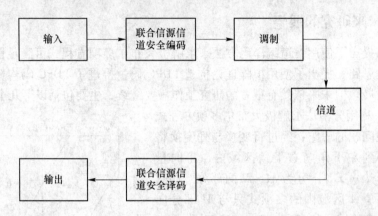

图 12-2   联合信源信道通信系统框图

（4）对于二进制线性分组码的设计问题，未来可研究是否存在线性分组（72,36,16）码，以及自对偶码的问题。对于 LDPC 码的设计问题，可研究在已有的好码基础上通过各种码的组合方法设计码长更长、更靠近香农限的码。

（5）由于 Hash 函数的重要性，如何利用纠错码设计更复杂、更安全的 Hash 函数也是未来值得研究的一个方向。

附　　录

附录为表 4-1 中得到的新的 QC 码的生成矩阵表示和它们码重量分布：

（1）（234，9，112）QC 码的生成矩阵表示：

1，5，11，15，17，21，23，31，35，39，43，47，51，55，57，59，61，63，79，87，91，93，117，127，171，175。

码的重量分布：

$w_0 = 1$，$w_{112} = 234$，$w_{120} = 231$，$w_{128} = 36$，$w_{136} = 9$，$w_{144} = 1$，其他 $w = 0$。

（2）（243，9，118）QC 码的生成矩阵表示：

1，7，9，11，17，19，29，39，43，51，53，55，57，59，61，63，79，87，91，93，95，103，107，109，111，117，239。

码的重量分布：

$w_0 = 1$，$w_{118} = 270$，$w_{120} = 99$，$w_{126} = 60$，$w_{128} = 18$，$w_{134} = 54$，$w_{136} = 9$，$w_{144} = 1$，其他 $w = 0$。

（3）（252，9，122）QC 码的生成矩阵表示：

1，7，11，13，17，19，25，31，35，39，47，51，55，59，61，75，77，79，85，91，103，107，109，117，123，125，223，239。

码的重量分布：

$w_0 = 1$，$w_{122} = 180$，$w_{124} = 90$，$w_{126} = 99$，$w_{128} = 18$，$w_{130} = 72$，$w_{132} = 9$，$w_{138} = 24$，$w_{142} = 9$，其他 $w = 0$。

（4）（261，9，126）QC 码的生成矩阵表示：

1，5，7，11，17，19，27，31，39，43，47，51，53，55，57，59，61，63，75，77，87，91，93，95，103，109，111，117，239。

码的重量分布：

$w_0 = 1$，$w_{126} = 219$，$w_{128} = 81$，$w_{134} = 117$，$w_{136} = 36$，$w_{142} = 45$，$w_{144} = 10$，$w_{150} = 3$，其他 $w = 0$。

（5）（270，9，130）QC 码的生成矩阵表示：

1，3，7，11，13，15，19，27，29，31，39，41，45，53，55，59，63，75，77，79，83，87，91，93，95，107，111，125，171，239。

码的重量分布：

$w_0 = 1$，$w_{130} = 144$，$w_{132} = 114$，$w_{134} = 54$，$w_{136} = 27$，$w_{138} = 54$，$w_{140} = 36$，$w_{142} = 18$，$w_{144} = 19$，$w_{146} = 18$，$w_{148} = 18$，$w_{152} = 9$，其他 $w = 0$。

（6）（250，10，118）QC 码的生成矩阵表示：

1，5，9，23，35，37，43，53，83，87，89，103，127，147，151，155，181，189，213，237，239，245，253，343，479。

码的重量分布：

$w_0 = 1$，$w_{118} = 190$，$w_{120} = 171$，$w_{122} = 180$，$w_{124} = 70$，$w_{126} = 60$，$w_{128} = 40$，$w_{130} = 120$，$w_{132} = 80$，$w_{134} = 40$，$w_{136} = 5$，$w_{138} = 20$，$w_{140} = 10$，$w_{142} = 20$，$w_{144} = 5$，$w_{150} = 10$，$w_{160} = 2$，其他 $w = 0$。

（7）（260，10，122）QC 码的生成矩阵表示：

1，7，23，31，37，43，45，47，51，57，61，63，79，91，93，105，107，109，111，117，157，181，183，253，255，379。

码的重量分布：

$w_0 = 1$，$w_{122} = 140$，$w_{124} = 150$，$w_{126} = 130$，$w_{128} = 90$，$w_{130} = 92$，$w_{132} = 145$，$w_{134} = 70$，$w_{136} = 60$，$w_{138} = 40$，$w_{140} = 20$，$w_{142} = 20$，$w_{144} = 20$，$w_{146} = 20$，$w_{148} = 15$，$w_{156} = 10$，$w_{158} = 1$，其他 $w = 0$。

（8）（270，10，128）QC 码的生成矩阵表示：

1，13，23，31，35，39，43，45，53，59，61，63，73，79，83，93，95，103，109，111，117，121，173，213，219，247，383。

码的重量分布：

$w_0 = 1$，$w_{128} = 275$，$w_{132} = 290$，$w_{136} = 165$，$w_{140} = 130$，$w_{144} = 75$，$w_{148} = 50$，$w_{152} = 15$，$w_{156} = 10$，$w_{160} = 13$，其他 $w = 0$。

（9）（280，10，132）QC 码的生成矩阵表示：

1，11，15，23，29，31，39，43，45，47，55，57，63，69，75，91，93，95，103，107，109，111，117，171，175，179，189，383。

码的重量分布：

$w_0 = 1$，$w_{132} = 270$，$w_{136} = 170$，$w_{140} = 213$，$w_{144} = 155$，$w_{148} = 120$，$w_{152} = 60$，$w_{156} = 5$，$w_{160} = 30$，其他 $w = 0$。

（10）（290，10，138）QC 码的生成矩阵表示：

1，7，15，19，25，27，43，49，61，77，87，91，93，105，115，121，151，155，167，171，175，179，205，221，237，253，351，379，479。

码的重量分布：

$w_0 = 1$，$w_{138} = 130$，$w_{140} = 232$，$w_{142} = 160$，$w_{144} = 125$，$w_{146} = 70$，$w_{148} = 85$，$w_{150} = 30$，$w_{152} = 50$，$w_{154} = 50$，$w_{156} = 35$，$w_{158} = 10$，$w_{160} = 15$，$w_{166} = 10$，$w_{170} = 10$，$w_{174} = 10$，$w_{200} = 1$，其他 $w = 0$。

（11）（300，10，142）QC 码的生成矩阵表示：

1，15，27，31，39，43，45，53，59，61，63，69，71，87，89，91，93，

95, 107, 109, 111, 115, 119, 121, 151, 157, 175, 179, 183, 251。

码的重量分布：

$w_0 = 1$, $w_{142} = 130$, $w_{144} = 200$, $w_{146} = 130$, $w_{148} = 120$, $w_{150} = 52$, $w_{152} = 70$, $w_{154} = 110$, $w_{156} = 30$, $w_{158} = 20$, $w_{160} = 21$, $w_{162} = 40$, $w_{164} = 50$, $w_{166} = 30$, $w_{168} = 20$, 其他 $w = 0$。

（12）（209，11，96）QC 码的生成矩阵表示：

1, 19, 31, 35, 45, 79, 137, 143, 147, 199, 203, 299, 335, 339, 359, 503, 699, 703, 887。

码的重量分布：

$w_0 = 1$, $w_{96} = 385$, $w_{100} = 517$, $w_{104} = 352$, $w_{108} = 330$, $w_{112} = 242$, $w_{116} = 154$, $w_{120} = 44$, $w_{124} = 22$, $w_{132} = 1$, 其他 $w = 0$。

（13）（220，11，100）QC 码的生成矩阵表示：

1, 27, 39, 41, 43, 55, 59, 63, 71, 79, 91, 99, 171, 173, 247, 319, 351, 359, 363, 493。

码的重量分布：

$w_0 = 1$, $w_{100} = 253$, $w_{104} = 407$, $w_{108} = 418$, $w_{112} = 440$, $w_{116} = 253$, $w_{120} = 143$, $w_{124} = 88$, $w_{128} = 33$, $w_{132} = 12$, 其他 $w = 0$。

（14）（231，11，106）QC 码的生成矩阵表示：

1, 9, 55, 61, 67, 73, 121, 179, 189, 211, 215, 255, 319, 343, 363, 375, 381, 411, 463, 683, 735。

码的重量分布：

$w_0 = 1$, $w_{106} = 187$, $w_{108} = 275$, $w_{110} = 242$, $w_{112} = 176$, $w_{114} = 187$, $w_{116} = 176$, $w_{118} = 165$, $w_{120} = 132$, $w_{122} = 165$, $w_{124} = 143$, $w_{126} = 66$, $w_{128} = 33$, $w_{130} = 33$, $w_{132} = 34$, $w_{134} = 11$, $w_{136} = 22$, 其他 $w = 0$。

（15）（242，11，112）QC 码的生成矩阵表示：

1, 45, 55, 61, 69, 79, 81, 127, 151, 189, 199, 239, 247, 301, 349, 351, 375, 437, 439, 731, 735, 759。

码的重量分布：

$w_0 = 1$, $w_{112} = 385$, $w_{116} = 396$, $w_{120} = 473$, $w_{124} = 308$, $w_{128} = 242$, $w_{132} = 132$, $w_{136} = 55$, $w_{140} = 44$, $w_{144} = 11$, 其他 $w = 0$。

（16）（253，11，116）QC 码的生成矩阵表示：

1, 23, 35, 39, 41, 45, 103, 109, 123, 141, 163, 199, 215, 217, 229, 245, 253, 255, 431, 469, 491, 731, 763。

码的重量分布：

$w_0 = 1$, $w_{116} = 308$, $w_{120} = 319$, $w_{124} = 341$, $w_{128} = 462$, $w_{132} = 320$, $w_{136} = $

121, $w_{140} = 121$, $w_{144} = 33$, $w_{148} = 22$, 其他 $w = 0$。

（17）（264, 11, 123）QC 码的生成矩阵表示：

1, 5, 51, 73, 91, 119, 121, 137, 139, 141, 165, 173, 199, 233, 311, 315, 367, 373, 379, 381, 383, 437, 687, 699。

码的重量分布：

$w_0 = 1$, $w_{123} = 242$, $w_{124} = 220$, $w_{127} = 198$, $w_{128} = 242$, $w_{131} = 121$, $w_{132} = 264$, $w_{135} = 220$, $w_{136} = 99$, $w_{139} = 132$, $w_{140} = 88$, $w_{143} = 56$, $w_{144} = 55$, $w_{147} = 11$, $w_{148} = 22$, $w_{151} = 22$, $w_{152} = 11$, $w_{155} = 22$, $w_{156} = 22$, 其他 $w = 0$。

（18）（275, 11, 128）QC 码的生成矩阵表示：

1, 43, 47, 51, 83, 91, 93, 109, 111, 115, 151, 155, 165, 179, 191, 211, 221, 247, 249, 293, 311, 383, 423, 479, 1023。

码的重量分布：

$w_0 = 1$, $w_{128} = 330$, $w_{132} = 485$, $w_{136} = 363$, $w_{140} = 341$, $w_{144} = 231$, $w_{148} = 165$, $w_{152} = 77$, $w_{156} = 11$, $w_{160} = 22$, $w_{164} = 22$, 其他 $w = 0$。

（19）（286, 11, 132）QC 码的生成矩阵表示：

1, 43, 53, 55, 57, 75, 77, 79, 87, 91, 93, 103, 107, 117, 119, 121, 127, 151, 175, 183, 187, 189, 191, 251, 445, 493。

码的重量分布：

$w_0 = 1$, $w_{132} = 319$, $w_{136} = 286$, $w_{140} = 407$, $w_{144} = 297$, $w_{148} = 264$, $w_{152} = 286$, $w_{156} = 143$, $w_{160} = 33$, $w_{164} = 11$, $w_{176} = 1$, 其他 $w = 0$。

（20）（297, 11, 138）QC 码的生成矩阵表示：

1, 9, 47, 57, 61, 69, 87, 91, 103, 107, 109, 117, 119, 149, 175, 183, 187, 199, 233, 245, 331, 333, 365, 423, 509, 695, 699。

码的重量分布：

$w_0 = 1$, $w_{138} = 220$, $w_{140} = 165$, $w_{142} = 187$, $w_{144} = 264$, $w_{146} = 187$, $w_{148} = 187$, $w_{150} = 99$, $w_{152} = 121$, $w_{154} = 143$, $w_{156} = 132$, $w_{158} = 121$, $w_{160} = 77$, $w_{162} = 55$, $w_{164} = 44$, $w_{166} = 22$, $w_{174} = 11$, $w_{176} = 1$, $w_{178} = 11$, 其他 $w = 0$。

（21）（308, 11, 144）QC 码的生成矩阵表示：

1, 45, 51, 53, 55, 57, 63, 77, 79, 87, 103, 107, 111, 113, 119, 149, 191, 199, 203, 205, 211, 213, 253, 301, 469, 477, 687, 735。

码的重量分布：

$w_0 = 1$, $w_{144} = 341$, $w_{148} = 407$, $w_{152} = 473$, $w_{156} = 242$, $w_{160} = 143$, $w_{164} = 242$, $w_{168} = 121$, $w_{172} = 66$, $w_{176} = 1$, $w_{180} = 11$, 其他 $w = 0$。

（22）（319, 11, 148）QC 码的生成矩阵表示：

1, 3, 47, 55, 59, 61, 63, 79, 91, 93, 95, 111, 113, 117, 119, 147,

149，151，157，171，175，179，183，185，189，213，251，383，437。

码的重量分布：

$w_0 = 1$，$w_{148} = 297$，$w_{152} = 297$，$w_{156} = 341$，$w_{160} = 352$，$w_{164} = 264$，$w_{168} = 275$，$w_{172} = 132$，$w_{176} = 67$，$w_{180} = 11$，$w_{184} = 11$，其他 $w = 0$。

（23）（330，11，155）QC 码的生成矩阵表示：

1，21，23，27，31，35，51，61，87，93，107，169，173，201，213，215，223，235，249，251，293，295，315，363，381，413，477，501，699，1023。

码的重量分布：

$w_0 = 1$，$w_{155} = 187$，$w_{156} = 231$，$w_{159} = 264$，$w_{160} = 242$，$w_{163} = 165$，$w_{164} = 121$，$w_{167} = 110$，$w_{168} = 132$，$w_{171} = 66$，$w_{172} = 99$，$w_{175} = 110$，$w_{176} = 121$，$w_{179} = 55$，$w_{180} = 77$，$w_{183} = 44$，$w_{187} = 23$，其他 $w = 0$。

（24）（228，12，102）QC 码的生成矩阵表示：

1，39，63，73，97，109，115，133，203，227，237，285，329，467，701，733，959，1391，1535。

码的重量分布：

$w_0 = 1$，$w_{102} = 324$，$w_{104} = 198$，$w_{106} = 336$，$w_{108} = 76$，$w_{110} = 588$，$w_{112} = 291$，$w_{114} = 552$，$w_{116} = 132$，$w_{118} = 684$，$w_{120} = 234$，$w_{122} = 372$，$w_{124} = 12$，$w_{126} = 108$，$w_{128} = 51$，$w_{130} = 72$，$w_{132} = 4$，$w_{134} = 24$，$w_{136} = 24$，$w_{138} = 12$，$w_{144} = 1$，其他 $w = 0$。

（25）（240，12，108）QC 码的生成矩阵表示：

1，31，37，87，203，233，275，277，359，365，379，397，631，679，725，763，847，893，957，1983。

码的重量分布：

$w_0 = 1$，$w_{108} = 326$，$w_{112} = 582$，$w_{116} = 852$，$w_{120} = 864$，$w_{124} = 612$，$w_{128} = 458$，$w_{132} = 208$，$w_{136} = 126$，$w_{140} = 42$，$w_{144} = 27$，其他 $w = 0$。

（26）（252，12，114）QC 码的生成矩阵表示：

1，59，61，93，101，163，199，205，219，251，331，445，499，599，605，627，637，733，859，1021，1403。

码的重量分布：

$w_0 = 1$，$w_{114} = 340$，$w_{116} = 120$，$w_{118} = 480$，$w_{120} = 228$，$w_{122} = 516$，$w_{124} = 168$，$w_{126} = 536$，$w_{128} = 213$，$w_{130} = 444$，$w_{132} = 372$，$w_{134} = 372$，$w_{136} = 99$，$w_{138} = 276$，$w_{140} = 48$，$w_{144} = 2$，$w_{146} = 24$，$w_{150} = 12$，$w_{168} = 1$，其他 $w = 0$。

（27）（264，12，120）QC 码的生成矩阵表示：

1，25，41，53，97，111，201，311，317，359，431，435，439，461，

487，607，623，667，671，763，1015，1407。

码的重量分布：

$w_0 = 1$，$w_{120} = 470$，$w_{124} = 600$，$w_{128} = 642$，$w_{132} = 720$，$w_{136} = 720$，$w_{140} = 504$，$w_{144} = 274$，$w_{148} = 96$，$w_{152} = 66$，$w_{160} = 3$，其他 $w = 0$。

（28）（276，12，126）QC 码的生成矩阵表示：

1，29，33，43，71，147，213，251，361，421，437，447，467，621，679，749，755，855，941，1015，1375，1387，1759。

码的重量分布：

$w_0 = 1$，$w_{126} = 340$，$w_{128} = 129$，$w_{130} = 492$，$w_{132} = 224$，$w_{134} = 528$，$w_{136} = 210$，$w_{138} = 564$，$w_{140} = 192$，$w_{142} = 396$，$w_{144} = 109$，$w_{146} = 360$，$w_{148} = 60$，$w_{150} = 232$，$w_{152} = 72$，$w_{154} = 108$，$w_{156} = 12$，$w_{158} = 36$，$w_{160} = 15$，$w_{162} = 12$，$w_{174} = 4$，其他 $w = 0$。

（29）（288，12，132）QC 码的生成矩阵表示：

1，39，41，81，91，167，209，291，299，379，429，431，485，511，683，717，749，751，871，987，1367，1463，1471，1783。

码的重量分布：

$w_0 = 1$，$w_{132} = 472$，$w_{136} = 597$，$w_{140} = 786$，$w_{144} = 640$，$w_{148} = 612$，$w_{152} = 450$，$w_{156} = 342$，$w_{160} = 123$，$w_{164} = 48$，$w_{168} = 13$，$w_{172} = 12$，其他 $w = 0$。

（30）（300，12，138）QC 码的生成矩阵表示：

1，3，47，123，133，155，199，211，215，221，239，253，295，307，335，445，489，615，663，685，687，853，1371，1399，1471。

码的重量分布：

$w_0 = 1$，$w_{138} = 300$，$w_{140} = 150$，$w_{142} = 576$，$w_{144} = 266$，$w_{146} = 540$，$w_{148} = 204$，$w_{150} = 504$，$w_{152} = 72$，$w_{154} = 402$，$w_{156} = 170$，$w_{158} = 312$，$w_{160} = 24$，$w_{162} = 228$，$w_{164} = 84$，$w_{166} = 120$，$w_{168} = 26$，$w_{170} = 48$，$w_{172} = 24$，$w_{174} = 24$，$w_{176} = 3$，其他 $w = 0$。

（31）（312，12，144）QC 码的生成矩阵表示：

1，11，25，91，103，109，143，165，223，317，339，351，355，363，367，375，409，429，445，501，605，631，731，755，765，939。

码的重量分布：

$w_0 = 1$，$w_{144} = 519$，$w_{148} = 684$，$w_{152} = 654$，$w_{156} = 460$，$w_{160} = 768$，$w_{164} = 552$，$w_{168} = 244$，$w_{172} = 120$，$w_{176} = 46$，$w_{180} = 48$，$w_{240} = 1$，其他 $w = 0$。

（32）（324，12，148）QC 码的生成矩阵表示：

1，3，47，71，95，169，179，249，253，311，319，439，445，491，603，619，623，671，685，757，821，871，941，951，987，1371，1499。

码的重量分布:

$w_0 = 1$，$w_{148} = 306$，$w_{152} = 510$，$w_{156} = 518$，$w_{160} = 831$，$w_{164} = 720$，$w_{168} = 485$，$w_{172} = 342$，$w_{176} = 180$，$w_{180} = 146$，$w_{184} = 42$，$w_{192} = 12$，$w_{200} = 3$，其他 $w = 0$。

（33）（336，12，156）QC 码的生成矩阵表示:

1，3，91，117，167，197，209，227，255，283，287，307，329，381，397，403，407，475，507，829，855，863，877，943，959，1007，1387，1775。

码的重量分布:

$w_0 = 1$，$w_{156} = 538$，$w_{160} = 597$，$w_{164} = 756$，$w_{168} = 685$，$w_{172} = 546$，$w_{176} = 348$，$w_{180} = 372$，$w_{184} = 108$，$w_{188} = 84$，$w_{192} = 48$，$w_{200} = 12$，$w_{216} = 1$，其他 $w = 0$。

（34）（348，12，160）QC 码的生成矩阵表示:

1，49，63，149，171，233，239，329，375，403，415，425，429，443，445，461，463，501，503，683，743，749，759，823，927，981，989，1013，2047。

码的重量分布:

$w_0 = 1$，$w_{160} = 372$，$w_{164} = 420$，$w_{168} = 599$，$w_{172} = 840$，$w_{176} = 618$，$w_{180} = 472$，$w_{184} = 342$，$w_{188} = 210$，$w_{192} = 159$，$w_{196} = 36$，$w_{200} = 12$，$w_{204} = 14$，$w_{216} = 1$，其他 $w = 0$。

（35）（360，12，166）QC 码的生成矩阵表示:

1，31，71，77，91，105，113，117，121，231，241，365，367，381，431，435，439，475，477，509，635，685，695，727，759，765，847，1013，1023，1403。

码的重量分布:

$w_0 = 1$，$w_{166} = 204$，$w_{168} = 264$，$w_{170} = 312$，$w_{172} = 276$，$w_{174} = 352$，$w_{176} = 297$，$w_{178} = 420$，$w_{180} = 204$，$w_{182} = 204$，$w_{184} = 276$，$w_{186} = 332$，$w_{188} = 210$，$w_{190} = 192$，$w_{192} = 127$，$w_{194} = 172$，$w_{196} = 96$，$w_{198} = 72$，$w_{200} = 24$，$w_{202} = 12$，$w_{204} = 14$，$w_{208} = 3$，$w_{210} = 12$，其他 $w = 0$。

（36）（247，13，110）QC 码的生成矩阵表示:

1，13，81，249，401，433，463，499，619，741，821，841，859，1199，1237，1383，1453，1781，1981。

码的重量分布:

$w_0 = 1$，$w_{110} = 234$，$w_{112} = 416$，$w_{114} = 637$，$w_{116} = 676$，$w_{118} = 663$，$w_{120} = 689$，$w_{122} = 728$，$w_{124} = 663$，$w_{126} = 767$，$w_{128} = 663$，$w_{130} = 559$，$w_{132} = 507$，$w_{134} = 377$，$w_{136} = 312$，$w_{138} = 130$，$w_{140} = 52$，$w_{142} = 39$，$w_{144} = 26$，$w_{146} = 26$，$w_{148} = 13$，

$w_{152} = 13$，$w_{156} = 1$，其他 $w = 0$。

（37）（260，13，116）QC 码的生成矩阵表示：

1，103，299，325，701，959，1275，1515，1661，1703，1743，1915，1963，2011，2031，2037，2943，2991，3003，3511。

码的重量分布：

$w_0 = 1$，$w_{116} = 429$，$w_{120} = 988$，$w_{124} = 1300$，$w_{128} = 1482$，$w_{132} = 1586$，$w_{136} = 1014$，$w_{140} = 793$，$w_{144} = 351$，$w_{148} = 195$，$w_{152} = 52$，其他 $w = 0$。

（38）（273，13，122）QC 码的生成矩阵表示：

1，21，39，119，215，371，409，483，733，763，851，969，981，1205，1239，1469，1749，1887，1975，2991，4095。

码的重量分布：

$w_0 = 1$，$w_{122} = 247$，$w_{124} = 364$，$w_{126} = 442$，$w_{128} = 468$，$w_{130} = 729$，$w_{132} = 832$，$w_{134} = 598$，$w_{136} = 676$，$w_{138} = 832$，$w_{140} = 780$，$w_{142} = 416$，$w_{144} = 455$，$w_{146} = 533$，$w_{148} = 273$，$w_{150} = 117$，$w_{152} = 143$，$w_{154} = 130$，$w_{156} = 91$，$w_{158} = 39$，$w_{160} = 13$，$w_{162} = 13$，其他 $w = 0$。

（39）（286，13，128）QC 码的生成矩阵表示：

1，13，21，39，181，231，241，359，453，461，713，809，925，959，1191，1279，1455，1773，1781，2815，2943，4031。

码的重量分布：

$w_0 = 1$，$w_{128} = 507$，$w_{132} = 871$，$w_{136} = 923$，$w_{140} = 1417$，$w_{144} = 1521$，$w_{148} = 1157$，$w_{152} = 949$，$w_{156} = 599$，$w_{160} = 195$，$w_{164} = 52$，其他 $w = 0$。

（40）（299，13，135）QC 码的生成矩阵表示：

1，97，171，209，219，317，335，373，555，713，813，823，855，969，1261，1269，1387，1399，1919，1951，2045，3551，3567。

码的重量分布：

$w_0 = 1$，$w_{135} = 247$，$w_{136} = 351$，$w_{139} = 507$，$w_{140} = 494$，$w_{143} = 599$，$w_{144} = 624$，$w_{147} = 741$，$w_{148} = 741$，$w_{151} = 598$，$w_{152} = 715$，$w_{155} = 559$，$w_{156} = 442$，$w_{159} = 442$，$w_{160} = 429$，$w_{163} = 247$，$w_{164} = 169$，$w_{167} = 91$，$w_{168} = 104$，$w_{171} = 26$，$w_{172} = 26$，$w_{175} = 39$，其他 $w = 0$。

（41）（312，13，140）QC 码的生成矩阵表示：

1，39，49，59，143，149，151，173，197，201，299，327，367，66，807，843，893，1341，1407，1447，1749，1915，2815，2999。

码的重量分布：

$w_0 = 1$，$w_{140} = 325$，$w_{144} = 858$，$w_{148} = 1001$，$w_{152} = 1261$，$w_{156} = 1469$，$w_{160} = 1118$，$w_{164} = 1027$，$w_{168} = 715$，$w_{172} = 286$，$w_{176} = 78$，$w_{180} = 52$，$w_{208} = 1$，其

他 $w=0$。

(42)（325，13，148）QC 码的生成矩阵表示：

1，39，53，79，93，189，319，363，375，415，421，439，757，761，805，845，917，997，1179，1229，1405，1461，1783，2911，2927。

码的重量分布：

$w_0=1$，$w_{148}=676$，$w_{152}=806$，$w_{156}=1157$，$w_{160}=1391$，$w_{164}=1391$，$w_{168}=1235$，$w_{172}=689$，$w_{176}=494$，$w_{180}=169$，$w_{184}=91$，$w_{188}=78$，$w_{192}=13$，$w_{208}=1$，其他 $w=0$。

(43)（338，13，152）QC 码的生成矩阵表示：

1，171，229，231，249，295，331，445，465，571，619，699，759，797，807，847，1203，1237，1243，1389，1399，1915，1981，2807，3035，3839。

码的重量分布：

$w_0=1$，$w_{152}=390$，$w_{156}=546$，$w_{160}=871$，$w_{164}=1287$，$w_{168}=1482$，$w_{172}=1352$，$w_{176}=884$，$w_{180}=754$，$w_{184}=351$，$w_{188}=182$，$w_{192}=39$，$w_{196}=39$，$w_{200}=13$，$w_{208}=1$，其他 $w=0$。

(44)（351，13，160）QC 码的生成矩阵表示：

1，21，179，283，341，379，477，639，675，717，735，743，763，933，935，937，1017，1019，1199，1355，1357，1391，1435，1467，1979，2799，2991。

码的重量分布：

$w_0=1$，$w_{160}=481$，$w_{164}=845$，$w_{168}=118$，$w_{172}=1365$，$w_{176}=1261$，$w_{180}=1183$，$w_{184}=832$，$w_{188}=585$，$w_{192}=260$，$w_{196}=156$，$w_{200}=78$，$w_{204}=26$，$w_{208}=1$，其他 $w=0$。

(45)（364，13，167）QC 码的生成矩阵表示：

1，25，115，135，165，239，275，339，363，371，405，411，425，439，613，683，741，807，889，100，1245，1389，1469，1663，1693，1983，2015，3067。

$w_0=1$，$w_{167}=247$，$w_{168}=390$，$w_{171}=468$，$w_{172}=546$，$w_{175}=650$，$w_{176}=624$，$w_{179}=702$，$w_{180}=533$，$w_{183}=611$，$w_{184}=754$，$w_{187}=455$，$w_{188}=468$，$w_{191}=390$，$w_{192}=247$，$w_{195}=300$，$w_{196}=286$，$w_{199}=156$，$w_{200}=156$，$w_{203}=91$，$w_{204}=26$，$w_{207}=26$，$w_{208}=52$，$w_{212}=13$，其他 $w=0$。

(46)（377，13，172）QC 码的生成矩阵表示：

1，47，183，209，255，277，295，381，429，433，455，463，501，623，655，685，921，949，991，1181，1237，1447，1501，1717，1887，1975，2031，2811，2999。

码的重量分布:

$w_0 = 1$,$w_{172} = 455$,$w_{176} = 728$,$w_{180} = 871$,$w_{184} = 1417$,$w_{188} = 1131$,$w_{192} = 1534$,$w_{196} = 819$,$w_{200} = 507$,$w_{204} = 364$,$w_{208} = 209$,$w_{212} = 78$,$w_{216} = 52$,$w_{220} = 26$,其他 $w = 0$。

（47）（390，13，180）QC 码的生成矩阵表示:

1，115，127，147，155，203，253，299，309，315，335，431，483，547，585，677，681，943，1023，1191，1205，1327，1485，1659，1749，1783，1965，1973，3071，3519。

码的重量分布:

$w_0 = 1$,$w_{180} = 533$,$w_{184} = 1105$,$w_{188} = 1144$,$w_{192} = 1339$,$w_{196} = 1170$,$w_{200} = 962$,$w_{204} = 767$,$w_{208} = 625$,$w_{212} = 247$,$w_{216} = 143$,$w_{220} = 91$,$w_{224} = 455$,$w_{176} = 65$,其他 $w = 0$。

（48）（266，14，116）QC 码的生成矩阵表示:

1，59，491，499，615，713，765，817，1171，1271，1509，1785，1869，2025，2035，2399，2407，2423，2927。

码的重量分布:

$w_0 = 1$,$w_{116} = 392$,$w_{120} = 1036$,$w_{124} = 1988$,$w_{128} = 2513$,$w_{132} = 3150$,$w_{136} = 2849$,$w_{140} = 2186$,$w_{144} = 1400$,$w_{148} = 602$,$w_{152} = 154$,$w_{156} = 98$,$w_{160} = 14$,$w_{168} = 1$,其他 $w = 0$。

（49）（280，14，124）QC 码的生成矩阵表示:

1，119，355，683，909，917，947，1135，1165，1257，1719，1743，1909，1939，2013，3023，3307，3579，3583。

码的重量分布:

$w_0 = 1$,$w_{124} = 623$,$w_{128} = 1428$,$w_{132} = 2002$,$w_{136} = 2681$,$w_{140} = 3048$,$w_{144} = 2849$,$w_{148} = 1806$,$w_{152} = 1141$,$w_{156} = 497$,$w_{160} = 238$,$w_{168} = 1$,$w_{164} = 56$,$w_{168} = 14$,其他 $w = 0$。

（50）（294，14，130）QC 码的生成矩阵表示:

1，31，45，47，49，199，223，469，483，741，763，1199，1607，1645，1847，2411，2727，2899，3029，3837，4087。

码的重量分布:

$w_0 = 1$,$w_{130} = 364$,$w_{132} = 392$,$w_{134} = 616$,$w_{136} = 938$,$w_{138} = 868$,$w_{140} = 1029$,$w_{142} = 1190$,$w_{144} = 1274$,$w_{146} = 1484$,$w_{148} = 1680$,$w_{150} = 1260$,$w_{152} = 1092$,$w_{154} = 1148$,$w_{156} = 987$,$w_{158} = 770$,$w_{160} = 441$,$w_{162} = 322$,$w_{164} = 280$,$w_{166} = 140$,$w_{168} = 64$,$w_{170} = 14$,$w_{174} = 14$,$w_{176} = 14$,$w_{182} = 2$,其他 $w = 0$。

（51）（308，14，136）QC 码的生成矩阵表示:

1，205，281，327，383，611，723，787，1257，1317，1343，1369，1513，1589，1591，1623，1835，2557，2675，4015，4055，4061。

码的重量分布：

$w_0 = 1$，$w_{136} = 434$，$w_{140} = 938$，$w_{144} = 1610$，$w_{148} = 2576$，$w_{152} = 2695$，$w_{156} = 2884$，$w_{160} = 2408$，$w_{164} = 1344$，$w_{168} = 871$，$w_{172} = 490$，$w_{176} = 49$，$w_{180} = 56$，$w_{184} = 28$，其他 $w = 0$。

（52）（322，14，144）QC 码的生成矩阵表示：

1，97，123，483，711，813，913，975，1125，1243，1687，1749，1829，1907，2525，3053，3323，3407，3511，3707，3743，7647，7663。

码的重量分布：

$w_0 = 1$，$w_{144} = 714$，$w_{148} = 1085$，$w_{152} = 1932$，$w_{156} = 2548$，$w_{160} = 2695$，$w_{164} = 2723$，$w_{168} = 2044$，$w_{172} = 1414$，$w_{176} = 840$，$w_{180} = 189$，$w_{184} = 112$，$w_{188} = 70$，$w_{192} = 14$，$w_{196} = 3$，其他 $w = 0$。

（53）（336，14，150）QC 码的生成矩阵表示：

1，83，101，375，499，541，579，593，745，1151，1255，1625，1711，2003，2415，2551，2739，2869，2987，3451，4029，4031，4079，5495。

码的重量分布：

$w_0 = 1$，$w_{150} = 322$，$w_{152} = 406$，$w_{154} = 518$，$w_{156} = 749$，$w_{158} = 826$，$w_{160} = 931$，$w_{162} = 1400$，$w_{164} = 1302$，$w_{166} = 1344$，$w_{168} = 1261$，$w_{170} = 1260$，$w_{172} = 1176$，$w_{174} = 1022$，$w_{176} = 994$，$w_{178} = 840$，$w_{180} = 784$，$w_{182} = 380$，$w_{184} = 385$，$w_{186} = 168$，$w_{188} = 133$，$w_{190} = 98$，$w_{192} = 42$，$w_{194} = 14$，$w_{200} = 28$，其他 $w = 0$。

（54）（350，14，156）QC 码的生成矩阵表示：

1，13，153，219，499，839，845，867，933，949，1227，1379，1469，1895，1915，1947，2349，2359，2411，2797，3295，3707，3967，4087，6139。

码的重量分布：

$w_0 = 1$，$w_{156} = 406$，$w_{160} = 896$，$w_{164} = 1582$，$w_{168} = 2094$，$w_{172} = 2800$，$w_{176} = 2464$，$w_{180} = 2464$，$w_{184} = 1582$，$w_{188} = 1190$，$w_{192} = 609$，$w_{196} = 170$，$w_{200} = 84$，$w_{204} = 28$，$w_{208} = 14$，其他 $w = 0$。

（55）（364，14，164）QC 码的生成矩阵表示：

1，127，253，469，637，735，935，1263，1325，1371，1383，1467，1615，1791，1893，2007，2431，2555，2643，3061，3291，3797，4055，5471，5559，7135。

码的重量分布：

$w_0 = 1$，$w_{164} = 728$，$w_{168} = 1038$，$w_{172} = 1680$，$w_{176} = 2184$，$w_{180} = 2674$，$w_{184} = 2597$，$w_{188} = 2240$，$w_{192} = 1463$，$w_{196} = 994$，$w_{200} = 469$，$w_{204} = 196$，$w_{208} = 119$，

$w_{224} = 1$，其他 $w = 0$。

（56）（378，14，170）QC 码的生成矩阵表示：

1，225，231，355，651，713，799，803，913，957，1011，1107，1131，1197，1317，1359，1523，1641，1645，1679，1689，1727，2415，3039，3447，3453。

$w_0 = 1$，$w_{170} = 378$，$w_{172} = 322$，$w_{174} = 532$，$w_{176} = 595$，$w_{178} = 840$，$w_{180} = 847$，$w_{182} = 1050$，$w_{184} = 1134$，$w_{186} = 1232$，$w_{188} = 1428$，$w_{190} = 1400$，$w_{192} = 1232$，$w_{194} = 952$，$w_{196} = 1085$，$w_{198} = 868$，$w_{200} = 714$，$w_{202} = 448$，$w_{204} = 448$，$w_{206} = 322$，$w_{208} = 189$，$w_{210} = 114$，$w_{212} = 112$，$w_{214} = 28$，$w_{216} = 70$，$w_{218} = 28$，$w_{220} = 14$，$w_{224} = 1$，其他 $w = 0$。

（57）（392，14，176）QC 码的生成矩阵表示：

1，47，83，117，119，185，285，667，693，727，889，1095，1179，1225，1367，1383，1705，1755，1757，1967，2527，2547，2685，3327，3419，3759，3925，3951。

码的重量分布：

$w_0 = 1$，$w_{176} = 399$，$w_{180} = 980$，$w_{184} = 1302$，$w_{188} = 2107$，$w_{192} = 2107$，$w_{196} = 2446$，$w_{200} = 2604$，$w_{204} = 1820$，$w_{208} = 1267$，$w_{212} = 798$，$w_{216} = 406$，$w_{220} = 105$，$w_{224} = 42$，其他 $w = 0$。

（58）（406，14，184）QC 码的生成矩阵表示：

1，11，163，241，307，411，499，589，633，661，723，757，907，953，1255，1449，1659，1879，2031，2429，2647，2667，2751，2803，3295，3407，3543，3963，5819。

码的重量分布：

$w_0 = 1$，$w_{184} = 497$，$w_{188} = 1022$，$w_{192} = 1792$，$w_{196} = 2100$，$w_{200} = 2436$，$w_{204} = 2380$，$w_{208} = 2184$，$w_{212} = 1596$，$w_{216} = 1113$，$w_{220} = 756$，$w_{224} = 337$，$w_{228} = 112$，$w_{232} = 42$，$w_{240} = 14$，$w_{252} = 2$，其他 $w = 0$。

（59）（420，14，192）QC 码的生成矩阵表示：

1，23，233，317，327，401，507，727，747，809，819，911，1271，1315，1363，1535，1691，1843，1849，1875，1911，1977，2815，3437，3453，3503，3701，4011，5599，5627。

码的重量分布：

$w_0 = 1$，$w_{192} = 819$，$w_{196} = 1204$，$w_{200} = 1869$，$w_{204} = 2170$，$w_{208} = 2282$，$w_{212} = 2338$，$w_{216} = 2156$，$w_{220} = 1652$，$w_{224} = 850$，$w_{228} = 532$，$w_{232} = 287$，$w_{236} = 154$，$w_{240} = 56$，$w_{244} = 14$，其他 $w = 0$。

参 考 文 献

[1] Hamming R W. Error Detecting and Error Correcting Codes [J]. Bell Systems Tech J, 1950, 29: 147~160.

[2] Shannon C E. A mathematical theory of communications [M]. Bell System Technical Journal, 1948, 27: 379~423, 623~656.

[3] Costello D J, Forney G D. Channel codign: the road to channel capacity [J]. Proceeding of the IEEE, 2007, 95 (6): 1150~1176.

[4] Golay M J E. Notes on Digital Coding [J]. Proc IRE, 1949, 37: 657.

[5] Muller D E. Application of Boolean algebra to switching circuit design and to error detection [J]. IRE Trans Electron Comput, 1954, 3: 6~12.

[6] Reed I S. A Class of Multiple-Error-Correcting Codes and the Decoding Scheme [J]. IRE Trans Inf Theory, 1954, 4: 38~49.

[7] Prange E. Cyclic error-correcting codes in two symbols [R]. Air Force Cambridge Res Center, Cambridge, MA, 1957, Tech. Note AFCRC-TN-57~103.

[8] Peterson W W. Error-Correcting Codes [M]. Cambridge, MA: MIT Press, 1961.

[9] Hocquenghem A. Codes Corecteurs d'Erreurs [J]. Chiffres, 1959, 2: 147~156.

[10] Reed I S, Solomon G. Polynomial Codes over Certain Finite Fields [J]. J Soc Ind Appl Math, 1960, 8: 300~304.

[11] Goppa V D. A New Class of Linear Error-Correcting Codes [J]. Prob Pered Inf, 1970, 7 (3): 207~212.

[12] Goppa V D. Codes associated with divisors [J]. Probl Inform Transm, 1977, 13: 22~27.

[13] Goppa V D. Codes on algebraic curves [J]. Sov Math Dokl, 1981, 24: 170~172.

[14] MacWilliams F J, Sloane N J A. The Theory of Error-Correcting Codes [M]. North-Holland Publishing, 1977.

[15] Weldon E J Jr. Long Quasi-Cyclic Codes are Good [J]. IEEE Trans Inf Theory, 1970, 13: 130.

[16] Kasami T. A Gilbert-Varshamov Bound for Quasi-Cyclic Codes of Rate 1/2 [J]. IEEE Trans Inf Theory, 1974, 20: 679.

[17] Lin S, Weldon E J, Jr. Long BCH Codes are Bad [J]. Inf and Contr, 1967, 11: 445~451.

[18] Townsend R L, Weldon E J, Jr. Self-Orthogonal Quasi-Cyclic Codes [J]. IEEE Trans Inf Theory, 1967, 13: 183~195.

[19] Karlin M. New Binary Coding Results by Circulants [J]. IEEE Trans Inf Theory, 1969, 15: 81~92.

[20] Karlin M. Decoding of Circulant Codes [J]. IEEE Trans Inf Theory, 1970, 16: 797~802.

[21] Chen C L. Peterson W W, Weldon E J, Jr. Some Results on Quasi-Cyclic Codes [J]. Inf and Contr, 1969, 15: 407~423.

[22] Tavares S E, Bhargava V K, Shiva S G S. Some Rate-p/(p+1) Quasi-Cyclic Codes [J].

IEEE Trans Inf Theory, 1974, 20: 133~135.

[23] Bhargava V K, Stein J M. (v, k,) Configurations and Self-Dual Codes [J]. Inf and Contr, 1975, 28: 352~355.

[24] Gulliver T A, Bhargava V K. Some best rate 1/p and rate (p-1)/p systematic quasi-cyclic codes [J]. IEEE Trans Inform Theory, 1991, 37 (3): 552~555.

[25] Gulliver T A, Bhargava V K. Nine good (m-1)/pm quasi-cyclic codes [J]. IEEE Trans Inform Theory, 1992, 38 (4): 1366~1369.

[26] Gulliver T A, Bhargava V K. Twelve good rate (m-r)/pm binary quasi-cyclic codes [J]. IEEE Trans Inform Theory, 1993, 39 (5): 1750~1751.

[27] Gulliver T A, Bhargava V K. An updated table of rate 1/p binary Quasi-Cyclic codes [J]. Appl Math Lett, 1995, 8 (5): 81~86.

[28] Zhi Chen. Six new binary quasi-cyclic codes [J]. IEEE Trans Inform Theory, 1994, 40 (5): 1666~1667.

[29] Zhi Chen. On Computer Search for Good Quasi-Cyclic Codes [C]. IEEE Symp on Information Theory, Norway, 1994.

[30] Zhi Chen. New Results on Binary Quasi-Cyclic Codes [C] //Proceeding IEEE Intern Symp on Information Theory, ISIT2000, Sorrento, Italy, 2000.

[31] Hoffner C W, Reddy S M. Circulant Bases for Cyclic Codes [J]. IEEE Trans Inf Theory, 1970, 16: 511~512.

[32] Bhargava V K, Seguin G E, Stein J M. Some (mk, k) Cyclic Codes in Quasi-Cyclic Form [J]. IEEE Trans Inf Theory, 1979, 25: 112~118.

[33] Solomon G, van Tilborg H C A. A Connection between Block Codes and Convolutional Codes [J]. J Soc Ind Appl Math, 1979, 37: 358~369.

[34] Tanner R M. Convolutional Codes from Quasi-Cyclic Codes: A Link between the Theories of Block and Convolutional Codes [C]. Rep. USCCRL-87-21, University of California, Santa Cruz, Nov. 1987.

[35] Carter W C, Duke K A, Jessep D C, Jr. Lookaside Techniques for Minimum Circuit Memory Translators [J]. IEEE Trans Computers, 1973, 22: 283~289.

[36] Song S, Zeng L, Lin S, et al. Algebraic constructions of nonbinary quasi-cyclic LDPC codes [C] //Proc IEEE Int Symp Inform Theory, Seattle, WA, Jul. 9~14: 83~87, 2006.

[37] Zhou B, Kang J, Tai Y Y, et al. High performance nonbinary quasi-cyclic LDPC codes on euclidean geometries [C] //Proc 2007 Military Communications Conference (MILCOM 2007), Orlando, FL, Oct. 29~31, 2007.

[38] Chen C, Bai B, Wang X. Construction of Nonbinary Quasi-Cyclic LDPC cycle codes Based on Singer perfect Difference Set [J]. IEEE Communications Letters, 2010, 14 (2): 181~183.

[39] Van V T, Matsui H, Mita S. Generalized quasi-cyclic low-density parity-check codes based on finite geometries [C]. Information Theory Workshop, 2009. ITW 2009. IEEE: 158~162, 11~16, 2009.

[40] Jiang Xueqin, Lee Moon Ho. Design of irregular quasi-cyclic LDPC codes based on Euclidean geometries [C]. Signal Design and its Applications in Communications, 2009. IWSDA'09. Fourth International Workshop on: 141 ~ 144, 19 ~ 23 Oct. 2009.

[41] Jiang X, Lee Moon Ho, Liao Xiaofei, et al. Construction of irregular quasi-cyclic LDPC codes based on Euclidean geometries [C]. Wireless Communications and Signal Processing (WCSP), 2011 International Conference on: 1 ~ 5, 9 ~ 11 Nov. 2011.

[42] Diao Q, Zhou W, Lin S, et al. A transform approach for constructing quasi-cyclic Euclidean geometry LDPC codes [C]. Information Theory and Applications Workshop (ITA): 204 ~ 211, 5 ~ 10 Feb. 2012.

[43] Myung S, Yang K. A combining method of quasi-cyclic LDPC codes by the Chinese remainder theorem [J]. IEEE Communications Letters, 2005, 9 (9): 823 ~ 825.

[44] Tai Y, Lan L, Zeng L, et al. Algebraic construction of quasi-cyclic LDPC codes for the AWGN and erasure channels [J]. IEEE Transactions on Communications, 2006, 54 (10): 1765 ~ 1774.

[45] Lan L, Zeng L, Tai Y, et al. Construction of Quasi-Cyclic LDPC Codes for AWGN and Binary Erasure Channels: A Finite Field Approach [J]. IEEE Trans Inf Theory, 2007, 53 (7): 2429 ~ 2458.

[46] Huang C, Huang J, Yang C. Construction of quasi-cyclic LDPC codes from quadratic congruences [J]. IEEE Communications Letters, 2008, 12 (4): 313 ~ 315.

[47] Kamiya N, Sasaki E. Efficient encoding of QC-LDPC codes related to cyclic MDS codes [J]. IEEE Journal on Selected Areas in Communications, 2009, 27 (6): 846 ~ 854.

[48] Li Z, Chen L, Zeng L, et al. Efficient encoding of quasi-cyclic low-density parity-check codes [J]. IEEE Transactions on Communications, 2006, 54 (1): 71 ~ 81.

[49] Sobhi Afshar A A, Eghlidos T, Aref M R. Efficient secure channel coding based on quasi-cyclic low-density parity-check codes [J]. IET Communications, 2009, 3 (2): 279 ~ 292.

[50] Kamiya N. High-Rate Quasi-Cyclic Low-Density Parity-Check Codes Derived From Finite Affine Planes [J]. IEEE Trans Inf Theory, 2007, 53 (4): 1444 ~ 1459.

[51] Kang J, Huang Q, Zhang L, et al. Quasi-cyclic LDPC codes: an algebraic construction [J]. IEEE Transactions on Communications, 2010, 58 (5): 1383 ~ 1396.

[52] Zheng Q, Li X, Zheng D, et al. Regular Quasi-cyclic LDPC Codes with Girth 6 from Prime Fields [C]. Intelligent Information Hiding and Multimedia Signal Processing (IIH-MSP), 2010 Sixth International Conference on: 470 ~ 473, 15 ~ 17 Oct. 2010.

[53] Chen C, Bai B, Wang X. Two-dimensional generalized Reed-Solomon codes: A unified framework for quasi-cyclic LDPC codes constructed based on finite fields [C]. Information Theory Proceedings (ISIT), 2010 IEEE International Symposium on: 839 ~ 843, 13 ~ 18 June 2010.

[54] Zhang L, Lin S, Abdel-Ghaffar K, et al. Quasi-Cyclic LDPC Codes on Cyclic Subgroups of Finite Fields [J]. Communications, IEEE Transactions on, 2011, 59 (9): 2330 ~ 2336.

[55] Whitney H. On the abstract properties of linear dependence [J]. Amer J of Math, 1935, 57: 509 ~ 533.

[56] Tutte W T. Matroids and graphs Trans [J]. Am Math, 1959, 90527～90552.

[57] Edmonds J, Fulkerson D R. Transversals and matroid partition [J]. J Res Nat Bur Standards, 1965, 69B: 147～153.

[58] Greene C. Weight enumeration and the geometry of linear codes [J]. Studia Appl Math, 1976, 55: 119～128.

[59] Geelen J, Gerards B, Whittle G. Towards a matroid-minor structure theory [M] //Combinatorics, Complexity and Chance. A Tribute to Dominic Welsh (Grimmett G, McDiarmid C, eds), Oxford University Press, 2007.

[60] Ahlswede R, Cai N, Li S Y R, Yeung R W. Network information flow [J]. IEEE Trans Inf Theory, 2000, 46: 1204～1216.

[61] Dougherty R, Freiling C, Zeger K. Networks, matroids, and non-Shannon information inequalities [J]. IEEE Trans Inf Theory, 2007, 53 (6): 1949～1969.

[62] Feldman J, Wainwright M J, Karger D R. Using linear programming to decode binary linear codes [J]. IEEE Trans Inf Theory, 2005, 51 (3) 954～972.

[63] Barg A. The matroid of supports of a linear code [J]. Appl Algebra Eng. Commun Comput, 1997, 8 (2): 165～172.

[64] Navin Kashyap. A Decomposition Theory for Binary Linear Codes [J]. IEEE Trans Inf Theory, 2008, 54 (7): 3035～3058.

[65] Wu G, Chang H C, Wang L, et al. Designs, Codes and Cryptography, 2014, 71 (1) 71: 47.

[66] Wu Guangfu, Wang Lin, Truong Trieu-Kien. The use of Matroid Theory to Construct a Class of Good Binary Linear Codes [J]. IET Communition, 2014, 8 (6): 893～898.

[67] 巫光福, 王琳. 一种短的高码率 LDPC 码设计 [J]. 应用科学学报, 2013, 31 (6): 559～563.

[68] Oxley J G. Matroid Theory [M]. Oxford, U. K: Oxford Univ. Press, 1992.

[69] Cover T M, Thomas J A. Elements of Information Theory [M]. John Wiley & Sons Inc, 1991.

[70] Solomon G, Stiffler J J. Algebraically punctured cyclic codes [J]. Inform Contr, 1965, 8: 170～179.

[71] Griesmer J H. A bound for error-correcting codes [J]. IBM J Res Develop, 1960, 4: 532～542.

[72] Grassl M. Tables of linear codes and quantum codes [EB/OL]. Available at http://www.codetables.de (accessed Septemper 2011).

[73] Belov B I. A conjecture on the Griesmer bound, in Optimization Methods and Their Applications, (Russian) [J]. Sib Otd Akad Nauk, lrkutsk, 1974, 182: 100～106.

[74] Helleseth T, van Tiborg H C A. The classification of all (145, 7, 72) binary linear codes [J]. Eindhoven Univ Tech, T H Rep, 1980: 80-WSK-01.

[75] Helleseth T, van Tiborg H C A. A new class of codes meeting the Griesmer bound [J]. IEEE Trans Inf Theory, 1981, 27: 548～555.

[76] Helleseth T, van Tiborg H C A. A new class of codes meeting the Griesmer bound [J]. IEEE Trans Inf Theory, 1981, 27: 548~555.

[77] Helleseth T. New constructions of codes meeting the Griesmer bound [J]. IEEE Trans Inf Theory, 1983, 29: 434~439.

[78] Helleseth T. Projective codes meeting the Griesmer bound [J]. Discrete Math, 1992, 106 (107): 265~271.

[79] Hamada N. A characterization of some [n, k, d; q]-codes meeting the Griesmer bound using a minihyper in a finite projective geometry [J]. Discrete Math, 1993, 116: 229~268.

[80] van Tiborg H C A. On the uniqueness resp. nonexistence of certain codes meeting the Griesmer bound [J]. Inform Contr, 1980, 44: 16~35.

[81] Sloane N J A, Reddy S M, Chen C L. New Binary Codes [J]. IEEE Trans Inform Theory, 1972, 18: 503~510.

[82] Grassl M. Searching for linear codes with large minimum distance [M]. Discovering Mathematics with Magma-Reducing the Abstract to the Concrete, Heidelberg: Springer, 2006: 287~313.

[83] Alltop W O. A Method for Extending Binary Linear Codes [J]. IEEE Trans Inform Theory, 1984, 30: 871~872.

[84] George C, Clark Jr, Bibb Cain J [M]. Error-Correction Coding for Ddigital Communications [M]. New York: Plenum Press, 1981.

[85] Verhoeff T. An Updated Table of Minimum-Distance Bounds for Binary Linear Codes [J]. IEEE Trans Inf Theory, 1987, 33: 665~680.

[86] Gulliver T A. Construction of Quasi-cyclic codes [M]. University of Victoria, 1989.

[87] Sloane N J A. Is there a (72, 36) d = 16 self-dual code? [J]. IEEE Trans Inform Theory, 1973, 19: 251.

[88] Petteri Kaski, Patric R J. Ostergard, classification algorithms for codes and designs [M]. Netherlands: Spring, 2006.

[89] Rains E, Sloane N J A. Self-dual Codes, in the Handbook of Coding Theory [M]. Pless V S, Huffman W C, eds. Amsterdam: Elsevier, 1998: 177~294.

[90] Huffman W C, Pless V S. Fundamentals of Error-correcting Codes [M]. Cambridge: Cambridge University Press, 2003.

[91] Gleason A M. Weight polynomials of self-dual codes and the MacWilliams identities [J]. Actes Congres Internl De Mathematique, 1970, 3: 211~215.

[92] Feit W. A self-dual even (96, 48, 16) code [J]. IEEE Trans Inform Theory, 1974, 20: 136~138.

[93] Pless V, Thompson J G. 17 does not divide the order of the group of a (72, 36, 16) doubly even code [J]. IEEE Trans Inform Theory, 1982, 28 (3): 537~541.

[94] Kennedy G T, Pless V. A coding theoretic approach to extending designs [J]. Discrete Math, 1995, 142, 155~168, 1995.

[95] Harada M, Kimura H. New extremal doubly-even [64, 32, 12] codes [J]. Des Codes and

Cryptogr, 1995, 6: 91~96.

[96] Dougherty S T, Gulliver T A, Harada M. Extremal Binary Self-Dual Codes [J]. IEEE Trans Inform Theory, 1997, 43 (6): 2036~2047.

[97] Dougherty S T, Harada M. Shadow Optimal Self-Dual Codes [J]. Kyushu Journal of Mathematics, 1999, 53 (2): 223~237.

[98] Gaborit P. Tables of self-dual codes [EB/OL]. http: //www. unilim. fr/pages_perso/philippe. gaborit/SD/index. html.

[99] Chen Z. Available: http: //www. tec. hkr. se/~chen/research/codes/accessed Septemper 2011 [EB/OL]. 2011.

[100] Nishimura T. A new extremal self-dual code of length 64 [J]. IEEE Transactions on Information Theory, 2004, 50 (9): 2173~2174.

[101] Carlach J C, Otmani A. A systematic construction of self-dual codes [J]. IEEE Transactions on Information Theory, 2003, 49 (11): 3005~3009.

[102] Li R, Li X, Mao Y, et al. Formally self-dual linear binary codes from circulant graphs [J]. Eprint Arxiv, 2014, 53 (9): 1402~1417.

[103] Harada M, Munemasa A. Classification of self-dual codes of length 36 [J]. Advances in Mathematics of Communications, 2012, 6 (2): 229~235.

[104] Bouyuklieva S, Bouyukliev I. An Algorithm for Classification of Binary Self-Dual Codes [J]. IEEE Transactions on Information Theory, 2012, 58 (6): 3933~3940.

[105] 仰枫帆, 毕光国. 一种求循环码对偶码的新方法 [J]. 高校应用数学学报: 中文版, 1996, 2 (2): 139~144.

[106] 吉庆兵. 二元拟阵码及其对偶码 [J]. Journal of Chongqing Normal University: Naturalence Edition, 2001, 04 (4): 48~50.

[107] 张学俊, 王海华. 拟循环码的对偶码 [J]. 苏州大学学报: 自然科学版, 2006, 4 (4): 22~26.

[108] 徐滨. 准循环码的一些性质和计数 [D]. 淄博: 山东理工大学, 2011.

[109] Vantilborg H C A. On quasi-cyclic codes with rate 1/m [J]. IEEE Transactions on Information Theory, 1978, 24 (5): 628~629.

[110] 樊继秋. 二元自对偶极值码 [D]. 长春: 吉林大学, 2007.

[111] 巫光福. 基于拟阵理论的二进制线性分组码的构造的研究 [D]. 厦门: 厦门大学, 2012.

[112] Phillippe G, Ayoub O. Table of binary self-dual codes [OL]. http://www. unilim. fr/pages_perso/philippe. gaborit/SD/GF2/GF2I. htm [2008-09-01].

[113] Masaaki H, Akihiro M. Database of binary self-dual codes [OL]. http://www. math. is. tohoku. ac. jp/~munemasa/research/codes/sd2. htm, [2013-05-01].

[114] Vembu S, Verdu S, Steinberg Y. The source-channel separation theorem revisited [J]. IEEE Transactions on Information Theory, 1995, 41 (1): 44~54.

[115] Chung S Y, Forney G D, Richardson T J, et al. On the design of low-density parity-check codes within 0. 0045 dB of the Shannon limit [J]. IEEE Communications Letters, 2002, 5

(2): 58~60.

[116] Fang Y, Chen P, Cai G, et al. Outage-limit-approaching channel coding for future wireless communications: Root-protograph low-density parity-check codes [J]. IEEE Vehicular Technology Magazine, 2019, 14 (2): 85~93.

[117] Fang Y, Zhang G, Cai G, et al. Root-protograph-based BICM-ID: A reliable and efficient transmission solution for block-fading channels [J]. IEEE Transactions on Communications, 2019, 67 (9): 5921~5939.

[118] Mackay D. Good error correcting codes based on very sparse matrices [J]. IEEE Trans Inform Theory, 1999, 45 (2): 399~431.

[119] Zhang G, Hu Y, Fang Y, et al. Constructions of type-II QC-LDPC codes with girth eight from sidon sequence [J]. IEEE Transactions on Communications, 2019, 67 (6): 3865~3878.

[120] Tasdighi A, Banihashemi A H, Sadeghi M R. Symmetrical constructions for regular girth-8 QC-LDPC codes [J]. IEEE Transactions on Communications, 2016, 65 (1): 14~22.

[121] Li J, Liu K, Lin S, et al. Algebraic quasi-cyclic LDPC codes: Construction, low error-floor, large girth and a reduced-complexity decoding scheme [J]. IEEE Transactions on communications, 2014, 62 (8): 2626~2637.

[122] Amirzade F, Sadeghi M R. Lower bounds on the lifting degree of QC-LDPC codes by difference matrices [J]. IEEE Access, 2018, 6: 23688~23700.

[123] Xiao X, Ryan W E, Vasić B, et al. Reed-Solomon-based quasi-cyclic LDPC codes: Designs, cycle structure and erasure correction [C] //2018 Information Theory and Applications Workshop (ITA). IEEE, 2018: 1~10.

[124] Marco Baldi. Low-Density parity-check codes [M]. Germany: Springer International Publishing, 2014: 5~21.

[125] Gallager R G. Low-density parity check codes [M]. Cambridge, MA: MIT Press, 1963.

[126] 华力. DVB-S2 中 LDPC 码的编码及实现 [D]. 国防科学技术大学, 2007.

[127] 肖禹. LDPC 码校验矩阵构造及编码研究 [D]. 重庆大学, 2008.

[128] Bajpai A, Kalsi A, Nakpeerayuth S, et al. A Greedy Search Based Method with Optimized Lower Bound for QC-LDPC Codes [C] // IEEE, International Symposium on Autonomous Decentralized System. IEEE, 2017: 165~168.

[129] Lei Y, Dong M. An Efficient Construction Method for Quasi-Cyclic Low Density Parity Check Codes [J]. IEEE Access, 2017, 5: 4606~4610.

[130] Gholami M, Samadieh M, Raeisi G. Column-weight three QC LDPC codes with girth 20 [J]. IEEE communications letters, 2013, 17 (7): 1439~1442.

[131] Vafi S, Majid N R. A new scheme of high performance quasi-cyclic LDPC codes with girth 6 [J]. IEEE Communications Letters, 2015, 19 (10): 1666~1669.

[132] Khodaiemehr H, Kiani D. Construction and encoding of QC-LDPC codes using group rings [J]. IEEE Transactions on Information Theory, 2017, 63 (4): 2039~2060.

[133] Jiang X Q, Hai H, Wang H M, et al. Constructing large girth QC prototype LDPC codes based on PSD-PEG algorithm [J]. IEEE Access, 2017, 5: 13489~13500.

[134] Jiang X Q, Hai H, Wang H M, et al. Constructing large girth QC protograph LDPC codes based on PSD-PEG algorithm [J]. IEEE Access, 2017, 5: 13489~13500.

[135] Zhang G, Sun R, Wang X. Construction of girth-eight QC-LDPC codes from greatest common divisor [J]. IEEE Communications Letters, 2013, 17 (2): 369~372.

[136] Huang J F, Huang C M, Yang C C. Construction of one-coincidence sequence quasi-cyclic LDPC codes of large girth [J]. IEEE Transactions on Information Theory, 2012, 58 (3): 1825~1836.

[137] Chen C, Bai B, Wang X. Construction of nonbinary quasi-cyclic LDPC cycle codes based on singer perfect difference set [J]. IEEE Communications letters, 2010, 14 (2): 181~183.

[138] Zhou B, Kang J, Tai Y Y, et al. High performance non-binary quasi-cyclic LDPC codes on euclidean geometries LDPC codes on euclidean geometries [J]. IEEE Transactions on Communications, 2009, 57 (5): 1298~1311.

[139] Zhang M, Wang Z, Huang Q, et al. Time-invariant quasi-cyclic spatially coupled LDPC codes based on packings [J]. IEEE Transactions on Communications, 2016, 64 (12): 4936~4945.

[140] Huang J F, Huang C M, Yang C C. Construction of one-coincidence sequence quasi-cyclic LDPC codes of large girth [J]. IEEE Transactions on Information Theory, 2012, 58 (3): 1825~1836.

[141] Babar Z, Botsinis P, Alanis D, et al. Fifteen years of quantum LDPC coding and improved decoding strategies [J]. IEEE Access, 2015, 3: 2492~2519.

[142] Babar Z, Botsinis P, Alanis D, et al. Construction of quantum LDPC codes from classical row-circulant QC-LDPCs [J]. IEEE Communications Letters, 2015, 20 (1): 9~12.

[143] Falsafain H, Esmaeili M. Construction of structured regular LDPC codes: A design-theoretic approach [J]. IEEE transactions on communications, 2013, 61 (5): 1640~1647.

[144] Babar Z, Botsinis P, Alanis D, et al. Construction of quantum LDPC codes from classical row-circulant QC-LDPCs [J]. IEEE Communications Letters, 2015, 20 (1): 9~12.

[145] Hu X Y, Eleftheriou E, Arnold D M. Regular and irregular progressive edge-growth tanner graphs [J]. IEEE Transactions on Information Theory, 2005, 51 (1): 386~398.

[146] Vasic B, Milenkovic O. Combinatorial constructions of low-density parity-check codes for iterative decoding [J]. IEEE Transactions on Information Theory, 2004, 50 (6): 1156~1176.

[147] Tian T, Jones C, Villasenor J D, et al. Construction of irregular LDPC codes with low error floors [C] //IEEE International Conference on Communications, 2003. ICC03. IEEE, 2003, 5: 3125~3129.

[148] Xiao H, Banihashemi A H. Improved progressive-edge-growth (PEG) construction of irregular LDPC codes [J]. IEEE Communications Letters, 2004, 8 (12): 715~717.

[149] Tian T, Jones C R, Villasenor J D, et al. Selective avoidance of cycles in irregular LDPC code construction [J]. IEEE Transactions on Communications, 2004, 52 (8): 1242~1247.

[150] Richardson T J, Urbanke R L. The capacity of low-density parity-check codes under message-passing decoding [J]. IEEE Transactions on Information Theory, 2001, 47 (2): 599~618.

[151] 彭立, 朱光喜. 从 π-旋转 LDPC 码到 Q-矩阵 LDPC 码的演进 [J]. 系统工程与电子技术, 2005, 27 (3): 541~544.

[152] Lee D U, Wayne Luk, Connie Wang, et al. A flexible hardware encoder for low-density parity-check codes [J]. IEEE Symposium on Field-Programmable Custom Computing Machines, 2004, 8 (1): 101~111.

[153] Ping L, Leung W K, Phamdo N. Low density parity check codes with semi-random parity check matrix [J]. Electronics Letters, 1999, 35 (1): 38~39.

[154] Chae S C, Park Y O. Low complexity encoding of regular low density parity check codes [J]. Vehicular Technology Conference, 2003, 58 (3): 1822~1826.

[155] Chae S C, Park Y O. Low complexity encoding of improved regular LDPC codes [J]. Vehicular Technology Conference, 2004, 60 (4): 2535~2539.

[156] Kschischang F R, Frey B J, Loeliger H A. Factor graphs and the sum-product algorithm [J]. IEEE Transactions on Information Theory, 2001, 47 (2): 498~519.

[157] Lucas R, Fossorier M P, Kou Y, et al. Iterative decoding of one-step majority logic deductible codes based on belief propagation [J]. IEEE Transactions on Communications, 2000, 48 (6): 931~937.

[158] Chen J, Dholakia A, Eleftheriou E, et al. Reduced-complexity decoding of LDPC codes [J]. IEEE Transactions on Communications, 2005, 53 (8): 1288~1299.

[159] Richardson T J, Shokrollahi, M A, Urbanke R L. Design of capacity-approaching irregular low-density parity-check codes [J]. IEEE Transactions on Information Theory, 2001, 47 (2): 619~637.

[160] Kou Y, Lin S, Fossorier M P. Low-density parity-check codes based on finite geometries: A rediscovery and new results [J]. IEEE Transactions on Information theory, 2001, 47 (7): 2711~2736.

[161] 刘海盛. PS 码在 CMMB 系统中的应用 [J]. 中国有线电视, 2009 (6): 615~618.

[162] 张水平, 林平平, 王柯柯, 等. 二进制移位对偶码的构造 [J]. 江西理工大学学报, 2016, 37 (1): 74~79.

[163] 张谨, 苏广川. LDPC 比特反转译码算法的分析与改进 [J]. 计算机应用, 2006, 26 (7): 1730~1731.

[164] Miladinovic N, Fossorier M P C. Improved bit-flipping decoding of low-density parity-check codes [J]. IEEE Transactions on Information Theory, 2005, 51 (4): 1594~1606.

[165] Roberts M K, Jayabalan R. An improved low complex hybrid weighted Bit-Flipping algorithm for LDPC codes [J]. Wireless Personal Communications, 2015, 82 (1): 327~339.

[166] Zhang J, Fossorier M P C. A modified weighted Bit-Flipping decoding of Low-Density parity check code [J]. IEEE Communnications Letters, 2004, 8 (3): 165~167.

[167] Liu Y H, Zhang M L. Modified Bit-Flipping decoding of Low-Density parity-check Codes [J].

Advanced Materials Research, 2013, 710 (7): 723~726.

[168] Nouh A, Banihashemi A H. Bootstrap decoding of low-density parity-check codes [J]. IEEE Communications Letters, 2002, 6 (9): 391~393.

[169] Liu Z, Pados D. A decoding algorithm for finite-geometry LDPC codes [J]. IEEE Transactions on Communications, 2005, 53 (3): 415~420.

[170] 刘原华, 张美玲. 结构化 LDPC 码的改进比特反转译码 [J]. 北京邮电大学学报, 2012, 35 (4): 116~117.

[171] 张高远, 周亮, 苏伟伟. 基于平均幅度的 LDPC 码加权比特反转译码算法 [J]. 电子与信息学报, 2013, 35 (11): 2572~2578.

[172] 王成龙. 有限域上多项式方程组求解的三角列算法 [J]. 中国科学院大学学报, 2014, 31 (6): 751~730.

[173] 李晞. 一种布尔多项式的高效计算机表示 [J]. 计算机研究与发展, 2012, 49 (12): 2564~2574.

[174] Boole B G. An Investigation of the Laws of Thought, on which Are Founded the Mathematical Theories of Logic and Probabilities [J]. Journal of Symbolic Logic, 2005, 16 (8): 224~225.

[175] Huang Z, Lin D. A new method for solving polynomial systems with noise over f2 and its applications in cold boot key recovery [C] //International Conference on Selected Areas in Cryptography. Springer, Berlin, Heidelberg, 2012: 16~33.

[176] Rizomiliotis P. On the resistance of Boolean functions against algebraic attacks using univariate polynomial representation [J]. IEEE Transactions on Information Theory, 2010, 56 (8): 4014~4024.

[177] Chao K Y, Lin J C. Secret image sharing: a Boolean-operations-based approach combining benefits of polynomial-based and fast approaches [J]. International Journal of Pattern Recognition and Artificial Intelligence, 2009, 23 (2): 263~285.

[178] Kim D S, Kim T, Seo J J. A note on q-analogue of Boole polynomials [J]. Applied Mathematics & Information Sciences, 2014, 9 (6).

[179] Bard G V, Courtois N T, Jefferson C. Efficient methods for conversion and solution of sparse systems of low-degree multivariate polynomials over GF (2) via SAT-solvers [R]. Ryptology ePrint Archire 2007/024.

[180] Albrecht M, Cid C. Cold boot key recovery by solving polynomial systems with noise [C] //International Conference on Applied Cryptography and Network Security. Berlin, Heidelberg; Springer, 2011: 57~72.

[181] Wang Q, Peng J, Kan H, et al. Constructions of cryptographically significant Boolean functions using primitive polynomials [J]. IEEE Transactions on Information Theory, 2010, 56 (6): 3048~3053.

[182] Mesnager S. Bent and hyper-bent functions in polynomial form and their link with some exponential sums and Dickson polynomials [J]. IEEE Transactions on Information Theory, 2011, 57 (9): 5996~6009.

[183] Huang Z, Lin D. Solving polynomial systems with noise over F2: Revisited [J]. Theoretical Computer Science, 2017, 676: 52~68.

[184] Brickenstein M, Dreyer A. PolyBoRi: A framework for Gröbner-basis computations with Boolean polynomials [J]. Journal of Symbolic Computation, 2009, 44 (9): 1326~1345.

[185] Lv Y, Liu F, Zhou T. Random muti-bit flipping algorithm solves the satisfiability problems of boolean polynomial equations [J]. Journal of Jiangxi University of Science and Technology, 2018, 39 (1): 60~65.

[186] Gao X S, Huang Z. Characteristic set algorithms for equation solving in finite fields [J]. Journal of Symbolic Computation, 2012, 47 (6): 655~679.

[187] Kocher P, Jaffe J, Jun B. Differential power analysis [C] //Annual International Cryptology Conference. Berlin, Heidelberg: Springer, 1999: 388~397.

[188] Renauld M, Standaert F X. Algebraic side-channel attacks [C] //International Conference on Information Security and Cryptology. Berlin, Heidelberg: Springer, 2009: 393~410.

[189] 李晞, 张寅. 基于 ZBDD 的布尔多项式 Grobner 基算法的实现 [J]. 计算机应用与软件, 2011, 28 (2): 274~276.

[190] Wu G, Lv Y, He J. Design of High-Rate LDPC Codes Based on Matroid Theory [J]. IEEE Communications Letters, 2019, 23 (12): 2146~2149.

[191] Ryan W, Lin S. Channel codes: classical and modern [M]. Cambridge University Press, 2009.

[192] Shannon C E. Communication in the presence of noise [J]. Proceedings of the IRE, 1949, 37 (1): 10~21.

[193] Zhang S, Lin P, Wu G, et al. Construct the systematic binary quasi-cyclic codes with rate $1/p$ based on variable matroid search algorithm [j]. J Electron Inf Technol, 2016, 38 (11): 2916~2921.

[194] Yang S. The Solution for Satisfaction of Maximal Boolean Polynomial Equations Based on Genetic Algorithm [C]. 2017 5th International Conference on Computer, Automation and Power Electronics (CAPE 2017), Francis Academic Press, UK, 2017: 71~77.

[195] Park H, Hong S, No J S, et al. Construction of high-rate regular quasi-cyclic LDPC codes based on cyclic difference families [J]. IEEE Transactions on Communications, 2013, 61 (8): 3108~3113.

[196] Tsvetan A, Nuh A. LDPC codes of Arbitrary Girth [C] // Canadian Workshop on Information Theory, 2007: 69~72.

[197] Falsafain Hossein, Esmaeili Morteza. A new Construction of Structured Binary Regular LDPC Codes Based on Steiner Systems with Parameter $t > 2$ [J]. IEEE Trans Communications, 2012, 60 (1): 74~80.

[198] Polak M, Zhupa E. Graph based linear error correcting codes [J]. Albanian Jouranal of Mathematics, 2016 (10): 37~45.

[199] Wu X, Jiang M, Zhao C. Construction of high-rate QC-LDPC codes with multi-weight circulants [C] //2016 9th International Symposium on Turbo Codes and Iterative Information Pro-

cessing (ISTC). IEEE, 2016: 21~25.

[200] Huffman D A. A method for the construction of minimum-redundancy codes [C] //Proceedings of the IRE, 1952, 1098~1101.

[201] Ronald L R. The MD5 mseeage digest algorithm [S]. Request for Comments (RFC 1320), 1992.

[202] Zheng Y L. Pieprzyk J, Seberry J. HaVal-A one-way Hashing algorithm with variable length of output [C] //Proceedings of the Workshop on the Theoty and Applicationof Cryptographic Teachniques (AUSCRYPT). LNCS 718, 1993, 83~104.

[203] Dobbertin H, Bosselaers A, Preneel B. RIPEMD-160: A Strengthened Version of RIPEMD, Fast Software Encryption, LNCS 1039, Springer-Verlag, 1996: 71~82.

[204] NIST. FIPS 180: Secure Hash standard [S]. Federal Information Processing Standards Publication, 1993.

[205] NIST. FIPS 180-1: Secure Hash standard [S]. Federal Information Processing Standards Publication, 1995.

[206] FIPS-180-2: Secure Hash Standard (SHS), Federal Information Processing Standards Publication, NIST, August 2002.

[207] 毛熠, 陈娜. MD5 算法的研究与改进 [J]. 计算机工程, 2012, 38 (24): 111~112.

[208] Wang X Y, Lai X J, Feneg D G, et al. Cryptanalysis of the Hash functions MD4 and RIMEMD [C] //Proceedings of the 24th Annual Iternational Conference on the Theory and Application of Cryptographic Teachniques (EUROCRYPT). LNCS 3494, 2005: 1~18.

[209] 王小云, 冯登国, 于秀源. HAVAL-128 的碰撞攻击 [J]. 信息科学, 2005, 35 (4): 405~416.

[210] Wang X Y, Yu H B. Efficient collision search attack on SHA-0 [C]. Proceedings of the 25th Annual International Cryptology Conference (CRYPTO). LNCS 3621, 2005: 1~16.

[211] Wang X Y, Yu H B. Finding collision in the full SHA-1 [C]. Proceedings of the 25th Annual International Cryptology Conference (CRYPTO). LNCS 3621, 2005: 17~36.

[212] van Oorschot Paul C, Wiener Michael J. Parallel Collision Search with Cryptanalytic Applications [J]. Journal of Cryptology, 1999, (12): 1~28.

[213] Mihir Bellare, Tadayoshi Kohno. Hash Function Balance and its Impact on Birthday Attacks [C]. EUROCRYPT 04, LNCS 3027, Springer Verlag, 2004.

[214] Antoine Joux. Multicollisions in Iterated Hash Functions, Application to Cascaded Constructions [C]. Cryto 04, LNCS 3152, Springer Verlag, 2004: 306~316.

[215] Wang Xiaoyun, Feng Dengguo, Lai Xuejia. et al. Collisions for Hash Functions MD4, MD5, HAVAL-128 and RIPEMD [EB/OL]. [2011-12-20]. http: //eprint. iacr. org/2004/199.

[216] Wang Xiaoyun, Yu Hongbo. How to break MD5 and Other Hash Functions [C] //Proc. of EUROCRYPT'05. Berlin, Germany: [s. n.], 2005: 19~35.

[217] 周林, 韩文报, 王政. HASH 查分攻击算法研究 [J]. 计算机科学, 2010. 37 (9): 97~100.

[218] 曹雪虹, 张宗橙. 信息论与编码 [M]. 北京: 清华大学出版社, 2013.

[219] 张裔智，赵毅，汤小斌. MD5 算法研究 ［J］. 计算机科学，2008，35 (7)：295~297.

[220] 巫光福. 基于拟阵理论的二进制线性分组码的构造的研究 ［D］. 厦门：厦门大学，2012.

[221] 李海峰，马海云，徐燕文. 现代密码学原理及应用 ［M］. 北京：国防工业出版社，2013.

[222] 胡向东，魏琴芳，胡蓉. 应用密码学 ［M］. 北京：清华大学出版社，2014.

[223] Shannon C E. A mathematical theory of communication ［J］. ACM SIGMOBILE Mobile Computing and Communication Review，2001，5 (1)：3~55.

后　记

此书是我从学、从研、从教十多年阶段性的成果。

2008年，对编码理论一无所知的我，有幸进入厦门大学信息科学与技术学院攻读通信与信息系统工学博士学位，开启了编码理论领域的学习研究。博士阶段的学习让我对编码领域有了较深刻的认识，激发了我极大的探究兴趣，这得益于我的导师王琳教授和台湾义守大学张肇建教授对我的悉心指导，得益于同门师兄弟的一起学习和共同探讨，尤其是何继光和黎勇。

2012年，我来到江西理工大学信息工程学院任教。感谢学校给我一个平台，感谢学院领导廖列法教授的支持和指导，感谢科研前辈张水平教授、张小红教授、罗会兰教授、方旺盛教授、钟杨俊副教授以及其他同事的关心和帮助，使我快速成长起来。

2014年，我获批国家自然科学基金项目"基于拟阵理论的二进制线性分组码的设计及其应用研究"，感谢国家自然科学基金委提供了充足的研究经费，使我有了指导硕士研究生的资格。感谢我的研究生林平平、王柯柯、曾宪文、吕逸杰、周欢、余攀、江林伟等十多位学生，与他们一起学习，共同探讨，是我不断学习、努力提高自己的动力，是我科研成果更加丰富的源泉。

感恩我的父母，深深地感激我的妻女，我对他们陪伴照顾甚少，却得到了他们最无私的爱和最大的支持；也感谢有缘能看到本书的您，希望我们能有机会围绕编码、密码、区块链技术等相关研究进一步深入探讨，一起前进在趣味无限的科研道路上。